C 语言程序设计

（第 2 版）

夏　涛　主编

北京邮电大学出版社
www. buptpress. com

内容简介1

本书从C语言程序设计的基本原理及程序设计的基本思想出发，将“应用”贯穿始终，紧扣基础，重点突出，循序渐进，帮助读者不但掌握知识，而且具备应用知识的能力。

本书的主要内容包括数据类型、运算符、表达式、分支、循环、函数、数组、指针、结构体、文件的概念和应用以及指针和各种构造类型的混合应用等内容。书中引入了一些逻辑推理题作为例程，提高了读者的阅读兴趣。

本书既可以供各高等院校、计算机水平考试培训、各类成人教育学校作为开设程序设计课程的教材，也可供计算机爱好者自学。

图书在版编目(CIP)数据

C语言程序设计/夏涛主编.--2版.--北京：北京邮电大学出版社，2012.2(2013.1重印)

ISBN 978-7-5635-2905-6

Ⅰ.①C… Ⅱ.①夏… Ⅲ.①C语言—程序设计—高等学校—教材 Ⅳ.①TP312

中国版本图书馆CIP数据核字(2012)第016469号

书　　名：C语言程序设计(第2版)
主　　编：夏　涛
责任编辑：王丹丹
出版发行：北京邮电大学出版社
社　　址：北京市海淀区西土城路10号(邮编：100876)
发 行 部：电话：010-62282185　传真：010-62283578
E-mail：publish@bupt.edu.cn
经　　销：各地新华书店
印　　刷：北京联兴华印刷厂
开　　本：787 mm×1 092 mm　1/16
印　　张：20
字　　数：500千字
印　　数：34 001—37 000册
版　　次：2007年3月第1版　2012年2月第2版　2013年1月第2次印刷

ISBN 978-7-5635-2905-6　　定　价：38.00元

·如有印装质量问题，请与北京邮电大学出版社发行部联系·

前　言

C语言是目前国内外广泛使用的程序设计语言之一，也是国内外大学都在开设的重要的基础课之一。C语言功能丰富、表达力强、使用方便灵活、程序执行效率高、代码可移植性好，既有高级语言的特点，又有汇编语言的特点，有很强的系统处理能力。它支持自顶向下、逐步细化的程序设计技术，函数式结构为实现程序模块化设计提供了强有力的保障，因此被广泛应用于系统软件和应用软件的开发。

本书2007年发行了第1版，使用教材的学校也对书中的内容提出了很多修改、完善的建议。在充分吸收这些建议的基础上，作者对本书的内容做了较大幅度的修改。

学习程序设计语言是为了获得一种编程工具，并用这个工具解决其他课程和工作中遇到的问题，因此本书将“应用”作为贯穿全书的主线，不但给读者介绍C语言程序设计的相关“知识”，而且帮助读者将这些知识转换为编程的“能力”。在章节和内容的编排上，本书有如下的特点。

(1) 通俗易懂。全书没有拘泥于烦琐的C语言的语法规则，不对语法规则做过多的叙述，而是将规则应用于示例中，读者可以通过读例程了解语法规则的规定。

(2) 分散难点。指针是C语言的最大特色之一，也是读者学习的难点之一。为了让读者能更好地掌握指针的内容，本书将指针部分的内容尽可能提前，这样读者可以早一些接触到指针的概念，延长学习指针的时间，可以掌握得更加牢固。

(3) 突出重点。函数是学习的重点，本书将函数的相关内容分散成两个章节进行讲解，并在介绍完最基本的一些概念后就引入了函数的基本概念，并在后续章节中反复强化这些概念，在读者能充分掌握这些概念的基础上，再用另外一章来讲述函数与程序结构的问题，使读者能了解程序设计总体设计的方法。

(4) 紧扣应用。软件开发的工程化方法非常重要，本书不是讲述软件工程的教材，但一方面考虑到部分读者不再继续学习软件工程的课程，另一方面考虑到让读者从最初接触软件开发就有工程化的意识，所以本书虽然没有讲述软件工程的章节，但从开始就贯彻了软件工程的思想。本书在标识符命名中使用了“匈牙利命名法”，虽然这种方法也有其不完美之处，但对培养读者进行规范化的程序设计方面还是利大于弊的。

(5) 趣味性强。“兴趣”是最好的老师，本书引入了一些逻辑分析等方面的例程，希望这些内容可以让读者有兴趣去调试更多的代码，能更好地掌握相关知识。

本书第1章介绍了程序设计语言的知识及C语言的基本情况；第2章、第3章介绍了C语言中数据类型、运算符和表达式等程序设计的基础知识；第4章和第5章分别讲解了分支结构和循环结构，帮助读者建立了结构化程序设计的概念；第6章讲述了函数的基本概念，读者可以了解到模块化程序设计的思路和方法；第7章介绍了指针的基本概念；第8章引入了数组，并将数组与前面讲述过的函数和指针结合起来，强化读者对这些重点和难点内容的理解与掌握；第9章介绍了结构体等内容；第10章介绍了指针中有一定难度的内容，并引入了链表；第11章介绍文件的使用；第12章中讨论了函数与程序结构方面有深度的内容。

任何一本教材所设计的内容都是有限的，为了弥补这方面的不足，本书在第1版出版后就开始建立“我爱C”辅助教学平台。经过几年的发展，已经有近40所高校选用了“我爱C”辅助教学平台，该平台在教学中发挥了越来越大的作用。本书的所有例子都可以在该平台上下载。该平台免费为所有学校提供服务，希望使用的学校可以和出版社或本书作者联系。

本书由夏涛主编，参加编写的还有程杰、郭祥丰、李芳、邓玉洁、杨丽华等，参与课程资源建设的有李德亮、崔璟、李良、刘建军、徐翔、卢丹丹、薛文朝、彭巍、何志标、安静、张政、刘静静等。感谢中南大学、成都信息工程学院、中央司法警官学院、武汉理工大学华夏学院等院校的老师在课程资源建设中给出的意见和建议，感谢北京邮电大学出版社为本书的编写给予的大力支持。

由于作者水平有限，加上时间仓促，书中缺点和错误在所难免，恳请读者批评指正，作者不胜感激。

作者联系信箱：xiatao@mail.buct.edu.cn。

夏　涛

目　　录

第1章 引 言

【本章要点】

- 什么是程序？程序设计语言包括哪些功能？
- 结构化程序设计有什么要求？
- 什么是算法？如何表达算法？
- C语言有哪些特点？
- C语言程序的编译步骤包括哪些阶段？

本章主要介绍C语言编程的基础知识，简单易懂，但是在编程的过程中常会出错，因此，牢记并理解基础概念对于编程是大有裨益的。

1.1 欢 迎

例 1-1 在屏幕上输出“Hello，world!”。

```
main()
{
    printf("Hello,world!");
}
```

运行后程序输出：

```
Hello,world!
```

运行例1-1，在计算机屏幕上输出了“Hello，world!”，同时也欢迎读者来到C语言的世界。

对于将要开始学习C语言程序设计的读者来说，希望能快速掌握C语言程序设计的方法，并能尽早开始学会用C语言设计程序。计算机的编程设计是人类利用和开发计算机各种功能最深入、最直接的方法。学会计算机编程，意味着真正地走进了计算机的世界，而C语言本身就是与计算机进行交互的有力工具。

计算机编程即程序设计，是伴随着计算机应用和程序设计语言的发展而发展起来的一门学科，是使用和开发计算机的重要工具。在程序设计中，程序员需要了解各种开发语言和开发平台的优、缺点，并且懂得如何根据问题的大小和难易程度选择最合适的开发工具。

下面让我们再看一个稍微复杂些的例子。

例 1-2 编写函数求两个整数中较大的数。

```
#include <stdio.h>

/*自定义函数*/
int ZhaoDaShu(int nCanShu1,int nCanShu2)
{
    if (nCanShu1>nCanShu2) {                /*判断两个数的大小*/
        return nCanShu1;                    /*第一个数大*/
    }
    return nCanShu2;                        /*第二个数大*/
}

main()
{
    int nShu1,nShu2,nJieGuo = 0;            /*声明变量*/
    printf ("Qing ShuRu YiGe Shu:");        /*显示提示信息*/
    scanf(" %d",&nShu1);                    /*读取一个整数值*/
    printf ("Qing ShuRu Ling YiGe Shu:");   /*显示提示信息*/
    scanf(" %d",&nShu2);                    /*读取一个整数值*/
    nJieGuo = ZhaoDaShu(nShu1,nShu2);       /*比较大小*/
    printf("Da de Shi: %d \n",nJieGuo);     /*打印结果*/
}
```

运行后程序输出：

```
Qing ShuRu YiGe JiaShu:3
Qing ShuRu Ling YiGe JiaShu:5
Da de Shi:5
```

例 1-2 不但程序的代码长度远远超过了例 1-1,而且例 1-2 中涉及了 C 语言的很多基本概念和规则。

1. C 语言的基本组成

(1) 标识符

在 C 语言中,最主要的标识符是保留字和用户自定义标识符。

保留字是 C 语言有专门用途的标识符,例如 int。

用户自定义标识符包括程序中定义的变量名、函数名等。例如 nShu1、nShu2、nJieGuo 和 ZhaoDaShu。

(2) 常量

C 语言中的常量就是在程序运行过程中不会改变的数据。例如例 1-2 出现的 0 和例 1-1 中出现的“Hello,world!”。

(3) 运算符

程序的重要功能是对数据的加工和处理,运算符表示对数据进行的运算。例如关系运算符“>”。

(4) 分隔符

在程序中分割不同部分的符号。例如变量定义语句中不同变量之间的逗号。

2. 函数

在C程序中，基本的结构是函数，函数组合在一起构成C语言源程序。在例1-2中有4个函数，分别是main()、ZhaoDaShu ()、printf()和scanf()。其中printf()和scanf()是C语言的开发环境中已经设计好的“库函数”，分别用于数据的输出和输入，我们直接使用就可以了。ZhaoDaShu ()函数是我们自己编写的函数，完成求取两个数中较大的数的功能。

在所有的C语言程序中必须且只能有一个名为main()的函数。main是每一个程序都必须具有的，它是由系统定义的。无论main()函数在整个程序中的位置如何，每一个C语言程序都是从函数main开始的，也结束于main函数最后一个花括号。

3. 语句

函数内部的每一行都是一条语句，语句由单词按照一定的语法规则构成。C语言中有多种类型的语句，由这些语句构成函数，再由函数构成程序。C语言的所有语句都是以分号“;”结尾的。通常见到的语句包括：

(1) 变量定义

定义程序中需要用到的变量。例如int nShu1、nShu2、nJieGuo=0。

(2) 表达式

运算符与运算对象有意义的组合就是表达式。例如nCanShu1>nCanShu2和nJieGuo=ZhaoDaShu(nShu1,nShu2)。

(3) 结构

C语言支持的结构包括顺序结构、分支结构和循环结构。在例1-2中有一个if分支结构。

(4) 函数调用

无论是调用库函数，还是调用用户自定义函数，都是一条语句的方式。

(5) 复合语句

用一对花括号将若干条语句组合在一起，就是一条复合语句。

4. 书写格式

C语言程序书写格式自由，但为了增加程序的可读性，在编写C语言源程序的时候通常要注意如下几个问题：

(1) 虽然C语言语法规则上允许一行写多条语句，但通常要求一行只写一条语句，以方便程序调试。

(2) 花括号要注意对齐，花括号内的语句要注意缩进。

(3) C语言习惯上使用小写字母，一个完全用大写字母书写的标识符通常有特定的含义。

当然，我们在这里只是写出了很少的几条规则，真正的软件开发项目会对此有更详细的规定。

5. 注释

注释是程序中的不可执行语句，对于程序运行没有任何意义，将在程序的编译阶段被编译器剔除，但注释是程序不可缺少的组成部分。一个具有良好书写风格的程序，其注释应该是充分的。注释有助于阅读和理解程序，这对于复杂程序尤为重要，即使对编程者而言，注释也是十分重要的。

不同语言的注释符不同。C 语言中提供多行注释(或块注释),即程序中位于符号 /* 开始和符号 */之间的字符为注释内容。

编程时,在程序中添加适当的注释是一个良好的编程习惯。在每个规模较大或所处地位较重要的函数外头最好添加关于该函数的注释,包括函数所采用的主要算法、参数含义、所用到的全局变量、编写的时间等。这些注释有助于阅读和理解该函数,对程序维护和重用非常必要。

1.2 程序设计概述

1.2.1 指令与程序

计算机的指令是指挥计算机进行基本操作的命令,是计算机能够识别的一组二进制编码,由操作码(指出应该进行什么样的操作)和操作数(参与操作的数本身或它在内存中的地址)组成。操作码指明该指令要完成的操作,如加、减、乘、除等。操作数是指参加操作的数或者数所在的单元地址。一台计算机所有指令的集合称为该计算机的指令系统。指令系统反映了计算机的基本功能,不同的计算机其指令系统也不相同。

计算机执行指令一般分为两个过程,即取指令过程和执行指令过程。取指令过程是将要执行的指令从内存中取到 CPU 内。执行指令过程是 CPU 对取入的指令进行分析译码,判断该条指令要完成的操作,然后向其他部件发完成该操作的控制信号,最后完成该条指令的功能。当一条指令执行完后,自动地进入下一条指令的取指操作。

程序(program)是为实现特定目标或解决特定问题而用计算机语言编写的命令序列的集合,为实现预期目的而进行操作的一系列语句和指令。其一般分为系统程序和应用程序两大类。程序就是为使计算机执行一个或多个操作,或执行某一任务,按序设计的计算机指令的集合。

1.2.2 程序设计语言

程序设计(programming)是给出解决特定问题程序的过程,是软件构造活动中的重要组成部分。程序设计往往以某种程序设计语言为工具,给出这种语言下的程序。程序设计过程应当包括分析、设计、编码、测试、排错等不同阶段。

1. 程序设计语言

程序设计语言(programming language)用于书写计算机程序的语言。语言的基础是一组记号和一组规则。根据规则由记号构成的记号串的总体就是语言。在程序设计语言中,这些记号串就是程序。程序设计语言有 3 个方面的因素,即语法、语义和语用。语法表示程序的结构或形式,也就是表示构成语言的各个记号之间的组合规律。语义表示程序的含义,就是表示按照各种方法所表示的各个记号的特定含义。语用表示程序与使用者的关系。

程序设计语言的基本成分有:数据成分,用于描述程序所涉及的数据;运算成分,用以描述程序中所包含的运算；控制成分，用以描述程序中所包含的控制；传输成分，用以表达程序中数据的传输。

2. 程序设计语言的种类

程序设计语言按照语言级别可以分为低级语言和高级语言。低级语言有机器语言和汇编语言。低级语言与特定的机器有关，功效高，但使用复杂、烦琐、费时、易出差错。机器语言是表示成数码形式的机器基本指令集，或者是操作码经过符号化的基本指令集。汇编语言是机器语言中地址部分符号化的结果，或进一步包括宏构造。高级语言的表示方法要比低级语言更接近于待解问题的表示方法，其特点是在一定程度上，与具体机器无关，易学、易用、易维护。

很多时候，C 语言被认为是一种中级语言。它把高级语言的基本结构和语句与低级语言的实用性结合起来。用 C 语言编写的程序保持了高级语言的特征，但同时 C 语言可以像汇编语言一样对位、字节和地址进行操作，而这三者是计算机最基本的工作单元。

程序设计语言按照用户的要求有过程式语言和非过程式语言之分。过程式语言的主要特征是，用户可以指明一列可顺序执行的运算，以表示相应的计算过程，如 FORTRAN、COBOL、PASCAL 等。

按照应用范围，有通用语言与专用语言之分，如 FORTRAN、COLBOL、PASCAL、C 等都是通用语言。目标单一的语言称为专用语言，如 APT 等。

按照使用方式，有交互式语言和非交互式语言之分。具有反映人机交互作用的语言成分的语言称为交互式语言，如 BASIC 等。不反映人机交互作用的语言称为非交互式语言，如 FORTRAN、COBOL、ALGOL69、PASCAL、C 等都是非交互式语言。

按照成分性质，有顺序语言、并发语言和分布语言之分。只含顺序成分的语言称为顺序语言，如 FORTRAN、C 等。含有并发成分的语言称为并发语言，如 PASCAL、Modula 和 Ada 等。

3. C 语言的发展历史

早期的操作系统等系统软件主要是用汇编语言编写的，如 UNIX 操作系统。由于汇编语言依赖于计算机硬件，程序的可读性和可移植性都比较差。为了提高可读性和可移植性，最好改用高级语言，但一般高级语言难以实现汇编语言的某些功能，而汇编语言可以直接对硬件进行操作，例如，对内存地址的操作、位(bit)操作等。人们设想能否找到一种既具有一般高级语言特性，又具有低级语言特性的语言，集它们的优点于一身。于是，C 语言就在这种情况下应运而生了，之后成为国际上广泛流行的计算机高级语言。它适合于作为系统描述语言，既用来写系统软件，也可用来写应用软件。

C 语言是在 B 语言的基础上发展起来的，它的根源可以追溯到 ALGOL 60。1960 年出现的 ALGOL 60 是一种面向问题的高级语言，它离硬件比较远，不宜用来编写系统程序。1963 年英国的剑桥大学推出了 CPL(Combined Programming Language)语言。CPL 语言在 ALGOL 60 的基础上接近硬件一些，但规模比较大，难以实现。1967 年英国剑桥大学的 Matin Richards 对 CPL 语言作了简化，推出了 BCPL(Basic Combined Programming Language)语言。1970 年美国贝尔实验室的 Ken Thompson 以 BCPL 语言为基础，又作了进一步简化，它使得 BCPL 能挤压在 8K 内存中运行，这个很简单的而且很接近硬件的语言就是 B 语言(取 BCPL 的第一个字母)，并用它写了第一个 UNIX 操作系统，在 DEC PDP-7 上实现。

1971 年在 PDP-11/20 上实现了 B 语言,并写了 UNIX 操作系统。但 B 语言过于简单,功能有限,并且和 BCPL 都是“无类型”的语言。

1972—1973 年,贝尔实验室的 D. M. Ritchie 在 B 语言的基础上设计出了 C 语言(取 BCPL 的第二个字母)。C 语言既保持了 BCPL 和 B 语言的优点(精练,接近硬件),又克服了它们的缺点(过于简单,数据无类型等)。最初的 C 语言只是为描述和实现 UNIX 操作系统提供一种工具语言而设计的。1973 年,K. Thompson 和 D. M. Ritchie 两人合作把 UNIX 的 90%以上用 C 改写,即 UNIX 第 5 版。原来的 UNIX 操作系统是 1969 年由美国的贝尔实验室的 K. Thompson 和 D. M. Ritchie 开发成功的,是用汇编语言写的,这样,UNIX 使分散的计算系统之间的大规模联网以及互联网成为可能。

后来,C 语言多次作了改进,但主要还是在贝尔实验室内部使用。直到 1975 年 UNIX 第 6 版公布后,C 语言的突出优点才引起人们普遍注意。1977 年出现了不依赖于具体机器的 C 语言编译文本《可移植 C 语言编译程序》,使 C 移植到其他机器时所需做的工作大大简化了,这也推动了 UNIX 操作系统迅速地在各种机器上实现。例如,VAX、AT&T 等计算机系统都相继开发了 UNIX。随着 UNIX 的日益广泛使用,C 语言也迅速得到推广。C 语言和 UNIX 可以说是一对孪生兄弟,在发展过程中相辅相成。1978 年以后,C 语言已先后移植到大、中、小、微型计算机上,如 IBM System/370、Honeywell 6000 和 Interdata 8/32,已独立于 UNIX 和 PDP 了。现在 C 语言已风靡全世界,成为世界上应用最广泛的几种计算机语言之一。

以 1978 年由美国电话电报公司(AT&T)贝尔实验室正式发表的 UNIX 第 7 版中的 C 编译程序为基础,Brian W. Kernighan(柯尼汉)和 Dennis M. Ritchie(里奇)合著了影响深远的名著 The C Programming Language,常常称它为‘K&R’,也有人称之为‘K&R’标准或‘白皮书’(white book),它成为后来广泛使用的 C 语言版本的基础,但在‘K&R’中并没有定义一个完整的标准 C 语言。为此,1983 年美国国家标准化协会(ANSl)X3J11 委员会根据 C 语言问世以来各种版本对 C 的发展和扩充,制定了新的标准,称为 ANSI C,ANSI C 比原来的标准 C 有了很大的发展。K&R 在 1988 年修改了他们的经典著作 The C Programming Language,按照 ANSI C 标准重新写了该书。1987 年,ANSI 又公布了新标准——87 ANSI C。目前流行的 C 编译系统都是以它为基础的。当时广泛流行的各种版本 C 语言编译系统虽然基本部分是相同的,但也有一些不同。在微型计算机上使用的有 Microsoft C (MS C)、Borland Turbo C、Quick C 和 AT&T C 等,它们的不同版本又略有差异。到后来的 Java、C++、C#都是以 C 语言为基础发展起来的。

4. C 语言的特点

无论是哪个版本的 C 语言,通常都具有以下的共同特点。

(1) C 语言是一种结构化语言

结构式语言的显著特点是代码及数据的分隔化,即程序的各个部分除了必要的信息交流外彼此独立。这种结构化方式可使程序层次清晰,便于使用、维护以及调试。C 语言是以函数形式提供给用户的,这些函数可方便的调用,并具有多种循环、条件语句控制程序流向,从而使程序完全结构化。

(2) C 语言简洁、紧凑,使用方便、灵活

C 语言一共只有 32 个关键字,9 种控制语句,程序书写形式自由,主要用小写字母表示,压缩了一切不必要的成分。

(3) 可移植性好

由于C语言的关键字中并不包含与硬件操作有关的内容，在C语言里是通过库函数或其他方式实现对硬件的操作的，因此C的源程序基本上不用作修改，在不同的操作系统下重新编译后就能用于各种类型的计算机和各种操作系统。

(4) 数据类型、运算符极其丰富，数据处理能力强

C语言所支持的数据类型有：整型、实型、字符型、数组类型、指针类型、结构体类型等，能用来实现各种复杂的数据结构(如链表、树、栈等)的运算。C的运算符包含的范围很广泛，共有34种运算符。C把括号、赋值、强制类型转换等都作为运算符处理，从而使C的运算类型极其丰富，表达式类型多样化，灵活使用各种运算符可以实现在其他高级语言中难以实现的运算。

(5) 生成的目标代码质量高，程序执行效率高

C语言编译后生成的可执行代码，一般只比汇编程序生成的目标代码效率低10%～20%。这是其他高级语言不能相比的。

(6) 可以直接操作硬件

C语言允许直接访问物理地址，能进行位(bit)操作，能实现汇编语言的大部分功能，可以直接对硬件进行操作。因此C既具有高级语言的功能，又具有低级语言的许多功能，可用来写系统软件。它既是成功的系统描述语言，又是通用的程序设计语言。有人把C称为"高级语言中的低级语言"，也有人称它为"中级语言"，意为兼有高级和低级语言的特点。

1.2.3　程序开发的步骤

编写一个程序，首先必须从问题描述入手，经过对解题算法的分析、设计直至程序的编写、调试和运行等一系列过程，最终得到能够解决问题的计算机应用程序，此过程称为程序设计，一般指传统的、简单的程序设计，具体步骤如下。

1. 方案确定

程序将以数据处理的方式解决客观世界中的问题，因此在程序设计之初，首先应该将实际问题用数学语言描述出来，形成一个抽象的、具有一般性的数学问题，从而给出问题的抽象数学模型，然后制定解决该模型所代表数学问题的算法。数学模型精确地阐述了模型本身所涉及的各种概念、已知条件、所求结果，以及已知条件与所求结果之间的联系等各方面的信息。数学模型是进一步确定解决所代表数学问题的算法的基础。数学模型和算法的结合将给出问题的解决方案。

2. 算法描述

具体的解决方案确定后，需要对所采用的算法进行描述，算法的初步描述可以采用自然语言方式，然后逐步将其转化为程序流程图或其他直观方式。这些描述方式比较简单明确，能够比较明显地展示程序设计思想，是进行程序调试的重要参考。

3. 编写程序

使用计算机系统提供的某种程序设计语言，根据上述算法描述，将已设计好的算法表达出来。使得非形式化的算法转变为形式化的由程序设计语言表达的算法，这个过程称为程序编制(编码)。程序的编写过程需要反复调试才能得到可以运行且结果"正确"的程序。

4. 程序测试

程序编写完成后必须经过科学、严格的测试,才能最大限度地保证程序的正确性。同时,通过测试可以对程序的性能作出评估。

通过上述过程可以看到,程序设计过程是算法、数据结构和程序设计语言相统一的过程。问题和算法的最初描述,无论是描述形式上还是描述内容上,离最终以计算机语言描述的算法(程序)还有相当大的差距。如何从问题描述入手构造解决问题的算法是非常关键的。

1.3 算　　法

关于问题的求解,程序设计领域有一个专用名词,叫做算法。

1.3.1 算法的概念

算法就是为了解决一个特定的问题而采取的确定的、有限的、按照一定次序进行的、缺一不可的执行步骤。按照执行的动作和动作执行的顺序解决问题的过程称为算法。

任何一个问题的结论都是按照指定的顺序执行一系列动作的结果。如果没有认真研究实际的问题,就提出一些不成熟的算法,并以此编写程序就可能出现错误或疏忽。下例说明了正确地指定动作执行顺序的重要性。某个学生从起床到上课这个过程的算法是:起床、洗漱、出早操、吃早饭、晨读、上课。上述过程能够使这个学生保持良好的精神状态去上课,为正确地作出关键性决策奠定了基础。假如以不同的顺序执行这些步骤就会得到不同的结果。

算法作为对问题处理过程的精确描述,应该具备如下特性。

(1) 有穷性:是指解决问题应在“合理的限度之内”,即一个算法应包含有限次的操作步骤,不能是无限的进行(死循环)。因此在算法中必须指定一个结束的条件。

(2) 唯一性:算法中的每一个步骤都必须是确定的,只有一个含义,不允许存在二义性。

(3) 有零个或多个输入:当计算机为解决某类问题,要求从外界获取必要的原始数据时就需要输入原始数据。当然也有可能计算机解决问题时的数据是在算法内设定的,这时则不需要从外界获取数据。

(4) 有一个或多个输出:利用计算机的目的就是为了求得对某个事务处理的结果,这个结果必须被反映出来,这就是输出结果。没有输出的算法是没有实际意义的。

(5) 正确性:算法的每一个步骤能够在计算机上被有效的执行,并得到正确的结果。算法中所有的运算都必须是计算机能够实现的基本运算。

不是所有的算法都适合于在计算机上执行,能够在计算机上执行的算法就是计算机算法。计算机算法可以分成两大类:数值运算算法(例如:求方程根、定积分等)和非数值运算算法(例如:人事管理、学生成绩管理等)。

下面通过两个简单的例子加以说明。

例 1-3 输入三个数,然后输出其中最大的数。

将三个数依次输入到变量 A、B、C 中,设变量 MAX 存放最大数。其算法如下:

(1) 输入 A、B、C。

(2) A 与 B 中大的一个放入 MAX 中。

(3) 把 C 与 MAX 中大的一个放入 MAX 中。

(4) 输出 MAX,MAX 即为最大数。

例 1-4 输入 10 个数,打印输出其中最大的数。

算法设计如下:

(1) 输入 1 个数,存入变量 A 中,将记录数据个数的变量 N 赋值为 1,即 N=1。

(2) 将 A 存入表示最大值的变量 MAX 中,即 MAX=A。

(3) 再输入一个值给 A,如果 A>MAX,则 MAX=A,否则 MAX 不变。

(4) 让记录数据个数的变量增加 1,即 N=N+1。

(5) 判断 N 是否小于 10,若成立则转到第(3)步执行,否则转到第(6)步。

(6) 打印输出 MAX。

从这两个例子可以看出:广义地讲,算法是为完成一项任务所应当遵循的一步一步的,规则的、精确的、无歧义的描述,它的总步数是有限的。狭义地讲,算法是解决一个问题采取的方法和步骤的描述。

1.3.2 算法的复杂性

解决一个具体问题时通常有多种算法供选用,因此有必要知道哪一种算法是最好的,这就需要对算法执行效率进行分析。算法的复杂性是算法效率的度量,是评价算法优劣的重要依据。一个算法的复杂性的高低体现在运行该算法所需要的计算机资源的多少上面,所需的资源越多,我们就说该算法的复杂性越高;反之,所需的资源越少,则该算法的复杂性越低。因此算法的复杂性包括时间效率和空间效率两个方面,分别称为时间复杂性(time complexity)和空间复杂性(space complexity)。

时间复杂性描述了算法在计算机上执行时占用计算机时间资源的情况,是一种抽象的描述方式,不是指与算法实现效率有关的算法执行时间,而是指理论上与问题规模、算法输入及算法本身相关的某些操作次数的总和,通常记为 $T(n)$。问题规模逐渐增大后时间复杂度的极限形式称为渐进时间复杂性(asymptotic time complexity),渐进时间复杂性确定了算法所能解决问题的规模,通常用来分析随着问题规模的加大,算法对时间需求的增长速度。

不言而喻,对于任意给定的问题,设计出复杂性尽可能低的算法一方面是我们在设计算法时追求的一个重要目标;另一方面,当给定的问题已有多种算法时,选择其中复杂性最低者,是我们在选用算法时应遵循的一个重要准则。因此,算法的复杂性分析对算法的设计或选用有着重要的指导意义和实用价值。

简言之,在算法学习过程中,我们必须首先学会对算法的分析,以确定或判断算法的优劣,通常以时间复杂性来衡量,时间复杂性越低,对应的算法就越优。

1.3.3 算法的表示方法

既然要描述方法和步骤,就要使用一定的规则和方式。下面介绍算法的表示。

1. 用自然语言与伪代码表示算法

自然语言就是指人们日常使用的语言,可以是汉语、英语或其他语言。

伪代码是用介于自然语言和计算机语言之间的文字和符号(包括数学符号)来描述算法。采用介于自然语言和计算机语言之间的文字和符号来描述的算法,是一种非形式化的比较灵活的混合语言，即计算机语言中提供的相关语句、关键字等采用计算机语言描述，控制过程以及限定条件的描述则采用自然语言方式自由地描述。伪代码程序不能在计算机上实际执行，但是严谨的伪代码描述很容易转换为相应的某种语言程序。

例 1-5 输入三个数，然后输出其中最大的数。

用如下的伪代码表示：

Begin(算法开始)

输入 A,B,C

IF A>B 则

A→Max

否则 B→Max

IF C>Max 则 C→Max

Print Max

End (算法结束)

例 1-6 猴子吃桃的问题：有一堆桃子不知数目，猴子第一天吃掉一半，又多吃了一个，第二天照此方法，吃掉剩下桃子的一半又多一个，天天如此，到第 11 天早上，猴子发现只剩一只桃子了，问这堆桃子原来有多少个？

假设第一天有 peach1 只桃子，第二天有 peach2 只桃子……第九天有 peach9 只，第十天是 peach10 只，第十一天是 peach11 只，由于现在只知道第 11 天的桃子数 peach11，因此可以借助第 11 天的桃子数 peach11 求得第 10 天的桃子数，计算公式是：peach10＝2＊(peach11＋1)。采用同样的方法，可以由第 10 天推出第 9 天的桃子数：peach9＝2＊(peach10＋1)……由第 2 天推出第 1 天的桃子数，peach1＝2＊(peach2＋1)。可以看出 peach1，peach2，peach3，…，peach11 之间存在这样一个关系：

peachi＝2＊(peachi＋1＋1) i＝10,8,7,…1

这就是本题的数学模型。此外，上述 10 个步骤的计算在形式上是完全一致，不同的只是变量 peach 的下标而已。由此可以利用循环的处理方法，并统一的采用 peach0 表示前一天的桃子数，用 peach1 表示后一天的桃子树，将算法写成(伪代码)：

(1) peach1＝1{第 10 天的桃子数，peach1 的初始值}，i＝10{计数器的初值为 10}；

(2) peach0＝2＊(peach1＋1){计算当天的桃子数}；

(3) peach1＝peach0；{将当天的桃子数作为下一次计算的初值}；

(4) i＝i－1；

(5) 若 i>＝1，继续循环执行(2)；

(6) 输出 peach0 的值。

这样的算法已经可以很方便地转化成相应的程序语句了。

【提示】 伪代码描述算法的优点是：

(1) 采用结构化语言提供的结构化控制过程；

(2) 可以方便转换为采用的计算机语言；

(3) 易于理解。

缺点是：不如图形描述工具形象直观。

2. 用传统流程图表示算法

流程图是一种传统的、广泛应用的且最有争议的算法描述工具，它是利用几何图形的图框来代表各种不同的操作，用“流线”来指示算法的执行方向。流程图可以清晰、直观、形象地反映控制结构的过程。特别是在早期语言阶段，只有通过流程图才能简明地表述算法。表 1-1 是流程图的表示符号。

表 1-1 传统流程图中的基本符号

符 号	作 用
	起始框：表示程序的起始和终止
	处理框：表示完成某种项目的操作
	判断框：表示进行判断
	输入/输出框：表示输入/输出数据
	流程线：表示程序执行的方向
	连接点：表示两段流程图流程的连接点

流程图描述算法的优点是：表达算法简明直观、易于理解。

其缺点是：

(1) 只表示流程，不表示数据结构；

(2) “流线”代表控制流，可以不受结构化的制约任意跳转控制；

(3) 每个符号对应于一行源程序代码，大型程序的可读性较差。

例 1-7 输入三个数，然后输出其中最大的数。画出流程图，如图 1-1 所示。

Begin(算法开始)
输入 A,B,C
IF A>B 则
A→Max
否则 B→Max
IF C>Max 则 C→Max
Print Max
End (算法结束)

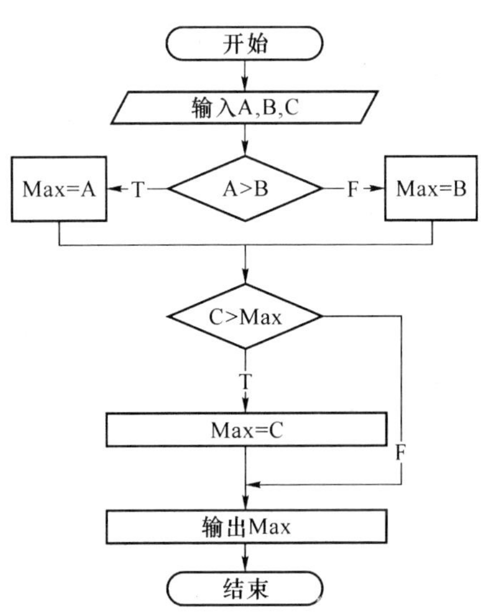

图 1-1 比较三个数的大小的流程图

1.4 结构化程序设计

1. 结构化程序设计

结构化程序设计是以模块化设计为中心,将待开发的软件系统划分为若干个相互独立的模块,这样使完成每一个模块的工作变得单纯而明确,为设计一些较大的软件打下了良好的基础。

由于模块相互独立,因此在设计其中一个模块时,不会受到其他模块的牵连,因而可将原来较为复杂的问题化简为一系列简单模块的设计。模块的独立性还为扩充已有的系统、建立新系统带来了不少的方便,因为我们可以充分利用现有的模块作积木式的扩展。

按照结构化程序设计的观点,任何算法功能都可以通过由程序模块组成的三种基本程序结构的组合:顺序结构、选择结构和循环结构来实现。

结构化程序设计的基本思想是采用“自顶向下,逐步求精”的程序设计方法和“单入口单出口”的控制结构。“自顶向下、逐步求精”的程序设计方法从问题本身开始,经过逐步细化,将解决问题的步骤分解为由基本程序结构模块组成的结构化程序框图;“单入口单出口”的思想被认为是一个复杂的程序,如果它仅是由顺序、选择和循环三种基本程序结构通过组合、嵌套构成,那么这个新构造的程序一定是一个单入口、单出口的程序。据此就很容易编写出结构良好、易于调试的程序来。

结构化程序设计方法的主要原则可以概括为自顶向下、逐步求精、模块化及限制使用goto语句,总的来说可使程序结构良好、易读、易理解、易维护。

2. 三种基本结构的表示

结构化的程序设计算法由三种基本结构组成:顺序结构、分支选择结构和循环结构。采用流程图描述三种基本结构的形式,如图1-2所示。

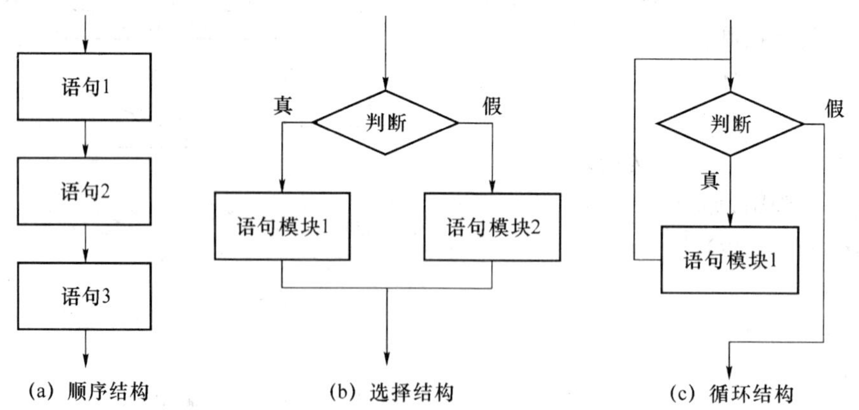

图1-2 三种基本结构流程图

从流程图中可以看出,三种基本结构的特点是:

(1) 只有一个入口。

(2) 只有一个出口。

(3) 不存在执行不到的语句。

(4) 不存在死循环。

例 1-8 考试成绩处理:要求输出全班及格学生的成绩。流程图如图 1-3 所示。

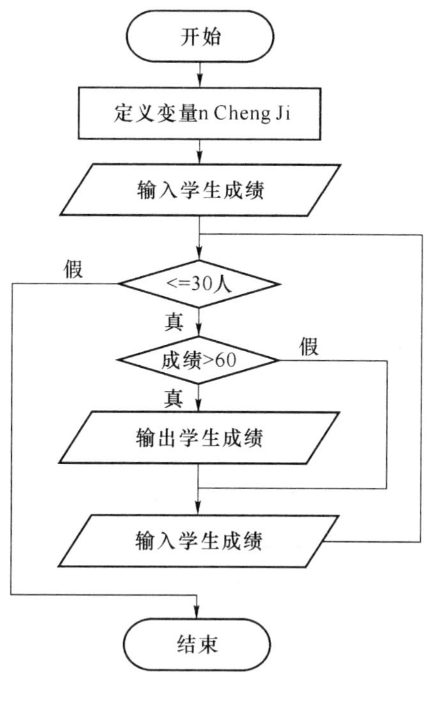

图 1-3 例 1-8 图

该例需要通过键盘输入学生的成绩,再对该成绩进行判断,看是否大于 60 分。如果大于 60 分,则输出该成绩,否则处理下一个学生的成绩。

算法可以写成:

```
设置变量 n Cheng Ji;
输入第一名学生的成绩到 n Cheng Ji 中;
```

对 n Cheng Ji 的内容进行判断,是否大于 60 分。如果是,则输出该成绩后处理下一个学生成绩;否则,返回第二步继续下一名学生成绩的输入。

是否 30 名的学生成绩全部处理结束?如果是,程序结束;否则返回第二步,继续下一名学生成绩处理。

3. 模块化结构

结构化程序设计方法,从程序的实现角度看是模块化程序设计,就是将程序模块化。

一个程序由若干模块组成,函数是 C 语言中模块的实现工具,较大的模块可用一个程序文件实现。模块组装在一起达到整个程序的预期目的。

一个模块只做一件事情,模块的功能充分独立。模块内部的联系要紧密,模块之间的联系要少。模块之间通过接口(形参或外部变量)通信,模块内部的实现细节在模块外部要尽可能不可见。采用模块化程序设计可减少程序的复杂性,提高程序的可靠性,增加程序的可读性,方便程序的调试维护。

1.5 C语言的编译与集成环境

1.5.1 C语言程序开发步骤

完成一个C语言的程序设计,包括下面几个步骤。

1. 编辑程序

完成了一个算法设计后,就可以开始编写程序了。C语言的源程序是扩展名为.c(也可以是.cpp)的文本文件。可以在通用的文本编辑器(例如"记事本"软件)中编写源程序,也可以在C语言的集成环境中编写源程序。

2. 编译程序

计算机的硬件可以执行计算机的指令,用程序设计语言编写的程序不能被计算机直接接受,这就需要一个软件将相应的程序转换成计算机能直接理解的指令序列。对C语言等许多高级程序设计语言来说这种软件就是编译器(compiler),编译程序的基本功能是把源程序翻译成目标程序。编译器首先要对源程序进行词法分析,然后进行语法和语义分析,最后生成可执行的代码。如果程序中有语法错误,编译器会直接指出程序中的语法错误。但是,编译器没有发现错误,生成了可执行的代码并不意味着程序就没有错误了。对于程序中的逻辑错误,编译器是无法发现的,必须通过程序调试才能发现。

源程序编译后生成二进制代码表示的目标程序,一般情况下该文件的扩展名是.obj。

3. 连接程序

虽然编译后得到的目标代码计算机能直接认识,但还不能直接执行,因此目标模块可能只是整个程序中的一个模块,并不是整个程序的完整模块;另外在目标模块中往往使用了一些未在本模块中定义的外部引用(如外部函数等),因此,编译后还必须把各目标模块组合起来,同时把有关的各种代码装配在一起产生一个完整的可执行文件后,才能直接执行。组合和装配的过程就称为"连接",由专门的连接程序完成,连接后得到的文件称为可执行文件,其扩展名为.exe(如A.exe)。

在连接过程中也可能发现错误,系统同样会给出错误提示,但这个阶段发现错误的修改难度要超过编译阶段发现的错误。

4. 运行与调试

将C语言源程序经过编译和连接得到.exe文件后,就可以运行该程序了。如果运行程序并不能得到正确的结果,说明算法设计有错误或程序中有逻辑错误,需要对程序进行调试(Debug)。

所谓程序调试是指对程序的查错和排错。在调试过程中,要很好地使用调试工具,跟踪程序运行并给出相应的信息,帮助程序员发现错误之处。平时常用的调试方法有以下几种。

(1) 设置断点

设置断点的作用是使程序可以分段运行。如果在程序中的某个语句处设置了断点,则使用上述运行选项执行程序时就会在断点处停下来,这时可以利用下面介绍的其他调试功能观察程序的运行情况，包括各数据区和变量的当前值。在程序中可以设置多处断点，这时每调用一次运行功能，则程序从当前位置执行到下一个断点处：如果断点是设置在循环中的，则每循环一次，程序就中断一次。

(2) 观察变量

该项功能用于在程序运行到断点处时查看变量或其他数据项的内容。对于变量来说，还可以改变其内容，便于下一步继续调试。

(3) 单步跟踪

这种方式下可以一次执行一行程序，同时观察变量的变化情况，判断程序的算法和逻辑结构是否正确。

1.5.2 集成环境

编写一个C语言的程序，需要编辑程序(edit)、编译(compiler)和调试程序等过程，所以有很多公司提供了集上述各项功能为一体的集成环境，程序员可以在该环境中完成上述的各项工作，提高了工作效率。

在本书中选用的C语言常用的集成环境是TC 2.0和Visual C++ 6.0，请读者在这两种环境下调试本书提供的例子。

第2章 数据类型

【本章要点】

- 什么是常量和变量？
- C 语言支持的基本数据类型都有哪些？它们之间有什么不同？
- 如何输入/输出一个字符？如何输入/输出一个数据？

在实际工作和生活中，描述一个人，我们可以有许多标准，如身高、体重、年龄等，这些内容属于数字类型；此外还要说明这个人的姓名、性别、学历等，这些内容属于描述类型。所谓定义数据类型，就是把这些数据分类，并界定范围，使得数据之间的运算有意义，得出我们所需要的结果。

2.1 信息存储

在 C 语言程序设计中，需要处理的数据类型不同，所用的存储格式、存储方式也不相同。通常情况下主要涉及字符格式数据和数值格式数据的编码、存储问题。

2.1.1 信息编码

计算机不仅仅进行数值运算，而且还要进行大量的信息处理等工作。为了实现人与计算机间的交流，必须将人所熟悉的语言、文字符号、操作等信息与计算机内的二进制数字符号之间建立联系，这就需要对语言、文字符号、操作等信息进行编码。编码的原则是把要表达的语言、文字符号、操作等信息用二进制数字与之对应，这样就可以实现人与计算机间的交流。

1. ASCII 码

目前，使用得最多、最普遍的是 ASCII 码(American National Standard Code for Information Inteterchange，美国国家信息转换标准代码)。ASCII 码是对英语中 26 个字母大小写、0～9 数字符号、运算符号、标点符号等可以打印的字符，以及换页、换行、回车等不可以打印的控制符号进行的编码。

ASCII 码的每个字符用 7 位二进制表示，而一个字符在计算机内实际用 8 位二进制数表示，占 1 个字节。一般情况下，最高一位为“0”。

2. 中文国标码

1980 年我国的计算机科学家开始研究汉字编码，并且制定了国家统一标准的汉字编码表 GB2312-1980（“信息交换汉字编码字符集”），这一标准成为我国计算机使用中文信息的基础。GB2312-1980 编码表共含有 6 763 个简化汉字和 682 个汉语符号，存储每个汉字的时候，要用 2 个字节来存储它的编码。

3. Unicode 编码

Unicode（统一码、万国码、单一码）是一种在计算机上使用的字符编码。它为每种语言中的每个字符设定了统一并且唯一的二进制编码，以满足跨语言、跨平台进行文本转换、处理的要求。

2.1.2 定点数与浮点数

计算机处理的数值数据多数带有小数，小数点在计算机中通常有两种表示方法，一种是约定所有数值数据的小数点隐含在某一个固定位置上，称为定点表示法，简称定点数；另一种是小数点位置可以浮动，称为浮点表示法，简称浮点数。

1. 定点数

定点数是计算机中采用的一种数的表示方法。参与运算的数的小数点位置固定不变。在计算机中通常采用两种简单的约定：将小数点的位置固定在数据的最高位之前，或者是固定在最低位之后。一般常称前者为定点小数，后者为定点整数。

定点小数：当小数点的位置固定在符号位与最高数值位之间时，就表示一个纯小数。因为定点数所能表示数的范围较小，常常不能满足实际问题的需要，所以要采用能表示数的范围更大的浮点数。

定点整数：在定点数中，当小数点的位置固定在数值位最低位的右边时，就表示一个整数。请注意：小数点并不单独占 1 个二进制位，而是默认在最低位的右边。定点整数又分为有符号数和无符号数两类。对有符号数，通常将最高位指定为符号位，“0”代表是负数，“1”代表是正数。

2. 浮点数

浮点数是小数点的位置可以变动的数。为增大数值表示范围，防止溢出，采用浮点数表示法。浮点表示法类似于十进制中的科学计数法。把一个数表示成 $a\times10^n$ 的形式，其中 $1\leqslant|a|<10$，n 表示整数，这种记数方法叫科学记数法。

在计算机中通常把浮点数分成阶码和尾数两部分来表示，其中阶码一般用补码定点整数表示，尾数一般用补码或原码定点小数表示。为保证不损失有效数字，对尾数进行规格化处理，也就是平时所说的科学记数法，即保证尾数的最高位为 1，实际数值通过阶码进行调整。

一般浮点数在机器中的格式为：

阶符	阶码	数符	尾数

阶符表示指数的符号位，阶码表示幂次，数符表示尾数的符号位，尾数表示规格化后的小数值。

N=尾数×基数阶码(指数)

例如,二进制数-110101101.01101 可以写成:-0.11010110101101×21001。

这个数在机器中的格式为(阶码用 8 为表示,尾数用 24 位表示):

0	0001001	1	110101101011010000000000

一般来说,增加尾数的位数,将增加可表示区域数据点的密度,从而提高了数据的精度;增加阶码的位数,能增大可表示的数据区域。

2.1.3 信息存储

无论是上面提到的字符编码还是数值类的数据,都必须存放在计算机的内存中才可以使用。

1. 位(bit)

在计算机中,可以存储的数据只有“0”和“1”两种形式,位(bit)就是计算机存储数据的最小数据单位。计算机存储单元的一个“位”可以存储一位二进制数,也就是存储一个“0”或一个“1”。

2. 字节(byte)

用“位”虽然可以表示存储的数据内容,但由于“位”这个存储单元太小了,表达非常不方便,所以计算机中通常情况下都是将 8 个相邻的二进制位作为一个单位来进行各种数据处理的,这种存储单位称为字节(byte)。也就是说,一个存储“字节”中有 8 个存储“位”,可以存储一个 8 位的二进制数。

在计算机的存储单元里,每个位(bit)的状态只可能是“0”或“1”中的一个,不可能出现其他的存储内容,因此任何一个字节(byte)一定是 8 个不同的“0”和“1”的组合,不能出现其他的状态。

3. 内存地址

在计算机的内存中,拥有大量的存储单元,存储单元是按字节(byte)进行编号的,这个编号就是该存储单元的“地址”。每个存储单元都有一个唯一的地址。

在计算机发展的过程中,先后有 16 位计算机、32 位计算机和 64 位计算机,区分它们的一项重要指标就是它们可以管理的内存单元数量是不同的,因此在这几种不同的计算机类型中内存地址的编号方式也不同。16 位计算机的内存地址是 2 位的,32 位计算机的内存地址是 4 位的,而 64 位计算机的内存地址是 8 位的,显然,64 位计算机可以管理更多的内存单元。

2.2 标识符

我们先来看一个简单的程序例子。

例 2-1 定义一个整型量,输出它的数值。

```
#include <stdio.h>
void main()
```

```
{
    int nShuJu;          //定义整型数据
    nShuJu = 123;
    printf("nShuJu = %d\n",nShuJu);
}
```

程序运行的结果是：

```
nShuJu = 123
```

和第 1 章中讲到的输出“Hello，world!”的程序比较，例 2-1 增加了一些新的内容。在例 2-1 中，定义了一个整型数据，并输出了这个数据的数值。

1. 标识符(identifier)

在例 2-1 中，程序中给出了“int nShuJu;”的定义，在这个定义中，“nShuJu”我们称之为一个标识符。

【规则 2-1】 C 语言中以标识符命名程序中的对象名，如函数、变量、符号常量、数组、结构、指针、数据类型、存储属性、标号及宏等。

【规则 2-2】 标识符是以 26 个字母(区分大小写)、0～9 的数字和下画线的组合构成的，但第一个字符必须是字母或下画线。

Turbo C 规定标识符的有效字符长度为 1～32 个字符。VC 规定标识符的最大长度为 255 个字符。

在 C 语言中，字母大小写是有区别的，例如 COUNT、Count 和 count 为三个不同的标识符。习惯上符号常量、宏名等用大写字母，变量、函数名等用小写字母，系统变量以下画线开头。

2. 关键字

关键字又称为保留字，C 语言编译系统对关键字赋有专门的含义，如表 2-1 所示。

表 2-1　TC 关键字列表

描述内容	关键字
存储属性	auto，extern，static，register
数据类型	char，int，float，double，void，struct，union，enum，long，short，signed， unsigned
语句	goto，if，else，switch，case，default，break，for，do，while，continue，return
编译状态	sizeof
数据类型定义	typedef

3. 自定义标识符

标识符不能和 Turbo C 中的关键字相同，也不允许和已定义的函数名或 Turbo C 库函数中的函数名相同。main 虽然不是 ANSI 标准的关键字，但各种 C 语言版本都把它作为主函数名，我们也应把它作为“关键字”。C 语言源程序名不属于 C 语句，属于操作系统，其命名要求符合操作系统文件名的规定，其扩展名通常为.c。

标识符的命名应该做到“见名知义”、“常用取简”、“专用取繁”。例如,count、name、year、month、student_number、display、screen format 等,使人一目了然,以增强程序的可读性。

让我们来看一些正确的标识符:test_123、_label_100、rectangle_area、circle_radius_r、students 等。

下面给出一些错误的标识符,并指出了错误所在,如表 2-2 所示。

表 2-2 错误的标识符

不正确的标识符名	错误内容
100	数字开头
interger!	包含“!”字符
chinese word	包含空格字符
for	是关键字
printf	与函数库中的输出函数同名

4. 匈牙利命名法

匈牙利命名法是一种编程时的命名规范。基本原则是:变量名=属性+类型+对象描述,其中每一对象的名称都要求有明确含义,可以取对象名字全称或名字的一部分。命名要基于容易记忆、容易理解的原则。保证名字的连贯性是非常重要的。

匈牙利表示法是一种告诉其他人你准备如何使用变量的表示方法。知道了变量要干些什么经常有助于解释代码本身。当有机会参与一个大型软件项目开发的时候,就可以体会到匈牙利表示法可以为你节省大量的时间和精力。虽然在本书中给出的示例都比较简单,但我们仍然尽量采用这种命名方法对标识符进行命名。考虑到本书的读者通常都是第一次接触程序设计,我们在本书中使用匈牙利命名法时仅考虑遵循如下的规范。

(1) 使用变量前缀

变量命名时,总使用一个或两个小写字母作为变量名前缀,以指明变量的类型。绝大多数情况下,变量名前缀使用变量类型的第一个字母,因此可以轻易地记住应该使用哪个字母。例如,n 代表是 int 型变量,l 代表是 long 型变量等。

(2) 添加描述性文字

在定义标识符时,可以使用一些描述性的文字进一步概括该标识符所代表的含义,这些含义都用功能的全拼进行表示,且拼音的第一个字符大写。例如,在例 2-1 中,我们把变量命名为“nShuJu”,这个变量的第一个字母告诉我们它是一个 int 型变量,接着就是“数据”的拼音,把 S 和 J 大写,使用户更容易直接读出这个拼音。在代码中看到这样的变量名让人一眼就可以看出其类型和用途。

在实际的软件项目开发中,通常是严格限制使用拼音作为标识符的,但考虑到本书的读者通常尚未达到熟练使用英文专业词汇程度,所以我们选择了用拼音构成标识符。

(3) 创建多个变量

通常情况下,如果我们只定义一个变量并不能满足程序的需要,这时我们就要定义多个变量。除非这些变量没有自己特定的含义,我们考虑使用变量名后面加上数字 1、2、3 的方法来定义这些变量,否则应该采用能表达该变量的真实含义的方法给出变量的标识符。例如，我们需要获得一组数据中的最大值和最小值，这时我们不应将这两个变量定义为“int nShuJu1，nShuJu2；”的形式，而应该定义为“int nZuiDa，nZuiXiao；”，显然后面一种定义方法不但告诉我们这两个变量的数据类型，而且告诉我们这两个变量的确切含义和它们所代表的数据内容。

当然，采用匈牙利命名法也会无形中增加了程序的书写内容，使得程序的长度增加，甚至有可能在计算机屏幕的一行不能显示完全部内容。为了让读者能在开始接触程序设计时就尽可能了解软件工程化开发的要求，我们认为这些缺陷是可以接受的。当然，如果读者今后从事软件开发的工作，那么进入公司后得到的第一份文档通常是公司编写的编程规范，该文档可能会有几十页，请一定要耐心阅读，并记下该规范提出的要求。

2.3 基本数据类型

C程序中出现的所有数据都必须明确指定其数据类型。对数据类型的理解应从形式和运算规则两个方面着手。例如：所有整型数据类型的数据都可以进行加、减、乘、除、取余等运算操作，具有相同的运算规则。

在计算机中，由于软硬件的各种因素，数据类型必须有一个长度的限制。这个长度是指数据存储在计算机中所占用的字节的个数。例如，基本整型数据的长度是2个字节，就表明整型数据存储时占用了2个字节的空间。不同类型的数据在内存中占用的字节数是不同的。

由于不同的数据类型规定了不同的机内表示长度，也决定了对应数据量的变化范围，例如基本整型的长度规定为两个字节，也就是说计算机内整型量值的大小限制在－32 768～32 767($-2^{16}\sim2^{16}-1$)。当某一整数超出此范围时计算机会拒绝接受，而将之转换成范围内的另外某个数，这种情况称之为溢出处理。

1. 整型

整型数据是不包含小数部分的数值型数据，整型数据只用来表示整数，以定点整数的形式存储。按照所占存储空间的不同，它可以分为三种。

(1) 基本型：以 int 表示，占2个字节(16位)。

(2) 短整型：以 short int 表示(int 也可以省略不写)，占2个字节(16位)。

(3) 长整型：以 long int 表示(int 也可以省略不写)，占4个字节(32位)。

另外，由于现实生活中变量的值常常是正的(比如学生的学号)，所以我们还可以把变量定义成无符号的数。各种无符号类型量所占的内存空间字节数与相应的有符号类型量相同。但由于省去了符号位，故不能表示负数。对应于上述三种有符号数(可以看做省略了修饰符 signed)，就出现了下面三种无符号的整型变量。

(1) 无符号基本型：以 unsigned int 表示，占2个字节(16位)。

(2) 无符号短整型：以 unsigned short int 表示(int 可省略)，占2个字节(16位)。

(3) 无符号长整型：以 unsigned long int 表示(int 可省略)，占4个字节(32位)。

表2-3列出了 Turbo C 中各类整型量所分配的内存字节数及数的表示范围。

表 2-3　整数数据类型表

类型说明符	数的范围	分配字节数
int	−32 768～32 767	2
short int	−32 768～32 767	2
signed int	−32 768～32 767	2
unsigned int	0～65 535	2
long int	−2 147 483 648～2 147 483 647	4
unsigned long	0～4 294 967 295	4

2. 字符型数据

字符型数据是不具有计算能力的文字数据类型，它包括中文字符、英文字符、数字字符和其他 ASCII 字符。

在 C 语言中，用关键字 char 定义字符型数据。每个字符型数据在内存中占用一个字节，用于存储它的 ASCII 码值。所以 C 语言中的字符具有数值特征，不但可以写成字符常量的方式，而且可以用相应的 ASCII 码表示，即可以用整数来表示字符。

3. 实型数据

实型数据又称为浮点型数据，是带有小数部分的数值型数据，实型数据以浮点数格式存储。按照所占存储空间的不同，它可以分为两种：单精度浮点型(float)和双精度浮点型(double)。它们表示数值的方法是一样的，主要区别在于数据的精度和取值范围有所不同。与 float 型数据相比，double 型数据的精度更高，取值范围更大。

每个单精度浮点型数据在内存中占用 4 个字节的存储空间，它的有效数字一般有 7～8 位，取值范围约为$\pm(10^{-38}\sim10^{38})$；双精度浮点型数据在内存中占用 8 个字节的存储空间，它的有效数字一般有 15～16 位，取值范围约为$\pm(10^{-308}\sim10^{308})$。但这些指标和用户正在使用的计算机的操作系统以及 C 语言的编译系统有关。

由于实型数据是用有限的存储单元存储的，因此能提供的有效数字总是有限的，在有效位以外的数字将被舍去，由此可能会产生一些误差。

2.4　常　　量

在例 2-1 中，出现了数字 4，在程序运行的过程中，它的数值都不会改变。在程序运行过程中其值不能被改变的量值称为常量，常量即常数。例如 1、2、3.1、−4.0、'A'、'\n'、"abc"、"ab\n\t"。

C 语言规定的常量可以是任意数据类型。根据数据类型分为 4 种：整型常量、实型常量、字符型常量和字符串常量。C 语言还允许常量以符号常量的形式出现。

在程序运行的时候，操作系统也会为所有在程序中出现的常量分配存储空间。

2.4.1 整型常量

整型常量,即整常数。

1. 整数的表示

按进制分,整型常量在C语言的源程序中有三种表示形式。

(1) 十进制。例如,10、0、-1 289。

(2) 八进制。以数字0开头,只允许用0~7这8个数字。例如,010对应十进制的$1\times 8^1+0\times 8^0=8$。

(3) 十六进制。以0x或者0X开头,用0~9和A~F表示。例如,0x10对应十进制的$1\times 16^1+0\times 16^0=16$。

任何一个整数都可以用上述的3种形式表示,使用任何形式都不会影响到它的数值。例如我们在前面看到的,表示十进制数值是10的整数,还可以用另外的两种形式。所谓十进制、八进制或十六进制仅仅是数值的表达形式而已。

2. 整型常量的数据类型

在上面讲述整型数据类型的时候我们就已经看到了,由于计算机资源的有限,所以在任何计算机上都不能表示出所有的整数,而只能表示整数的一个子集,即计算机中的整数在一个规定的取值范围内表示,取值范围则由系统分配给整数的内存单元长度决定,基于应用的需要,计算机中大多提供了多种类型的整数。

在C语言中,整型数据分为int型和long型。在判断一个整型常量的数据类型时,要考虑两个方面的因素。

(1) 根据整数后的字母确认它的数据类型。只要给出的整数常量的数值范围在long型变量所定义的数值区间内,如果后缀有l或L,则该常量的数据类型定义为long型常量,例如23L,因为该常量后有L为后缀,所以这是一个long型常量。同样的道理,后缀是u或U则表示是unsigned型常量;后缀是l(或L)和u(或U)的组合则表示是unsigned long型常量。

(2) 根据整型常量的数值确定它的数据类型。如果一个整型常量没有任何后缀,仅仅是一个整常数,这时候要根据这个整常数的数值来确定它的数据类型。如果该数值在int型数据可以表达的数值范围-32 768~32 767,则该常量为int型常量;超出该范围,但取值在32 768~65 535的数据,该常量的数据类型是unsigned short类型;依此类推,还会有long型常量和unsigned long型常量。

【思考】 请确定下面几个整型常量的数据类型:1、1L和1U。请说出它们的相同点和不同之处。

2.4.2 实型常量

实型常量又称为实数、浮点数。它通常是带有小数点的、或者带有指数的、或者既带小数点又带指数的十进制数。C语言采用小数点区分浮点数和整数,如1.0是浮点数,而1是整数。

1. 实型常量的表示方法

在C语言程序编写的过程中,实型常量有两种表示方法。

(1) 小数形式

由正(可省略)/负号、数字0～9和小数点组成。例如,10.5、0.0、－1.86。

(2) 指数形式

由尾数(十进制小数)、字母E或e、指数(十进制整数)三部分组成。例如,1.3e4或者1.3E4,表示1.3×10^4。

标准的指数形式是:小数点的左侧只有一位数字,例如1.23E-2、0.276E3。计算机的输出是按标准指数形式输出的。

非法的实数形式为:e-4、.e3、7.5e5.3、e。

如果不加说明,实型常量为正值,否则,在常量前面使用负号。

【提示】 (1) 不要将小数形式中的小数点、指数形式中的E或e省略掉;字母E或e之前必须有数字,而且字母E或e之后的指数必须为整数。

(2) 整型常量和实型常量是一组数字序列,空白字符不能出现在整型常量或实型常量的数字之间。例如,将45写成4 5是错误的。

2. 实型常量的数据类型

所有实型常量,只要它的数值在double型数据可以表达的范围之内,它的数据类型都是double型。在C语言中,没有float类型的实型常量。

2.4.3 字符型常量

1. 字符型常量

字符型常量是用一对单引号括起来的一个字符,即每个字符常量数据只能是一个用单引号括起来的字符,不能是一串字符,不能用双引号或其他符号括起来,如‘a’、‘M’、‘$’、‘5’等。

字符型常量的值就是其对应的ASCII码的值(有关ASCII的内容参见附录)。例如‘A’的ASCII值是65,‘a’的ASCII值是97,‘5’的ASCII值是53。在C语言中,字符型数据与整型数据可以通用,如3+‘a’就相当于3+97,结果为100或‘d’,具体输出的结果要看格式化字符是哪种类型。

2. 转义字符

C语言还有另外一种特殊形式的字符型常量,以“\”开头,表示特定的含义(一般表示某些控制代码和功能定义),称为“转义字符”。

通常使用转义字符表示ASCII码字符集中一般字符无法表示的的控制字符和特定功能的字符,转义字符的表示方法是:用反斜杠(\)做起始符后面跟一个字符或一个八进制或十六进制的数。例如,‘\n’表示换“新行”,它并没有打印到屏幕上,它使光标定位在下一行的开始位置。常用的转义字符以及其含义如表2-4所示。

其中,“\n”是一个转移字符,是控制字符。它的作用是使计算机执行printf函数时,指示从下一行的右边开始的换新一行输出。所以显示器上出现了两行字符。如果在字符串中忘记了“\n”,那么输出的结果就没有换行(尽管可以多次调用printf函数)。

表 2-4 常用的转义字符

转义字符	含 义
\n	回车换行
\r	回车(回到本行起始位置)
\\	反斜杠字符\
\‘	单引号字符’
\”	双引号字符”
\t	水平制表
\v	垂直制表
\b	退格
\ddd	1～3 位八进制数所代表的字符,如\101 代表字符 A
\xhh	1～2 位十六进制数所代表的字符,如\x41 代表字符 A

转义字符只能是用小写字母,每个转义字符被看成是一个字符常量。如‘\0’,但是用单引号‘’括起来的一个汉字如‘语’则不是字符常量,请参看关于汉字编码的相关知识,一个汉字编码要用 2 个字节来存储;同样用双引号“”括起来的单个字符如“a” 也不是字符常量,它是字符串常量。

因为双引号“”、单引号‘’、反斜杠\等在 C 语言中的特殊作用,如果要在字符串重新打印这些字符,则不能直接使用这些字符,而要使用转义字符‘\’、‘\’、‘\\’等。

【提示】 可以在 printf()函数中适当地运用转义字符,以增加输出效果。但是要注意每个转义字符的不同含义,不要弄混。

2.4.4 字符串常量

字符型常量只能是一个字符,并用‘’括起来,C 语言采用字符串的形式来表示意义的多个字符的组合。

C 语言只提供了字符串常量的形式,就是使用一对双引号“”括起来 0 个或多个字符组成的字符序列,任何字母、数字、符号和转义字符都可以组成字符串。例如:

- “”是空串;
- “a”是由一个字符 a 构成的字符串;
- “Happy New Year”是由多个字符序列构成的字符串;
- “abc\n\t”是由多个包括转义字符在内的字符所构成的字符串;
- “ ” 是空格串,而不是空串。

双引号“”是字符串的边界,不是字符串的一部分,当在字符串中出现双引号时,对双引号要采用转义字符(\”)的形式。

‘a’与“a”是不同的,‘a’表示的是字符常量,“a”则表示的是字符串常量。字符串常量与字符常量在内存中的存储形式决定了它们之间的区别。在内存中,字符常量存储时只占用一个字节,而字符串常量存储时,为了处理的需要,C 语言规定字符串的最后必须以空字符‘\0’结尾,C 语言编译系统将自动在字符串的尾部加上一个特殊的“字符串结束标志”——转义字符‘\0’,以表示这个字符串的结束。系统依据此标志‘\0’判断字符串是否结束。因此“a”在内存中占用2个字节长度。即一个字符串常量存储的长度要比它实际的字符串长度多一个字节(字符),如图2-1所示。所以字符串常量与字符常量的区别如下。

(1) 书写格式不同:字符常量用‘’,而字符串常量用“”。

(2) 表现形式不同:字符常量是单个字符,字符串常量是一个或多个字符序列。

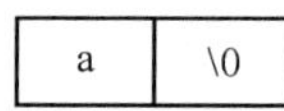

图2-1 “a”的存储形式

(3) 存储方式不同:字符常量占用一个字节,字符串常量占用一个以上的字节(字符串的长度多一个)。

【提示】 ‘\0’是一个转义字符,代表的是ASCII码为0的空字符。

由双引号“”括起来的字符序列中的字符个数称为字符串的长度,字符串结束符(‘\0’)并不计算在字符串的长度里(在定义字符串常量时,这个结束符不需要给出,C语言会自动加上,但是存储时,空字符将会额外的占用一个字节空间)。比较容易出错的是当字符串中出现转义字符时字符串长度的确定,转义字符从形式上看是多个字符,而实际中它只代表一个字符,因此在计算字符串的长度时容易将它看成多个字符计入长度中。例如:

- 字符串“\\\”ABC\”\\\n”的长度是8。
- 字符串“\xab\107\\A\a\’”的长度为6。

【思考】 请确定下面几个常量的数据类型:1、1L、1U、1.0、1、‘1’、“1”。请说出它们的相同点和不同之处。

2.4.5 符号常量

例2-2 计算圆的面积和周长。

```
main()
{
    float fBanJing = 2.5,fMianJi,fZhouChang;
    fMianJi = 3.14 * fBanJing * fBanJing ;
    printf("面积是 %f",fMianJi);
    fZhouChang = 2 * 3.14 * fBanJing;
    printf("周长是 %f",fZhouChang);
}
```

程序运行的结果是:

```
面积是 19.625000 周长是 15.700000
```

在例2-2中,计算圆的周长和面积的时候都用到了3.14这个实型常量,这个实型常量的数据类型是double型。这种直接写出一个常数的方式又称为“直接常量”。

我们将例2-2更换一种新的写法,请看例2-3中给出的程序。

例2-3 计算圆的面积和周长。

```
#define PEI 3.14
main()
{
    float fBanJing = 2.5,fMianJi,fZhouChang;
    fMianJi = PEI * fBanJing * fBanJing ;
    printf("面积是 %f",fMianJi);
```

```
    fZhouChang = 2 * PEI *  fBanJing;
    printf("周长是 % f",fZhouChang);
}
```

程序运行的结果是：

```
面积是 19.625000 周长是 15.700000
```

在例 2-3 中，有一个标识符“PEI”，用这个标识符代表常量 3.14，这个标识符被称为符号常量。

对比一下例 2-2 和例 2-3，我们可以看到，例 2-3 中的“PEI”可以像常量一样参与运算，当需要改变 PEI 的精度时，只需要更改定义即可，程序的可读性和可维护性都有了一定程度的提高。

在 C 语言中允许将程序中的常量定义为一个标识符，这个标识符称为符号常量。当某个常量引用起来比较复杂而又经常用到时，可以将该常量定义为符号常量，也就是分配一个标识符给这个常量，在以后的引用中，这个标识符就代表了实际的常量。这种用一个指定的标识符代表一个常量称之为符号常量，即带名字的常量。

符号常量必须在使用前先定义，定义的格式为：

```
#define 符号常量 常量
```

一般情况下，在一个 C 语言程序的开头，即定义主函数 main()之前，需要用 define 宏定义一些经常在本程序中使用的常数，用这种方法定义符号常量，既可以在程序中简化书写格式、减少错误的发生，又方便我们快速地替换程序中的常量。

在使用符号常量时应注意以下几点。

(1) 符号常量不同于变量，它的值在其作用域(一般而言是指本文本范围内)内不能改变，也不能被赋值。

(2) 习惯上，符号常量名用大写字母标识符，而变量名用小写字母标识符，以示区别。

(3) 定义符号常量的目的是为了提高程序的可读性、便于程序的调试和修改。因此在定义符号常量名时，应尽量使其表达它所代表的常量的含义。

2.5 变　量

在例 2-1 中，通过“int nShuJu;”语句，我们定义了一个变量。变量就是程序运行时其值发生改变(可以被改变)的量值。

【规则 2-3】 C 语言规定，在程序中所有用到的变量，都必须遵循“先定义，后使用”的原则。

变量名实际上是和计算机内存中的存储单元相对应的，在 C 语言的源程序中定义的每一个变量都有一个名字、一种类型、一个具体的值。所有变量都有的三个属性。

(1) 变量名：也就是一个标识符，用来标明变量的名字。

(2) 存储单元：在内存中占用一定的存储单元，就如同宿舍号对应一个房间，变量名对应着一段存储空间。

(3) 变量值:即该存储空间中存放的变量的值。

因此,我们对变量的存取,就是通过变量名对存储单元的存取;对变量的修改,实际上是通过变量名对存储单元的修改。

2.5.1 变量的定义

C 语言规定,在程序中所有用到的变量都必须在程序中指定其数据类型,变量必须先定义后使用。定义变量时要给其命名,同时还要定义它的数据类型,编译系统根据变量的类型为其分配内存单元,并将变量名与其存储单元对应起来。变量定义好后,就可以通过它的名字使用它。C 语言允许将某个具体数据放在变量中,实质上是将该数据以二进制存储到变量的存储单元中,而对某个变量进行运算或处理,实质上则是对该变量存储单元中数据进行运算或处理。

在 C 语言中定义变量是通过声明语句实现的。定义一个变量的完整格式是:

```
【存储类别名】类型说明符 变量表;
```

其中类型说明要求是 C 语言支持的合法的数据类型,这包括我们前面给出的整型(int、long、unsigned int、unsigned long)、实型(float、double)或字符型(char)数据,也包括我们今后要介绍的指针型数据、结构体类型数据等。

如果一次只定义一个变量,则变量表中只有一个变量名。当然也可以一次定义多个变量,这种情况下要求在变量表中的各个变量之间要用逗号分隔,一次定义的这多个变量的数据类型都是在本次定义时给出的数据类型。

在例 2-2 中,可以看到变量定义的语句有:

```
float fBanJing,fMianJi,fZhouChang;
```

在这个变量定义语句中,一次定义了 3 个 float 型变量。其中,float 为类型说明;fBanJing、fMianJi 和 fZhouChang 为三个变量名,之间用逗号分隔。

这个变量定义说明了有几个相同类型的变量(3 个)、变量叫什么名(fBanJing,fMianJi,fZhouChang)以及用来做什么(参与实型数据的处理)。任意一个变量都必须具有确定的数据类型,不管变量值怎样变化,都必须符合该类数据类型的规定(形式和规则两个方面)。

【提示】 区分变量名(内存单元的标识符)和变量值(内存单元中存放的数据)。

同一类型的变量可以以任何方式分散在多个声明之中,例如上面的声明语句与下面的声明语句等价:

```
float fBanJing;
float fMianJi;
float fZhouChang;
```

等价为:

```
float fBanJing;
float fMianJi,fZhouChang;
```

【提示】 声明语句必须放在函数的任何可执行语句之前。把声明语句插在可执行语句中会产生语法错误。最好的方法是将函数中的声明语句和可执行语句用空行分开。这样可以清楚地看出声明语句的结束和可执行语句的开始。

在定义变量时要对每一个变量给出变量名,变量名就是我们前面提到的“标识符”,应按照标识符的命名规则进行命名。具体到给变量命名，我们通常遵循如下的这些规则。

(1) 变量名必须按照C语言规定的标识符命名原则，只能由字母、数字和下画线组成，且第一个字符必须是字母或下画线。由于C语言的库函数使用下画线开头的名字，所以尽量不要采用下画线开始的变量名。

(2) 由于C语言严格区分大小写字母，SUM和sum被认为是不同的变量名。为了避免混淆，应该使用不同的变量名，而不是通过大小写来区分变量。

(3) 变量名的长度(标识符的长度)无统一的规定，随系统的不同而有不同的规定，根据ANSI C标准，C编译器必须要识别前31个字符。所以标识符的长度不要超过31个字符，这样可以保证程序具有良好的可移植性，并能够避免发生某些令人费解的程序设计错误。许多系统只确认31个有效字符，所以在取名时，名称的长度尽量在31位有效字符之内。

(4) 取名时，尽量采用与所要描述的对象含义接近的名称。例如描述年龄的变量用age来表示，描述性别的变量用sex来表示。

2.5.2 数据的存储

1. 分配存储空间

当用户定义了变量的名称与数据类型，C语言系统在编译时就会根据这个变量的数据类型在内存中分配相应的内存空间，用于存放变量的值。

在例2-1中，有定义：

```
int nShuJu;        //定义整型数据
```

在这个例子中，定义了变量nShuJu，这个变量是int型的，所以C语言在编译时分配2个字节大小的内存空间，以后变量nShuJu的值就从这2个字节单元中取得。

在例2-3中，同时给出了3个float型变量的定义：

```
float fBanJing,fMianJi,fZhouChang;
```

因为这3个变量都是float型的，所以C语言在编译时为每个变量分配4个字节大小的内存空间，一共是12个字节。以后变量fBanJing、fMianJi、fZhouChang的值就分别从自己的那4个字节单元中取得自己的数值。

2. 确定存储方式

根据变量的数据类型不同，在获得自己的存储单元后，存储形式也不相同。整型变量按定点整数格式存储，实型变量按浮点数格式存储，而字符型变量存储的是字符的ASCII编码值。

在例2-1中，执行了nShuJu＝123后，在定义变量nShuJu获得的2个存储单元里就存入了数值123，因为int型数据是定点存储方式，定点整数123的十六进制格式为0x007b，所以这两个存储单元里分别存储了“00”和“7b”。假定在定义变量nShuJu时获得了编号为2000和2001的存储单元，存储单元的示意图如图2-2(a)所示。

如果我们再执行nShuJu＝－123后，变量nShuJu的值被改变了，这时候在定义变量nShuJu获得的2个存储单元里就存入了数值－123，因为int型数据是定点存储方式，定点整数－123的十六进制格式为0xff85，所以这两个存储单元里分别存储了“ff”和“85”。变量值变化后的存储单元的示意图如图 2-2(b)所示。

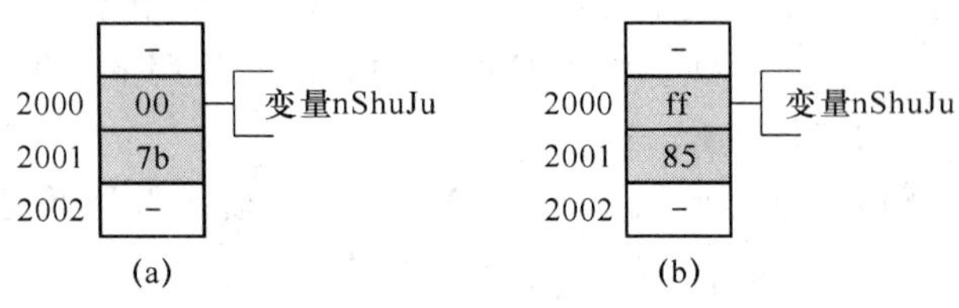

图 2-2 变量 nShuJu 的存储单元

在例 2-3 中,执行了对 3 个 float 型变量的定义后,每个变量都获得了 4 个字节的存储单元,其中在定义 fBanJing 变量时就给该变量赋值为 2.5 后,在定义变量 fBanJing 获得的 4 个存储单元里就存入了数值 2.5,因为 float 型数据是浮点数定点存储方式,浮点数 2.5 的十六进制格式为 0x40200000,所以这四个存储单元里分别存储了“40”、“20”、“00”和“00”。假定在定义变量 fBanJing 时获得了编号为 2000～2003 的四个存储单元,存储单元的示意图如图 2-3(a)所示。

如果我们再执行 fBanJing=－2.5 后,变量 fBanJing 的值被改变了,在定义变量 fBanJing 获得的 4 个存储单元里就存入了数值－2.5,因为 float 型数据是浮点数定点存储方式,浮点数－2.5 的十六进制格式为 0xc0200000,所以这四个存储单元里分别存储了“c0”、“20”、“00”和“00”。这时候在定义变量 fBanJing 存储单元的示意图如图 2-3(b)所示。

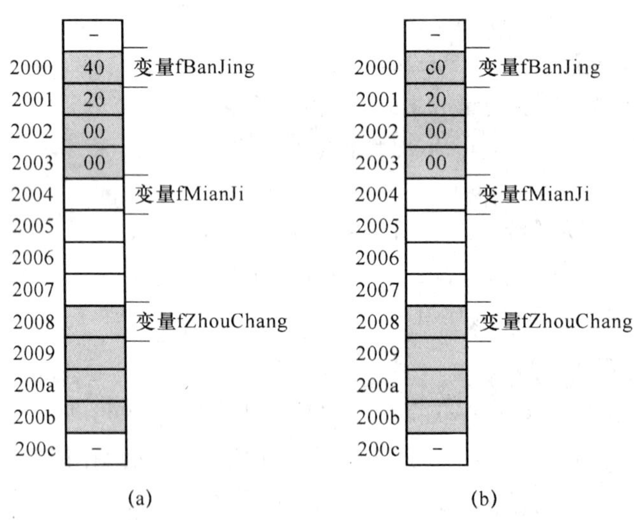

图 2-3 变量 fBanJing、fMianJi 和 fZhouChang 的存储单元

【思考】 图 2-2 中变量 fMianJi 和 fZhouChang 所在的存储单元里没有填写任何内容,请问这两个变量有自己的数值吗?

如果我们给出定义 char cZiFu=‘a’,定义了一个 char 型变量 cZiFu,这个变量获得了一个字节的存储空间,这个存储空间里保存了字符 a,如图 2-4 所示。C 语言在保存一个字符数据的时候,存储的数据是该字符的 ASCII 码值。

从图 2-4 中可以看出，cZiFu 分配到的一个字节的存储单元里存了十六进制数据 0x61，就是字符 a 的 ASCII 码值。

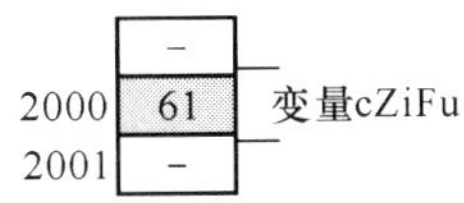

图 2-4 变量 cZiFu 的存储单元

3. 变量的地址

在定义变量的时候，根据变量的数据类型会给变量分配固定的存储单元，例如 int 型变量分配 2 个字节的存储单元，float 型变量分配 4 个字节的存储单元。某个变量所获得的首个存储单元的地址就是这个变量的地址。

变量在分配内存空间后，可以使用 & 操作符取得变量的内存地址，这个地址就称为变量的指针。& 被称为“取地址运算符”。

从图 2-2 可以看出，编号为 0x2000 和 0x2001 的单元是分配给 int 型变量 nShuJu 的存储单元，这时候我们说变量 nShuJu 的地址是 0x2000。这种情况下，如果我们进行 &nShuJu 运算，获得的数值是 0x2000，也就是变量 nShuJu 的存储地址。

在图 2-3 中，float 型变量 fBanJing、fMianJi 和 fZhouChang 都得到了属于自己的 4 个字节的存储单元，但只有它们获得的那块连续存储单元首字节的地址是变量的地址。所以说，float 型变量 fBanJing 的地址是 0x2000，float 型变量 fMianJi 的地址是 0x2004，float 型变量 fZhouChang 的地址是 0x2008。这种情况下，可以用 &fBanJing、&fMianJi 和 &fZhouChang 分别获得这 3 个变量的地址。

【提示】 变量名称和数据类型由用户定义说明，变量地址由系统决定。变量的存储格式是由数据类型决定的，变量的值来自程序中的赋值。

2.6 数据的输入与输出

在程序的执行过程中，经常需要由用户输入一些确定的数据，程序依据这些数据进行计算处理，并将程序运算处理的结果返回给用户，由此实现人与计算机的交互功能。因此，在程序设计过程中，输入/输出是必不可少的一类语句。

C 语言中没有提供专门的输入/输出语句，所有的输入/输出操作都是通过调用 C 的标准库函数中的输入/输出函数实现的，和输入/输出有关的函数都在头文件“stdio.h”中定义。在 C 语言函数库中有许多以标准的输入/输出设备(一般为终端设备)为输入/输出对象的“标准输入/输出函数”，最基本的输入/输出函数包括 scanf/printf(格式输入/格式输出)、getchar/putchar(字符输入/字符输出)、puts(字符串输出)等。

2.6.1 输出字符 putchar()

putchar 函数是对单个字符进行输出的函数。它的功能是将指定表达式的值所对应的字符输出到标准设备(终端)，每次只能输出一个字符。格式为：

putchar(输出项)

putchar()必须带输出项,输出项可以是字符型常量或变量。

例 2-4 putchar 函数的应用。

```
#include"stdio.h"
main()
{
    char o='O',k='K';
    putchar(o);
    putchar(k);
    putchar('\n');
    putchar('*');
}
```

程序运行的结果是:

```
OK
*
```

使用 putchar 函数时,应注意以下几点。

(1) 输出的数据只能是单个字符,不能是字符串。'abc'或"abc"都是错误的。

(2) 被输出的字符常量必须用单引号括起来,如'\n'、'*',不能用双引号,否则会导致错误。

(3) 当输出项是表达式的时候,可以写成 a+'32'等形式,不能写成 a\n 等形式。

另外,与 putchar 函数的功能和使用方法一样,putch 函数也可以输出一个字符。

2.6.2 输入字符 getchar()

getchar 函数是对单个字符进行输入的函数。它的功能是:从标准输入设备上(键盘)输入一个且只能是一个字符,并将该字符返回为 getchar 函数的值。格式为:

getchar()

例 2-5 getchar 函数的应用。

```
#include"stdio.h"
main()
{
    char cZiFu;
    cZiFu=getchar();
    putchar(cZiFu);
}
```

程序运行的结果是:

```
A<回车>
A
```

执行本程序时,按下字符'A'并回车后,getchar 函数接收了输入的字符'A'并将它赋值给字符型变量 cZiFu,然后再调用 putchar 函数输出了变量 cZiFu 中存储的字符'A'。

在使用 getchar 函数时,要注意以下几点。

(1) getchar 函数是不带参数的库函数,但是()不能省略。

(2) 用户输出一个字符后,只有按"回车"键之后输入的字符才有效。

(3) getchar 函数只接收一个字符,而非一串字符。例 2-5 中,若输入 abcde,getchar 函数也只接收第一个字符'a'。

(4) getchar 函数得到的字符可以赋给一个字符变量或整型变量,也可以不赋给任何变量,而是作为表达式的一部分。

(5) getchar 函数不能够显示输入的数据,如果希望显示该数据,必须调用相应的输出函数(例如 putchar()库函数)来实现。

还有一个与之相接近的函数是 getch()函数。getch()函数表示当用户在键盘上输入一个字符后,该字符立即被计算机接收,可以通过输出函数显示出来,而无需等待"回车"命令。

2.6.3 格式化输出函数 printf

printf 函数称为格式化输出函数,其功能是按用户指定的格式(控制字符串规定的格式),将指定的数据项输出到标准的输出设备(一般为显示器)上。

1. printf 函数的调用格式

printf 函数是一个标准库函数,能够以精确的格式输出程序运算的结果。printf 函数的调用格式为:

```
printf("格式控制字符串",输出项列表);
```

printf 函数有两项参数:用""引起来的格式控制字符串和向标准设备输出的数据。每次调用 printf 函数时都要包含描述输出格式的"格式控制字符串"。

格式字符串是由格式字符(包括转换说明符、标志、域宽、精度)和普通字符组成的,转换说明符和百分号(%)一起使用,用来说明输出数据的数据类型、标志、长度和精度。

输出项列表可以是常量、变量和表达式,也可以没有输出项,这些输出项必须与格式控制字符串在类型和数量上完全对应,否则,结果将不可预测。当有多个输出项时,各个输出项之间用逗号','分隔。

2. 格式控制字符串

在使用 printf 函数时,当系统遇到输出的转换说明符后,会自动用后面对应的输出项的值代替它的位置,然后输出。格式控制字符串中的转换字符应与输出列表中的待输出项之间一一对应,这些转换字符控制对应的输出项以该格式输出。数据类型必须与格式符相匹配。

格式控制字符串的一般形式:

```
%[修饰符]转换说明符
```

其中修饰符为可选项,包括标志修饰符、宽度修饰符、精度修饰符、长度修饰符,用于确定输出数据的宽度、精度、对齐方式等,产生更加规范、整齐、美观的数据输出形式。当没有修饰符时,以上各项按系统默认值设定显示。

(1) 转换说明符

转换说明符规定了对应输出项的输出格式,即将输出的数据转换为指定的格式输出。该项不能省略。常用的转换说明符及其含义如表 2-5 所示。

表 2-5　转换说明符及其含义

转换说明符	意　　义
c	按字符型输出
d 或 i	按十进制整数输出
u	按无符号十进制整数输出
f	按浮点型小数输出
E 或 e	按指数形式(科学计数法)输出
o	按八进制整数输出(不输出前缀 o)
X 或 x	按十六进制整数输出(不输出前缀 ox)
s	按字符串输出
G 或 g	按 e 和 f 格式中输出宽度较短的一种形式输出

转换说明符要与%一起使用,不能省略%。表 2-5 中的字符只有放在%的后面才作为输出的转换说明。

例 2-6　整型数据的格式化输出。

```
#include"stdio.h"
main()
{
  printf("%d,%o,%x\n",10,10,10);
  printf("%d,%d,%d\n",10,010,0x10);
  printf("%d,%x\n",012,012);
}
```

程序运行的结果是:

```
10,12,a
10,8,16
10,a
```

从例 2-6 可以看出,对一个整型的输出项可以是八进制、十进制或十六进制 3 种形式输出;无论输出项用八进制、十进制还是十六进制,输出的结果都以该输出项所对应的转换说明符为准。因此,不管一个整数采用哪种表现形式,它的数值都是确定的。

(2) 长度修饰符

常用的长度修饰符有两种:l(长)表示按长整型量输出,h(短)表示按短整型量输出。它可以和输出转换说明符 d、f、u 等连用。其用法和含义如表 2-6 所示。

表 2-6　长度修饰符的意义

格　式	意　　义
%ld	用于长整型数据的输出
%hd	用于短整型数据的输出
%lf	用于双精度型数据的输出

(3) 宽度修饰符和精度修饰符

宽度修饰符用来指定 printf 函数输出数据的占位宽度,用一个十进制整数表示输出数据的位数，插在百分号(%)与转换说明符之间，其作用是控制打印数据的宽度，也称为“域宽”。

也可以在printf函数中指定输出数据的精度。以一个小数点开始，后紧跟着一个十进制整数表示精度，插在百分号(%)与转换说明符之间。对于不同的数据类型，精度的含义也不相同：在使用%d时，精度表示最少要打印的数字的个数；在使用%f、%e、%E时，精度是小数点后面显示的数字个数；在使用%s时，精度表示输出的字符串中字符的个数。

宽度和精度也可以同时使用，其使用形式是域宽.精度。

常用的宽度修饰符与精度修饰符说明以及含义如表2-7所示。

表2-7 宽度修饰符与精度修饰符说明

修饰符及说明格式	意义
%md	以宽度m输出整型数，不足m位数时左侧补以空格
%0md	以宽度m输出整型数，不足m位数时左侧补以0(零)
%m.nf	以宽度m输出实型数，小数位数为n位
%ms	以宽度m输出字符串，不足m位数时左侧补以空格
%m.ns	以宽度m输出字符串左侧的n个字符，不足m位数时左侧补以空格

例2-7 实型数据的格式化输出。

```
#include"stdio.h"
main()
{
  double fShuJu=3.1415926;
  printf("%f,%e\n",fShuJu,fShuJu);
  printf("%5.3f,%5.2f,%.2f\n",fShuJu,fShuJu,fShuJu);
}
```

程序运行的结果是：

```
3.141593,3.14159e+00
3.142, 3.14,3.14
```

从程序运行结果可以看出，对于实型数据，如果直接使用%f格式，则默认输出6位小数；用%e格式输出时，默认保留5位小数。

当指定的输出数据宽度小于数据的实际宽度时，则按实际数据的位数输出打印(宽度自动增加)；对于整数而言，按该数的实际宽度输出；对于浮点数，按实际位数输出，但如果制定了浮点数的精度，则相应的小数位按精度的位数四舍五入；对于字符串，按实际串长度输出。在例2-7中，%5.3f输出了3.142(保留了3位小数)，而%5.2f时在输出结果的左侧自动添加了一个空格，保留了2位小数；当默认域宽，只给定精度时，%.2f输出了3.14，保留了2位小数。

【提示】 虽然通过给定精度可以控制小数点后输出的位数，但数据的精度是由数据类型确定的，和输出无关。也就是说，并不是输出的小数点后的位数越多，显得数据的精度越高。

3. 普通字符

格式控制字符串中可以包含大量的可打印字符和转义字符，可打印字符主要是一些说明字符，这些字符将按原书写样式显示在屏幕上，如果有汉字系统支持，也可以输出汉字。转义字符是不可打印字符，用以控制产生特殊的输出效果。

例如：

```
int a = 123,b = 12345;
printf("a = %d,",a);
printf("b = %d\n",b);
```

其输出结果为：

```
a = 123,b = 12345
```

在第一个printf函数的格式控制字符串中，'a'、'='和','都是普通字符，可以打印出来。第二个printf函数的格式控制字符串中的'b'和'='也是可打印字符，但\n时是转义字符，不能够打印出来，表示要换行输出。将该程序改动一下，其输出形式也将发生改变。

```
int a = 123,b = 12345;
printf("a = %d\n",a);
printf("b = %d\n",b);
```

输出形式为：

```
a = 123
b = 12345
```

在第一个printf函数的格式控制字符串中，'a'和'='是普通字符，打印出来。'\n'虽然没有打印出来，但是它指示第二个printf函数换到下一行左侧输出。

4. 字符型数据的输出

C语言中，字符型数据在内存中占用一个字节的存储空间，无论字符常量还是字符变量，所占用的这个字节里存储的都是对应字符的ASCII码值，因此它既可以按照字符形式输出，也可以按照整数形式输出。如果按字符形式输出，可以调用putchar函数或printf函数(格式符指定为%c)；如果按整数形式输出，则只能调用printf函数，格式符选择为整数类型允许的格式符，这时候直接输出存储的ASCII码值。

同样，一个数值在ASCII码值范围内整型数据，也可以按字符形式输出，输出字符ASCII码值等于该数值。

例2-8 字符型数据的输出。

```
#include"stdio.h"
main()
{
    char cZiFu = 'a';
    printf("%c,%d\n",'a','a');
    printf("%c,%d\n",97,97);
    printf("%c,%d\n",98,'a' + 1);
    printf("%c,%d\n",cZiFu - 'a' + 'A',cZiFu - 'a' + 'A');
}
```

程序运行的结果是：

```
a,97
a,97
```

```
b,98
A,65
```

在例 2-8 中给出了将小写字母变为大写字母的算法，请自己完成将大写字母变为小写字母的算法和把数字字符‘0’～‘9’转换为数值的算法。

2.6.4 格式化输入函数 scanf

在例 2-3 中，计算了半径为 2.5 的圆的面积和周长。在实际使用的情况中，半径数据应该是由用户给出，而不是定值。可以在定义变量时直接赋值，还可以在程序运行过程中通过键盘手工给变量赋值。这时我们需要使用输入函数来向系统传输参数数值或字符。

例 2-9 输入圆的半径，计算圆的面积和周长。

```
#define PEI 3.1415926
main()
{
    float fBanJing,fMianJi,fZhouChang;
    scanf("%f",&fBanJing);
    fMianJi = PEI * fBanJing * fBanJing ;
    printf("面积是%.2f",fMianJi);
    fZhouChang = 2 * PEI * fBanJing;
    printf("周长是%.2f",fZhouChang);
}
```

程序运行的结果是：

```
3
面积是 28.26 周长是 18.84
```

在例 2-6 中用到了 scanf 函数。scanf 函数是一个标准库函数，scanf 函数能够完成精确的格式化输入，其功能是：按照给定的格式从标准输入设备上接收整型、实型、字符型和字符串等各种类型的一个或多个数据的输入并将其保存到指定的变量中。

1. scanf 函数的调用格式

scanf 函数原型包含在标准输入输出头文件“stdio.h”中。因此在调用前需要使用如下语句进行包含：

```
#include "stdio.h"
```

该函数的调用格式为：

```
scanf("格式控制字符串",输入项地址列表);
```

scanf 函数有两项参数，用“”引起来的格式控制字符串和需要接收数据的内存地址。

(1) 格式控制字符串

它包括一个或多个以“%”开始的格式字符，在“%”后跟一个或几个规定的格式描述字符，它在格式字符串中用来占位，并将在该位置用格式字符确定输入数据时，按输入的顺序将输入的数据存储到与后面的输入项列表中对应的变量存储空间中。

(2) 输入项地址列表

它是一个或多个以“&”开始的变量名称，多个输入项之间用逗号分开。这里的“&”是 C 语言中的取地址符号，它用于获取后面所跟随的变量的内存地址，以便于将输入的数据存

储到指定的地址中。例如“&r”的意思就是获取变量 r 的地址，

本例中，即是以如下语句：

```
scanf("%f",&fBanJing);
```

将键盘输入的数据以 float 数据格式(%f)存储到变量 fBanJing 所在的存储空间中，此后在调用变量 fBanJing 进行计算时，实质上就是调用了存储在该内存空间的数据进行计算。

需要接收数据的变量地址，这些输入项与格式控制字符串在类型和数量上要对应，当有多个输入项时，各个地址名之间以逗号“,”分隔。输入格式和变量类型要保持一致。

scanf 函数中的输入项是变量地址，输入数据将被放入变量地址所指示的内存单元中，所以在变量前要加地址运算符“&”。

2. 格式控制字符串

和 printf 函数相同，格式控制字符串的一般形式为：

```
%[修饰符]转换说明符
```

其中的转换说明符和 printf 相同，但要注意的是如果输入项是 double 类型的数据，则输入格式控制符必须是%lf 或%le。

如果用 scanf 函数处理字符型变量的输入，则在调用函数时格式控制字符串中相应的格式控制符为%c，这种情况下，输入的空格将作为输入数据读取到对应的变量中。

例 2-10 数据输入练习。

```
main()
{
   char cZiFu1,cZiFu2,cZiFu3;
   scanf("%c%c%c",&cZiFu1,&cZiFu2,&cZiFu3);
   printf("cZiFu1 = %c,cZiFu2 = %c,cZiFu3 = %c\n",cZiFu1,cZiFu2,cZiFu3);
}
```

程序运行的结果是：

```
B<空格>O<空格>Y<回车>
cZiFu1 = B,cZiFu2 = ,cZiFu3 = O
```

从程序运行结果可以看出，输入字符 B 和 O 之间的空格被读入了 cZiFu2 中。

在 scanf 函数中可以指定读取数据的域宽，但不能指定读取数据的精度。可以用一个十进制数指定输入数据的数据宽度，系统自动按域宽截取输入数据。

3. 普通字符

格式控制字符串中除了格式字与修饰符外，还可以包含普通字符，这些普通字符包括可打印字符、空格和转义字符。

对 scanf 函数，如果格式控制字符串中的说明符之间包含有其他字符，那么在输入数据时，必须在相应位置读入这些字符。

例如：

```
int nShuJu1,nShuJu2;
scanf("%d,%d",&nShuJu1,&nShuJu2);
```

格式控制字符串中存在可打印字符“,”，所以在读入数据时，必须读取“,”后才可以继续读取第二个变量的输入值，实际上将“,”作为了输入数据的分隔符。因此这种情况下，只能

输入“1,2<回车>”,才可以将数值 1 读入变量 nShuJu1 中,将数值 2 读入到变量 nShuJu2 中,其他的输入方法都是错误的。

在以%c 格式的数据读入中,转义字符被作为有效字符处理。而在格式控制字符串中的转义字符具有输入转义字符所代表的控制代码或特殊字符的功能。

例 2-11 数据输入练习。

```
main()
{
   int nShuJu1,nShuJu2;
   scanf("%d%d\n",&nShuJu1,&nShuJu2);
   printf("nShuJu1=%d,nShuJu2=%d\n",nShuJu1,nShuJu2);
}
```

请上机调试例 2-9,看如何输入才能得到正确的结果。

【提示】 尽量不要在 scanf 函数的格式控制字符串中出现普通字符,特别是转义字符,它会增加读入数据的难度并可能造成不可预料的错误。

4. 数据流的分隔

在有多个输入项时,如果格式控制字符串中没有普通字符或转义字符作为读入数据之间的分隔符,则一般采用空格符、<Tab>符或回车键作为读入数据的分隔符。当 C 语言的编译系统遇到空格符、<Tab>符或回车键以及非法字符时,会自动认为数据输入结束。计算机等待所有的数据输入结束后的最后一次<回车键>,将读入的数据分别赋给对应的变量所指定的内存单元。如果数据的输入少于格式控制字符串中指定的转换说明符的个数,则计算机将一直等待数据的输入,直到所有数据全部被输入为止。

第3章

运算符与表达式

【本章要点】

- C 语言有哪些表达式？各种表达式的求解规则是如何规定的？
- 什么是 C 语言运算符的优先级和结合性？
- 表达式运算结果的数据类型是如何确定的？

在第 2 章中我们知道了必须用多种不同类型的数据来描述一个人的相关信息，但在这些信息中，我们不能判断某人的性别和学历是否相等，同样地，也不能用一个人的身高和另一个人的年龄相加减。并不是说这样的运算是被禁止的，只是这种运算的结果毫无意义。

3.1 数据类型转换

不同数据类型的数据可以相互转换。这种转换可能发生在算术表达式、赋值表达式和输出时。转换的方式有两种：自动转换和强制转换。

1. 自动转换

在 C 语言中，整型、实型和字符型数据间可以混合运算(因为字符数据与整型数据可以通用)。如果一个运算符两侧的操作数的数据类型不同，则系统按“先转换、后运算”的原则，首先将数据自动转换成同一类型，然后在同一类型数据间进行运算。转换规则如图 3-1 所示。

(1) 横向向左的箭头表示必须进行的转换。在参加运算的数据中，如果有 char 和 short 型数据，则必须先转换成 int 型数据才能参与运算；同样的情况，float 型必须转换成 double 型才能参与运算。

(2) 纵向向下的箭头表示不同类型的转换方向。在参加运算的数据中，如果出现了不同类型的数据，则要所有参与运算的数据按照箭头所指方向的数据类型最高的级别进行转换。

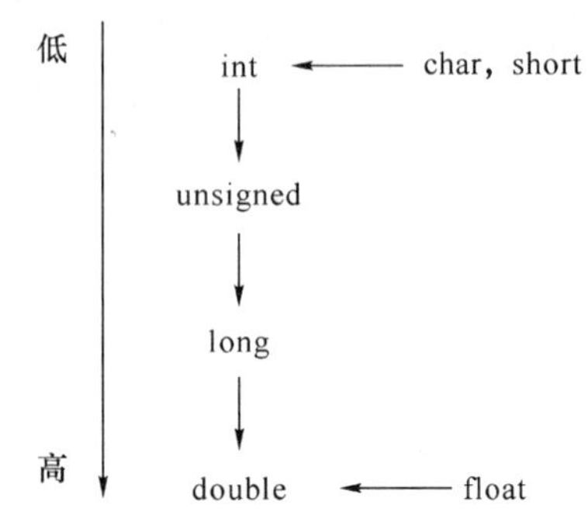

图 3-1　算术运算过程的转换规则

例如，若有 int 型与 double 型数据进行混合运算，则先将 int 型数据转换成 double 型，然后在两个同类型的数据间进行运算，结果为 double 型。

【提示】 箭头方向只表示数据类型由低向高转换，不要理解为 int 型先转换成unsigned 型，再转换成 long 型，最后转换成 double 型。

2. 强制类型转换

如果程序要求一定将某一类型的数据从该种类型强制地转换为另外一种类型，则需要人工编程进行强制类型转换，也称为显式转换。强制类型转换的目的是使获得的数据类型发生改变，从而使不同类型的数据之间的运算能够进行下去。

强制类型转换的语法格式如下：

```
(类型说明符)(表达式);
```

当被转换的表达式是一个简单表达式时，外面的一对圆括号可以默认。

例如：

```
int a; float x,y;double l;
l = (double)a      等价于(double)(a)    /* 将变量 a 的值转换成 double 型 */
a = (int)(x + y)                        /* 将 x + y 的结果转换成 int 型 */
(float)5 / 2       等价于(float)(5)/2   /* 将 5 转换成实型，再除以 2( = 2.5) */
(float)(5 / 2)                          /* 将 5 整除 2 的结果(2)转换成实型(2.0) */
```

强制转换时，类型符要用括号括起来。强制类型转换只是要获得一个要求的数据类型的数值，并不是改变数据的类型，强制转换后，变量仍保持原来的类型。变量在定义的时候已经指定了数据类型，在程序运行的过程中，变量的数据类型是不能改变的。如上例中 a 仍为整型，x、y 仍为 float 型。

需要注意的是，这种转换带来的后果是不能得到精确的值，如果需要不同类型的结果，最好使用专用函数来进行转换。

【提示】 强制转换类型得到的是一个所需类型的中间量，原表达式类型并不发生变化。例如，(double)a 只是将变量 a 的值转换成一个 double 型的中间量，其数据类型并未转换成 double 型。

3.2 运 算 符

C 语言提供了大量的运算符，这些运算符可以进行数据的运算处理，这是 C 语言的主要特点之一。它们从功能上，可以分为算术运算符、赋值运算符、关系运算符、逻辑运算符等；从运算对象上，可以分为单目运算符、双目运算符和三目运算符。运算符具有优先级和结合性。结合性是 C 语言独有的特点。

运算是对数据进行操作、处理的过程，是通过运算表达式描述的，运算表达式是由“运算符＋运算量”组成的。其中，运算符表示对数据进行何种处理，如加减乘除等；而被处理的数据称作运算量。

C 语言有很多种运算符，请参看附录的“运算符优先级与结合性”表。对于一个运算符，应从以下四个方面理解。

(1) 运算符的意义：不同的运算符代表了能够处理不同的操作。

(2) 和操作符相关的数据类型:不同的运算符对参与运算的数据类型要求不同,运算符的运算结果的数据类型也不相同。

(3) 运算符的优先级:表示不同运算符参与运算时的先后顺序,优先级高的先于优先级低的运算符进行运算。具体的优先级别排列见附录 2。

(4) 运算符的结合性:当优先级相同的时候,按照运算符的结合方向确定运算的次序,运算符的结合性分为右结合(从右向左)和左结合(从左到右)两种方式。具体的结合性见附录 2。

3.3 表达式

表达式是由常量、变量、函数等通过运算符连接起来而形成的一个有意义的算式。特别地,一个常量、一个变量、一个函数都可以看成是一个表达式。一个表达式代表着一个具有特定数据类型的具体值。

与运算符连接的常量、变量、函数等组成了 C 语言表达式。C 语言的表达式有:算术表达式、赋值表达式、关系表达式、逻辑表达式、条件表达式、逗号表达式和指针表达式等。表达式的运算主要按照运算符的优先级和结合性所规定的顺序进行,其次还要考虑与运算的操作数是否具有相同的数据类型以及是否需要进行类型转换,每个表达式代表着一个确定的值和确定的数据类型。

表达式的求值计算过程实际上是一个数据加工的过程,通过各种不同的运算符可以实现不同的数据加工。表达式代表了一个具体的值,在计算这个值时,要根据表达式中各个运算符的优先级和结合性,按照优先级高低,从高到低地进行表达式的运算,对同级的优先级则要按照该运算符的结合方向按从左向右或从右向左的顺序计算,否则很容易得到错误的结果。同时,为了改变运算次序,可以采用小括号()方式,因为小括号()的优先级最高,以此提升某个运算次序。

在表达式中运算符连接运算量完成了数据处理,这个数据处理的结果通常要做进一步的应用,因此必须知道表达式运算结果的数据类型。在表达式完成运算的过程中,如果是不同类型间数据的混合运算,应该遵循数据类型自动转换的规则,表达式的数据类型是所有参与运算的运算量最高的数据类型。

读者在以前接触过代数表达式,对比 C 语言的表达式,可以看到有下面几个方面的区别。

(1) 不是所有的代数运算符都被 C 语言支持,有些代数运算符在 C 语言里是没有的。例如,∫、√ 、≈、log 等。

(2) 使用表达式时要注意运算符的书写格式,和代数运算符相比,一个功能相同的运算符在书写形式上是有区别的。例如,在 C 语言中,用'*'表示乘法,以区别乘号(×)与英文字母 x,除号用'/'表示。

(3) 在 C 语言中,所有表达式都必须写在一行上。例如,a/b,不允许写成普通的数学算式(分上、下行)。

(4) 有些代数运算符在 C 语言中是用函数或其他形式实现的。例如,幂运算或者采用连乘的方式实现，例如，x^3 应改写成 x * x * x，或者调用数学库函数实现。对于数学上的函数(例如求平方根、求 sin 值等)可以采用调用数学库函数的形式计算其结果值。

(5) 在 C 语言中还有一些在代数运算符中没有的运算符。例如，? 运算符、－＞运算符等。

3.4 算术表达式

3.4.1 算术运算符

C 语言中的算术运算符共有 5 个，它们是加法运算符(＋)、减法运算符(－)、乘法运算符(＊)、除法运算符(/)和模(求余)运算符(％)。

这些运算符都是双目(元)运算符，也就是说在进行运算的时候需要 2 个操作数。

【提示】 *C 语言中乘法、除法运算符的表示与数学中的表示不同，不能写成 mn、$m\times n$、$m\cdot n$、$m\div n$，也没有乘方运算符。*

3.4.2 自增运算符和自减运算符

自增运算符(＋＋)、自减运算符(－－)的作用是：让变量自己加 1 或者减 1。它们经常用在循环结构中，控制循环变量的变化，如表 3-1 所示。要注意的是，这两种运算符都有前置和后置之分。

表 3-1 自增自减运算符

名称	运算符	例	说　明
增 1(前缀)	＋＋	＋＋i	先将 i 的值加 1，再使用此时 i 的值
增 1(后缀)	＋＋	i＋＋	先使用 i 的值，再将 i 的值加 1
减 1(前缀)	－－	－－i	先将 i 的值减 1，再使用此时 i 的值
减 1(后缀)	－－	i－－	先使用 i 的值，再将 i 的值减 1

我们通过下面的例子区分一下。

(1) 若有 int i＝3，j; j＝＋＋i;

表达式运算结束后，则 i＝4，j＝4。

执行过程：先将 i 的值自加 1，i 值变为 4，再使用此时 i 的值赋给 j。

(2) 而对于 int i＝3，j; j＝i＋＋;

表达式运算结束后，则：i＝4，j＝3。

执行过程：先使用 i 的值 3，将 3 赋给 j，然后 i 再自加 1，变为 4。

例 3-1 阅读程序。

```
#include<stdio.h>
void main()
{
    int i = 8;
```

```
    printf("%d\n",++i);        //i的值先加1,i的值变为9,然后再输出
    printf("%d\n",--i);        //i的值先减1,i的值变为8,然后再输出
    printf("%d\n",i++);        //i的值先输出,然后加1,i的值变为9
    printf("%d\n",i--);        //i的值先输出,然后减1,i的值变为8
    printf("%d\n",-i++);       //先输出-1*i的值,然后加1,i的值变为9
    printf("%d\n",-i--);       //先输出-1*i的值,然后减1,i的值变为8
}
```

程序运行的结果是：

```
9
8
8
9
-8
-9
```

在使用自增/自减运算时，应注意下面几个问题。

(1) 自增/自减只能作用于变量，不允许对常量、表达式或其他类型的变量进行操作。例如－－5或者(a＋b)＋＋都是不合法的。

(2) 当变量出现在表达式中，前缀运算和后缀运算的结果有差别。但当自增或自减变量值的运算本身就单独构成一条语句时，把自增或自减运算符放在变量前或放在变量后的效果是一样的。即＋＋n;等价于n＋＋;－－n;也等价于n－－;。

3.4.3 算术运算符的优先级与结合性

在进行代数运算中，我们都记得:先乘除，后加减，有括号先计算括号里面，这就是代数运算的优先级问题。在计算C语言的表达式的值时，同样要按照运算符的优先级由高到低依次执行。

C语言中，运算符的运算优先级共分为15级。1级最高，15级最低。在表达式中，优先级较高的先于优先级较低的进行运算。而在一个运算量两侧的运算符优先级相同时，则按运算符的结合性所规定的结合方向处理。

例如，算术运算符的优先级是“先乘除、后加减”。如a＋b＊2，那么就要先计算乘法再计算加法，相当于a＋(b＊2)。

如果一个运算量两侧运算符的优先级相同，如a＋b－2，则按照结合方向处理。

和代数运算不同，C语言中的运算符不但有优先级的问题，而且还有结合性的问题。C语言中各运算符的结合性分为两种，即左结合性(自左至右)和右结合性(自右至左)。例如，算术运算符的结合性是自左至右，即先左后右。如有表达式x－y＋z，则y应先与“－”号结合，执行x－y运算，然后再执行＋z的运算。这种自左至右的结合方向就称为“左结合性”。而自右至左的结合方向称为“右结合性”。最典型的右结合性运算符是赋值运算符。如x＝y＝z，由于“＝”的右结合性，应先执行y＝z再执行x＝(y＝z)运算。C语言运算符中有不少为右结合性，应注意区别，以避免理解错误。

【提示】 当＋、－作为正值/负值运算符时，可看做单目运算符。例如，＋2(＋可省略)、－2等。

3.4.4 算术表达式

用算术运算符将运算对象连接起来的符合 C 语言运算规则的表达式称为算术表达式。算术表达式中的运算对象可以是常量、变量或函数等表达式。算术表达式的一般形式为：

<表达式> 算术运算符 <表达式>；

算术表达式的运算结果的数值和数据类型由参加运算的运算符和运算对象决定。进行算术运算时要注意下面几个问题。

(1) 两个整数进行除法运算，其结果仍为整数；如果整数与实数进行除法运算，则结果为实数。

例 3-2 定义一个整型量，输出它的数值。

```
#include<stdio.h>
void main()
{
    int nShu1 = 5,nShu2 = 10;
    float fJieGuo1,fJieGuo2;
    fJieGuo1 = nShu1/nShu2;
    fJieGuo2 = (float)nShu1/nShu2;
    printf("JieGuo1 = %.2f,JieGuo2 = %.2f\n",fJieGuo1,fJieGuo2);
}
```

程序运行的结果是：

```
JieGuo1 = 0.00,JieGuo2 = 0.50
```

整型变量 nShu1、nShu2 相除，其结果为整型数据 0 赋给实型变量 fJieGuo1，同样是整数变量的除法，但由于 nShu1 被强制转换为实型参与运算，因此 fJieGuo2 的值是 0.5。

(2) 求余"%"运算要求参与运算的两个操作数均为整型，不能为其他类型。当运算量为负数时，结果的符号因机器类型而定。在 Turbo C 中结果的符号与被除数的符号一致。

(3) 除以 0(除数为 0，或者是一个很小的数值)在计算机系统中通常是没有意义的，并且会导致致命的错误。

3.5 位 运 算

在 C 语言中，位运算符是为了描述系统而设计的位运算，它的设计目标是为了取代汇编语言。位运算是对字节或字节中的位(bit)进行测试或移位处理。运算符是对 C 语言中的字符型(char)或整型(int)数据的操作，而不能用于其他类型，例如 float、double 等。位运算符分为位逻辑运算符和移位运算符。

1. 逻辑运算符

C 语言提供的位逻辑运算符包括：位逻辑与(&)、位逻辑或(|)、位逻辑反(~)和位逻辑异或(^)。各种位逻辑运算的真值表如表 3-2 所示。

表 3-2 位逻辑运算真值表

x	y	x&y	x|y	～x	x^y
1	1	1	1	0	0
1	0	0	1	0	1
0	1	0	1	1	1
0	0	0	0	1	0

表中所给出的 x 和 y 代表一个位(bit)的状态。

用位逻辑运算符连接运算量,就是位逻辑表达式。在进行位逻辑运算的时候,参与运算的运算量并不是位(bit)数据,而是整型数据(int 型或 char 型),因此在运算的时候要先将操作数变换为二进制表达,然后再按位运算。

2. 移位运算

移位运算符有双目移位运算符:<<(左移)和>>(右移)。移位运算符组成的表达式也属于算术表达式,其值为算术值。

移位运算符通常的使用格式是:a<<b,表达式获得将操作数 a 左移 b 位后的结果,但操作数 a 的数值并没用改变。

C 语言中移位运算方式与具体的 C 语言编译器有关。通常情况下,左移运算是将一个二进制位的操作数按指定移动的位数向左移位,移出位被丢弃,右边的空位一律补 0。右移运算与操作数的数据类型是否带有符号位有关,不带符号位的操作数右移位时,左侧出现的空位补 0,移至右端之外的位则舍弃,带符号位的操作数右移位时,左端出现的空位按符号位复制,其余的空位补 0,移至右端之外的位则舍弃。

操作数的移位运算并不改变原操作数的数值,除非用移位的结果对操作数进行了赋值操作。例如,int a=15=$(00001111)_2$;表达式 a<<2 表示获得将变量 a 左移 2 位后得到(00111100)2,它的数值是 60,但 int 型变量 a 的数值仍然是 15。如果执行了 a=a<<2,这以后 int 型变量 a 的数值才变为 60。

3.6 赋值运算符

3.6.1 赋值运算符

在 C 语言中,将赋值也作为一种运算进行处理,要使用赋值运算符"="。赋值运算符的左侧要求必须是一个变量,它的作用是把右边表达式值赋给左侧的变量。

赋值运算符的优先级低于算术运算符,它的结合方向是"从右向左"。

3.6.2 赋值表达式

1. 赋值表达式

赋值表达式是由赋值运算符(=)连接表达式(右侧)和变量(左侧)。既将赋值运算符右侧的表达式的结果值赋予赋值运算符左侧的变量,表达式可以是常量、变量、表达式和另外一个赋值表达式。

赋值表达式的一般形式：

<变量名>=<表达式>;

例如：

```
x = a + b
w = sin(a) + sin(b)
y = i+++--j
```

赋值表达式的功能是计算表达式的值再赋予左边的变量。赋值运算符具有右结合性。因此

```
a = b = c = 5
```

可理解为

```
a = (b = (c = 5))
```

在其他高级语言中，赋值构成了一个语句，称为赋值语句。而在C语言中，把"="定义为运算符，从而组成赋值表达式。凡是表达式可以出现的地方均可出现赋值表达式。

例如：

```
int a,b,c;
  a = (b = 4) + (c = 8);
```

计算过程：由于赋值运算的优先级低于算术运算，如果希望先计算赋值运算，则采用()方式提升运算次序，首先计算 b=4 表示将 4 赋值给 b，其表达式的结果值为 4，其次计算 c=8 表示 c 的值为 8，其结果值为 8，然后进行加法运算 4+8=12，最后将 12 赋值给 a，所以 a 的值为 12。

2. 数据类型转换

在C语言中也可以组成赋值语句，按照C语言规定，任何表达式在其末尾加上分号就构成为语句。因此如 x=8;a=b=c=5;都是赋值语句，在前面各例中我们已大量使用过了。

如果赋值运算符两边的数据类型不相同，系统将自动进行类型转换，即把赋值号右边的类型换成左边的类型。具体规定如下。

(1) 实型赋予整型，舍去小数部分。

(2) 整型赋予实型，数值不变，但将以浮点形式存放，即增加小数部分(小数部分的值为0)。

(3) 字符型赋予整型，由于字符型为一个字节，而整型为二个字节，故将字符的 ASCII 码值放到整型量的低八位中，高八位为0。

(4) 整型赋予字符型，只把低八位赋予字符量。

例 3-3 定义一个整型量，输出它的数值。

```
#include<stdio.h>
void main()
{
    int nShu1,nShu2,nShu3 = 322;
    double fShu1 = 3.1415926535;
    float fShu2;
    char cShu1 = 'k',cShu2;
    nShu1 = fShu1;
    fShu2 = fShu1;
    cShu2 = nShu3;
    nShu2 = cShu1;
```

```
    printf("nShu1 = %d,fShu1 = %.8lf,fShu2 = %.8f,nShu2 = %d,cShu2 = %c",nShu1 ,fShu1,
fShu2,nShu2,cShu2);
    }
```

程序运行的结果是：

```
nShu1 = 3,fShu1 = 3.14159265,fShu2 = 3.14159274,nShu2 = 107,cShu2 = B
```

本例表明了上述赋值运算中类型转换的规则。nShu1 为整型，赋予实型量 fShu1 值 3.1415926535 后只取整数 3。fShu2 是 float 型，用 double 型变量 fShu1 赋值后，有效数字位减少。整型变量 nShu3 赋值给 char 型变量 cShu2 时取其低 8 位成为字符型(变量 nShu3 的二进制数为 101000010，它的低 8 位的数值是 66)。

3. 变量的初始化

查看一下第 2 章【思考】提出的问题："变量 fMianJi 和 fZhouChang 所在的存储单元里没有填写任何内容，请问这两个变量有自己的数值吗？"您给出自己的答案了吗？

在第 2 章中曾经提到：每个位(bit)一定是"0"或"1"，不可能出现其他数据；一个字节(byte)一定是 8 个"0"和"1"的组合；当我们定义一个变量时，会分配给它相应的存储空间，根据变量类型不同，获得的存储空间长度不一样。

如果我们定义了一个 long 型变量 lShuJu，则获得 4 个连续字节的存储空间，将它们连起来，就是一个 32 位的二进制数，按定点存储格式读出就是一个整型数据，所以在定义变量 lShuJu 的时候，该变量就是有数值的，只是因为它的存储空间的 32 位二进制数的组合是随机的，所以变量 lShuJu 的数值是一个随机数。同样的道理，如果我们定义了一个 float 型变量 fShuJu，也会获得 4 个连续字节的存储空间，将它们连起来，就是一个 32 位的二进制数，按浮点存储格式读出就是一个实型数据，同样这也是一个随机数。

【思考】 假如上面提到的 long 型变量 lShuJu 和 float 型变量 fShuJu 所获得的 4 个字节存储空间中的内容是相同的，这两个变量的数值是相同的吗？为什么？

如果在定义变量的时候，就给定该变量一个数值，在后面使用这个变量的时候可能就会少出现一些错误，这是一种很好的编程习惯。在定义变量的时候就用赋值表达式给定变量一个初始值，就称为变量的初始化。

在例 3-2 中，变量 nShuJu3、fShu1 和 cShu1 都进行了变量初始化。

4. 溢出与数据精度

在例 3-2 中，int 型变量 nShu3 的数值为 322，执行到赋值语句 cShu2＝nShu3 时，将 nShu3 的值赋给了 char 型变量 cShu2，从输出结果中可以看到，char 型变量 cShu2 获得的数值并不是 322，而是 66。上面的分析已经指出这是由于 char 型变量占用一个字节，只能存储 8 位二进制数据，所以最高位丢失后出现了这种结果。因为数值 322 已经超出了 char 型数据可以存储的数值范围，这种现象就是"溢出"。

在 C 语言中，当要表示的数据超出该类型数据所允许的数据的表示范围时，则产生数据的溢出。从第 2 章的讲述可以看出，每种类型的数据都有可以表达的数值范围的，当超出这个范围后，则会出现数据的高位被截断的情况。

在例 3-2 中可以看到，程序中执行了赋值语句 fShu2＝fShu1 时，该语句将一个 double 型变量 fShu1 的值赋给了 float 型变量 fShu2，但在最后的输出语句中可以看到，fShu2 的输出结果从小数点后第 7 位开始就和 fShu1 的输出结果不一样了。回顾一下第 2 章中关于 float 型变量和 double 型变量数据精度区别的描述，我们可以看出，执行 fShu2＝fShu1 时是已经丢失了数据精度。

【提示】 在例 3-2 的编译过程中，读者可以看到如下的提示：

"warning C4244：'='：conversion from 'double' to 'float',possible loss of data"。

当然，由于实型数据转换成整型数据时会截去小数部分，所以程序中执行 nShu1＝fShu1 赋值语句后，int 型变量 nShu1 的数值是 3。这种情况已经不能看做是"精度损失"了。

5. 其他问题

在赋值表达式计算中，要注意以下几点。

(1) "＝"不是数学中的"等号"，它表示一个动作：将其右侧的值送与左侧的变量中(左侧只允许是变量，不能是表达式或其他)。

(2) 赋值运算符两侧的类型要求一致，否则要先进行类型转换(前面已介绍)，后赋值。

(3) 如果在赋值表达式的后面加有"；"，则为赋值语句。

(4) 要注意赋值运算符'＝'与后面要讲到的相等运算符'＝＝'的区别，和一般习惯有所不同。

3.6.3 复合的赋值运算符

C 语言中提供了另一类赋值运算符，算术运算符或位运算符与赋值运算符进行组合，称为复合赋值运算符。根据组合运算符的类型不同，复合赋值运算符又分为复合算术运算赋值运算符和复合位赋值运算符。

在赋值号"＝"前再加上算术运算符或位运算符就成为复合赋值运算符。复合赋值运算符连接运算量构成了复合赋值表达式。复合赋值表达式的一般形式是：

＜变量名＞ 复合赋值运算符 ＜表达式＞

复合赋值表达式的含义是：先计算右侧表达式的值，然后与左侧的变量进行指定的运算，再将运算结果赋值给左侧的变量，如表 3-3 所示。

表 3-3　复合赋值运算符

运算符	名称	等价关系
+＝	加赋值	a+＝b+c 等价于 a＝a+(b+c)
−＝	减赋值	a−＝b+c 等价于 a＝a−(b+c)
*＝	乘赋值	a*＝b+c 等价于 a＝a*(b+c)
/＝	除赋值	a/＝b+c 等价于 a＝a/(b+c)
%＝	取余赋值	a%＝b+c 等价于 a＝a%(b+c)
&＝	位与赋值	a&＝b 等价于 a＝a&b
|＝	位或赋值	a|＝b 等价于 a＝a|b
^＝	位异或赋值	a^＝b 等价于 a＝a^b
<<＝	位左移赋值	a<<＝b 等价于 a＝a<<b
>>＝	位右移赋值	a>>＝b 等价于 a＝a>>b

注意，复合赋值运算符在书写时，两个运算符之间不能有空格，否则就是错误的。

3.7 逗号运算符与逗号表达式

逗号运算符“,”连接常量、变量或表达式,构成逗号表达式,其格式为:

表达式 1,表达式 2,…,表达式 n;

逗号表达式求解的过程是:顺序求表达式的值(先求表达式 1,再求表达式 2,…,直到求表达式 n),整个逗号表达式的值是最后一个表达式的值。

例如:表达式 x=(a=3,6 * 3);的结果是 x=18。

逗号运算符的优先级最低,自左向右结合。

【提示】 在逗号表达式中,前后表达式用到同一个变量时,前面变量的改变会影响后面表达式的计算结果,所以不能直接跳到最后一个表达式、将逗号表达式的值简单地等于最后一个表达式的值。例如,若 a=2;则 a=3 * 5,a * 4;的结果是多少? 逗号表达式执行过程中,a 的值改变成了 15,所以最后结果为 60,而不能直接做最后一个表达式,得到错误的结果 8。

例如,有定义 int a=2,c;float b=5.2,则表达式 c=a,2 * a,2 * b+c 的结果为 12.4(最后一个表达式的值),因为逗号表达式的求值顺序是:先计算 c=a,将 a 的值赋给 c(c=2),其次计算 2 * a 的值(为 4),最后计算 2 * b+c 的值(为 12.4)。当整个表达式计算结束后,c 的值为 2,整个表达式的值为 12.4。

例 3-4 执行下面程序段后输出结果。

```
#include<stdio.h>
void main()
{
    int a,b ,c;
    b = (a = 10,a + 5,c = 10);
    printf("a = %d,b = %d,c = %d\n",a,b,c);
    c = (a = 10,b = 5,a + b);
    printf("a = %d,b = %d,c = %d\n",a,b,c);
}
```

程序运行的结果是:

```
a = 10,b = 10,c = 10
a = 10,b = 5,c = 15
```

对于 b=(a=10,a+5,c=10);首先计算括号内的逗号表达式,顺序计算:a=10,10+5,c=10,并将 c=10 的结果值(10)赋予变量 b(b 的值为 10),调用 printf 函数的输出结果是 a=10,b=10,c=10。

对于 c=(a=10,b=5,a+b);首先计算括号内的逗号表达式的值,顺序求值的过程是:a=10,b=5,10+5,并将 10+5 的值赋与变量 c(c 的值为 15),调用 printf 函数的输出结果是 a=10,b=5,c=15。

在使用逗号运算符的时候,要注意下面几个问题。

(1) 只有出现在表达式中的逗号才可构成逗号表达式。不是出现逗号的地方都是逗号表达式,逗号在 C 语言中还用于语句之中的分隔符。

例如：

```
int a,b,c;
printf("%d,%d",a,b);
```

逗号作为语句中参数的分隔符。

(2) 在多数情况下，使用逗号表达式不是为了取得和使用这个逗号表达式的最终结果值，其目的是为了分别按顺序求得每个表达式的结果值，这在循环结构中经常使用。

3.8 深入讨论表达式

根据运算符的优先顺序以及其结合性，表达式的计算过程是不难搞清楚的。但是由于C语言的运算符多，优先级别就有十五种，组成的表达式可能相当复杂，有的运算符如按位运算符的优先级又不容易记住，结果往往容易出错。

1. 适当增加括号

在C程序的表达式中，可以随意增加空格或使用多余的圆括号以增加程序的可读性，不会引起错误，也不会降低表达式运行的速度，当然要保证左右括号对称。

对表达式中不容易掌握的部分加上圆括号还可以防止出错。例如：

```
(y%4==0)&&(y%100!=0)||(y%400==0)
```

这里去掉圆括号是一样的：

```
(a>b||c>d)&&(a==c||b==d)
```

这里没有圆括号结果是不一样的：

```
a=(b++)+(++c)
```

2. 处理复杂表达式

例 3-5 设有：int b=7;float a=2.5,c=4.7; 计算表达式 a+(int)(b/3*(int)(a+c)/2.1)%4 的值。

```
#include<stdio.h>
void main()
{
    int b=7;
    float a=2.5,c=4.7;
    printf("%f\n",a+(int)(b/3*(int)(a+c)/2.1)%4);
}
```

程序运行的结果是：

```
4.500000
```

显然，在本例中有一个比较复杂的表达式。在处理复杂表达式的过程中，要遵循以下两个基本原则：

(1) 一次只能处理一个运算符，也就是一次只能完成一个表达式的运算；

(2) 用处理过的表达式的运算结果代替该表达式。

根据上述两个原则，我们来分析本例中表达式的计算过程，如表 3-4 所示。

表 3-4　表达式计算进程

步骤	运算内容	表达式	表达式的值	表达式的数据类型
1	先找最内侧的括号。应该是(a+c)。这个括号里只有一个运算符,可以直接计算这个表达式的值	a+c	7.2	double
2	用计算结果替换表达式,则给定的表达式变化为:a+(int)(b/3 * (int)7.2/2.1)%4			
3	再找括号,发现了表达式:b/3 * (int)7.2/2.1。这个表达式中有3个运算符,且是同级别的运算符,都是左结合,所以从左到右逐个运算			
4	b/3是第一个要处理的表达式,因为两个运算量的数据类型都是int型,所以它的运算结果是2(int型)	b/3	2	int
5	表达式变为:2 * (int)7.2/2.1			
6	要运算的表达式是:2 * (int)7.2,这里有一个强制类型转换,实际运算的表达式是2 * 7,它的运算结果是14(int型)	2 * (int)7.2	14	int
7	表达式变化为:14/2.1,它的运算结果是6.67(double型)	14/2.1	6.67	double
8	步骤2中的表达式变化为:a+(int)6.67%4			
9	表达式有2个运算符,根据优先级,应该先计算求余表达式:(int)6.67%4。这个表达式中又有一个强制类型转换,实际运算的表达式是:6%4,该表达式的值为2(int型)	(int)6.67%4	2	int
10	表达式变化为a+2,它的运算结果是4.5(double型)	a+2	4.5	double

对照上表中给出的运算过程,该表达式的运算过程如图3-2所示。

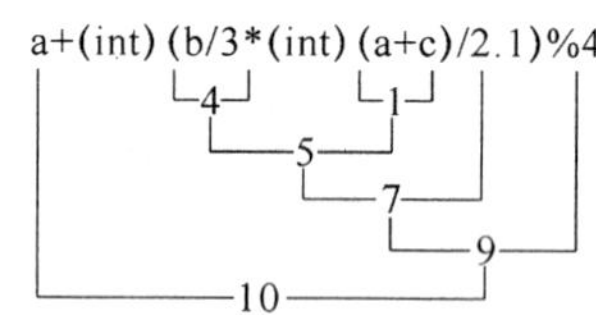

图 3-2　表达式运算顺序

3. 表达式运算结果的数据类型

例 3-6　定义一个整型量,输出它的数值。

```
#include<stdio.h>
void main()
{
    int nShu1 = 5000,nShu2 = 31893,nJieGuo1,nJieGuo2;
    nJieGuo1 = (nShu1 + nShu2) / 5;
```

```
    nJieGuo2 = (0L + nShu1 + nShu2) / 5;
    printf("nJieGuo1 = %d,nJieGuo2 = %d\n",nJieGuo1,nJieGuo2);
}
```

程序运行的结果是:

```
nJieGuo1 =- 5728,nJieGuo2 = 7387
```

在例 3-5 中可以看到,两个表达式计算得到的结果是完全不同的。对比一下这两个表达式,第二个表达式仅仅是多加了一个 0 而已,但加上了这个 0 为什么就会引起表达式运算结果的不同呢?

在表达式(nShu1＋nShu2)/5 中,先计算表达式 nShu1＋nShu2 的值,根据这两个变量给定的初始值,这个表达式的运算结果是 36893,但实际结果不是这个数值,因为这两个变量都是 int 型变量,所以它们做加法运算所得的结果的数据类型仍然是 int 型数据,显然 36893 已经超出了 int 型数据的表达范围,也就是发生了“溢出”的情况,所以表达式 nShu1＋nShu2 的运算结果是－28643。经过这次运算后,表达式(nShu1＋nShu2)/5 变成了－28643/5,这个表达式中又是两个 int 型数据参与运算,得到的运算结果仍然是 int 型数据,数值为－5728。

在表达式(0L＋nShu1＋nShu2)/5 中,增加了一个运算符和一个运算量,增加的运算量是 long 型常量 0,由于这个表达式中有一个 long 型常量,所以另外两个 int 型变量要先转换为 long 型变量才可以参与运算,并且运算结果也是 long 型数据。表达式 0L＋nShu1＋nShu2 的运算结果是 36893,这个数值在 long 型数据可以表达的数值范围内,因此没有发生“溢出”。再进行后续的运算,表达式的值为 7387。

所以我们在处理 C 语言的表达式的时候,不但要考虑表达式运算结果的数值,而且要考虑表达式运算结果的数据类型,这样才能得到正确的结果。

第4章 分支结构

【本章要点】

- 掌握关系运算符和关系表达式的使用。
- 掌握逻辑运算符和逻辑表达式的使用。
- 学会使用 if、if-else 和 if-else-if 判断语句选择不同的处理路径。
- 掌握条件运算符与条件表达式的使用。
- 学会使用 switch 和 break 语句编写多路选择。
- 掌握各种分支结构的嵌套使用。

实际生活中，处理事务往往会根据不同情况采取相应的处理措施，这个处理问题的过程应用在程序设计中，表现为根据不同的判定条件，控制执行不同的程序流程。分支结构又称选择结构，在程序设计时，当需要根据选择判断来处理问题的时候，就要用到条件分支结构。

在讲分支结构之前先要简单介绍一下选择结构中常用到的关系运算符和关系表达式、逻辑运算符和逻辑表达式(其他运算符和表达式参见第 3 章)。

4.1 逻辑运算符和逻辑表达式

逻辑运算用来判断一件事情是“对”的还是“错”的，或者说是“成立”还是“不成立”，判断的结果是两个值的，即没有“可能是”或者“可能不是”，这个“可能”的用法是一个模糊概念，在计算机里面进行的是二进制运算，逻辑判断的结果只有两个值，称这两个值为“逻辑值”，用数的符号表示就是“1”和“0”。其中“1”表示该逻辑运算的结果是“成立”的，如果一个逻辑运算式的结果为“0”，那么这个逻辑运算式表达的内容“不成立”。在深入讲解之前，我们先来看一个例子。

例 4-1 编写基本逻辑运算的程序，并输出相应结果。

```
#include <stdio.h>
main()
{
    int nShuJu1 = 0,nShuJu2 = 3;
    printf("1: (! nShuJu1) = %d,(! nShuJu1) = %d\n",! nShuJu1,! nShuJu2);
    printf("2: (nShuJu1||nShuJu2) = %d\n",nShuJu1 || nShuJu2);
```

```
    printf("3: (nShuJu1||! nShuJu2) = %d\n",nShuJu1 || ! nShuJu2);
    printf("4: (nShuJu1&&nShuJu2) = %d\n",nShuJu1 && nShuJu2);
    printf("5: (! nShuJu1&&nShuJu2) = %d\n",! nShuJu1 && nShuJu2);
}
```

程序运行的结果是：

```
1: (! nShuJu1) = 1,(! nShuJu1) = 0
2: (nShuJu1||nShuJu2) = 1
3: (nShuJu1||! nShuJu2) = 0
4: (nShuJu1&&nShuJu2) = 0
5: (! nShuJu1&&nShuJu2) = 1
```

本例中，用到的“!、||、&&”这三种运算符就是C语言中经常使用的逻辑运算符。通过这些逻辑运算符构成的像“x||i&&j－3、5＝＝i&&(j＝8)”之类的表达式就是逻辑表达式。在介绍这两个概念之前我们先来了解一下C语言中逻辑真与逻辑假的相关知识。

4.1.1 逻辑真与逻辑假

1. 参与逻辑运算的运算量的“真”与“假”

C语言的数据类型里没有逻辑数据类型，但对参与逻辑运算的所有的数据，无论它的数据类型是什么类型，都必须先转化为“逻辑真”或“逻辑假”后才参与运算。

【规则4-1】 • 逻辑假：如果参与逻辑判断的数值为“0”，则把它作为“逻辑假“处理。
• 逻辑真：如果参与逻辑判断的数值不为“0”，则把它作为“逻辑真”处理。这里需要注意的是，并不是只将数值1作为逻辑真，而是将非0的数值都作为逻辑真。

上述的逻辑判断方法可以归纳为：判假不判真，非假即真。实际参与逻辑运算的运算量都将以“逻辑真”或“逻辑假”的状态参与计算。逻辑运算把一切“非0”的数都作为“真”(用1表示)，把“0”数作为“假”(用0表示)。逻辑运算是真和假两种状态的运算。

在例4-1中，int型变量nShuJu1的值为0，所以在后面的逻辑运算中，它都是作为“逻辑假”参与运算的，而int型变量的nShuJu2的数值为3，在后面的逻辑运算中，它都是作为“逻辑真”参与运算的。

2. 逻辑运算结果的“真”与“假”

逻辑运算的结果仍然是“逻辑真”或“逻辑假”，同样因为没有逻辑型的变量类型，所以在C语言中，逻辑运算的结果的“逻辑真”用int型数值“1”来表示，而逻辑运算结果的“逻辑假”用int型数值“0”来表示。所以说，逻辑运算的结果的数据类型是int型，并且可能的取值只有0和1。

【提示】 参与运算的数据转换为逻辑值参加运算的规则是：0是假，非假即真；逻辑运算的结果的取值规则是：真是1，假是0。

4.1.2 逻辑运算符

在C语言中，有逻辑与(&&)、逻辑或(||)、逻辑非(!)三种逻辑运算符。在前面的例4-1中我们也用到了这三种逻辑运算符。下面将详细介绍这三种逻辑运算符的具体用法。

1．！逻辑非

在图 4-1 中，S1 是开关，L 是一个灯泡，R1 是电阻。在这个电路图中开关 S1 只有两种状态：闭合（用 1 表示）和断开（用 0 表示）；灯泡也只有两种状态：亮（用 1 表示）和不亮（用 0 表示）。灯泡是否亮和开关的闭合、断开之间形成了一种逻辑运算，如表 4-1 所示。

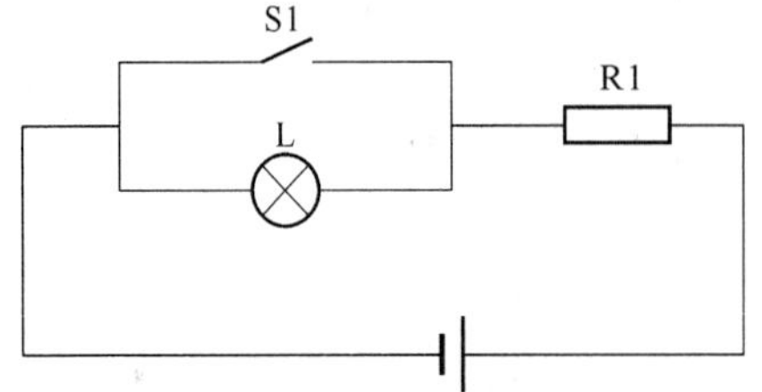

图 4-1　逻辑非关系图

表 4-1　逻辑非的真值表

S1	L
1	0
0	1

把表中的过程写成逻辑运算表达式是：L=！S1，它是一个“非”运算逻辑表达式，要表达的意思是：如果开关 S1 闭合，则灯 L 不亮；如果开关 S1 打开，则灯 L 亮。其中的“!”是逻辑非运算符。

若 x 为“真”（x 的值不是 0），则逻辑表达式！x 为“假”（逻辑表达式的运算结果为 0）；若 x 为“假”，则！x 为“真”（逻辑表达式的运算结果为 1）。

在例 4-1 中，int 型变量 nShuJu1 的值为 0，在逻辑运算中，它的值是“逻辑假”，所以！nShuJu1 的逻辑值为“逻辑真”，而逻辑运算结果的“逻辑真”的值是 int 型数值 1，所以在例 4-1 中标号为 1 的输出语句的格式字符串的第一个格式符为“%d”，输出值为 1。

同样的道理，在例 4-1 中 int 型变量 nShuJu2 的值为 3，在逻辑运算中，它的值是“逻辑真”，所以！nShuJu2 的逻辑值为“逻辑假”，而逻辑运算结果的“逻辑假”的值是 int 型数值 0，所以例 4-1 中的标号为 1 的输出语句中，第二个格式符也是“%d”，输出值为 0。

2．&& 逻辑与

在图 4-2 中，S1、S2 是两个开关，L 是一个灯泡，在这个电路图中开关 S1 和 S2 只有两种状态：闭合（用 1 表示）和断开（用 0 表示）；灯泡也只有两种状态：亮（用 1 表示）和不亮（用 0 表示）。灯泡是否亮和两个开关的闭合、断开之间形成了一种逻辑运算，如表 4-2 所示。

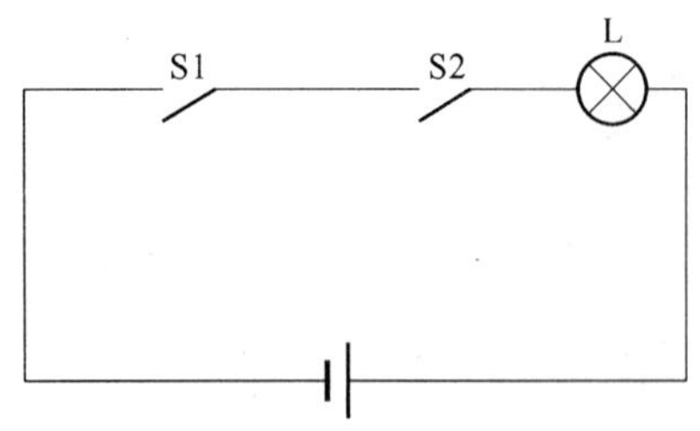

图 4-2　逻辑与关系图

表 4-2　逻辑与的真值表

S1	S2	L
1	1	1
1	0	0
0	1	0
0	0	0

把表 4-2 中的过程写成逻辑运算表达式是：L=S1&&S2，它是一个“与”运算逻辑表达式，要表达的意思是：要让灯 L 亮，必须使开关 S1、S2 同时闭合。其中的“&&”是逻辑与运算符。

当两个数（也可以是表达式）x、y 都是“真”时，逻辑表达式 x&&y 的结果为“真”，否则为假。可以这样理解“有假则假，全真才真”。

在例 4-1 的标号为 4 的输出语句中，nShuJu1 的值为 0，是“逻辑假”，nShuJu2 的值为 3，是“逻辑真”。参考逻辑与的真值表，所以它们进行“逻辑与”运算的运算结果为“逻辑假”，因此得到的运算结果是 0。

在例 4-1 的标号为 4 的输出语句中，nShuJu1 的值为 0，是“逻辑假”，因此！nShuJu1 的逻辑运算结果为“逻辑真”；nShuJu2 的值为 3，是“逻辑真”。参考逻辑与的真值表，所以它们进行“逻辑与”运算的运算结果为“逻辑真”，因此得到的运算结果是 1。

3. ||逻辑或

在图 4-3 中，S1、S2 是两个开关，L 是一个灯泡，在这个电路图中开关 S1 和 S2 只有两种状态：闭合（用 1 表示）和断开（用 0 表示）；灯泡也只有两种状态：亮（用 1 表示）和不亮（用 0 表示）。灯泡是否亮和两个开关的闭合、断开之间形成了一种逻辑运算，如表 4-3 所示。

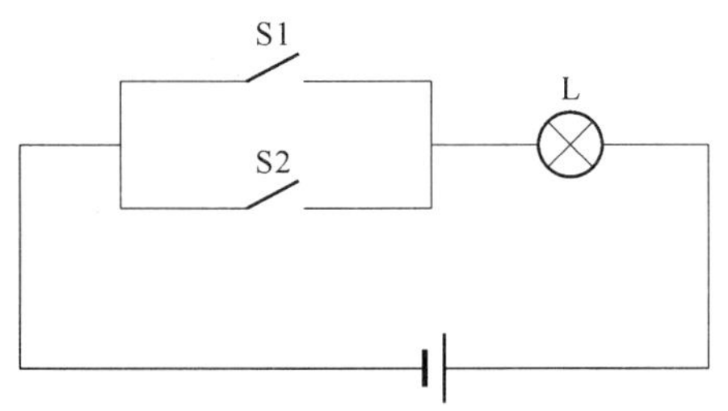

图 4-3 逻辑或关系图

表 4-3 逻辑或的真值表

S1	S2	L
1	1	1
1	0	1
0	1	1
0	0	0

把表中的过程写成逻辑运算表达式是：L＝S1||S2，它是一个“或”运算逻辑表达式，要表达的意思是：只要有任何一个开关闭合，则灯 L 亮。其中的“||”是逻辑或运算符。

当两个数（也可以是表达式）x、y 中有一个是“真”时，逻辑表达式 x||y 的结果为“真”，两者都是“假”时结果才是“假”。可以这样理解“有真则真，全假才假”。

在例 4-1 的标号为 2 的输出语句中，nShuJu1 的值为 0，是“逻辑假”，nShuJu2 的值为 3，是“逻辑真”。参考逻辑与的真值表，所以它们进行“逻辑或”运算的运算结果为“逻辑真”，因此得到的运算结果是 1。

在例 4-1 的标号为 4 的输出语句中，nShuJu1 的值为 0，是“逻辑假”；nShuJu2 的值为 3，是“逻辑真”。因此，！nShuJu2 的逻辑运算结果为“逻辑假”。参考逻辑与的真值表，所以它们进行“逻辑或”运算的运算结果为“逻辑假”，因此得到的运算结果是 0。

4.1.3 逻辑表达式

1. 逻辑表达式

逻辑表达式是由逻辑运算符连接两个数（或表达式），进行逻辑运算的式子。

【提示】 逻辑表达式里有参加逻辑运算的数（或表达式）即逻辑量，还有逻辑表达式的结果即逻辑值，将这两个概念区分开来非常重要。

逻辑量——凡是参加逻辑运算的变量、常量或表达式的运算结果都必须转换为逻辑量才能参与逻辑运算，转换时遵循“0 是假，非 0 为真”的原则。

逻辑值——逻辑表达式的运算结果是逻辑值，在 C 语言里，逻辑运算结果的“逻辑假”用 int 型 0 表示，“逻辑真”用 int 型 1 表示。“1”表示逻辑真（成立）；“0”表示逻辑假（不成立）。

逻辑量与逻辑值间的关系：一切非“0”的逻辑量其逻辑值都为真。

【思考】 常量可以作为逻辑表达的运算量参与逻辑运算吗?

例如:逻辑表达式 2&&3 中的 2 和 3 是整型量,在进行逻辑运算的时候,不能用它们各自的数值去参与运算,要先把运算量变成逻辑值才可以进行逻辑运算,在本例中这两个运算量的的逻辑值都为"真"(数值非 0),逻辑与运算的运算量都是"真",所以整个逻辑表达式的结果为逻辑值"真",逻辑表达式的数值是 int 型的 1。

如果参与逻辑运算的运算量是表达式,则要先计算表达式的值,然后把表达式的值转换为逻辑量再参与逻辑运算。

2. 逻辑表达式的运算结果

逻辑表达式的值只有两种:"真"和"假",得到表达式的值的规则按照上面给出的真值表确定。

因为 C 语言中没有设定逻辑型的数据类型,所以逻辑表达式的值的数据类型是 int 型数据。如果逻辑表达式的值为"真",则用数值"1"表示;如果逻辑表达式的值为"假",则用数值"0"表示。所以说,逻辑表达式的值一定是 int 型的"1"或"0"。让我们再看一下例 4-1 的逻辑表达式的值的输出语句,设定的输出转换格式符是"%d"。

3. 逻辑运算的优先级

三种不同的逻辑运算优先级不同。

逻辑运算符的优先级从高到低依次是:逻辑非(!)、逻辑与(&&)和逻辑或(||)。

逻辑运算符中的逻辑与(&&)和逻辑或(||)低于关系运算符,逻辑非(!)高于算术运算符。

4. 运算规则

C 语言在计算逻辑表达式时,如果计算到某一步已得到整个表达式的结果,则后面的部分将不再计算。对于"逻辑与"表达式,如果已得到一个操作数为 0,则后一个操作数不再计算;对于"逻辑或"表达式,如果已得到一个操作数为非 0,则后一个操作数不再计算。

例 4-2 编写基本逻辑运算的程序,并输出相应结果。

```
#include <stdio.h>
main()
{
    int nShuJu1 = 0,nShuJu2 = 3;
    printf("1: (! nShuJu1||nShuJu2 ++ ) = %d\n",! nShuJu1||nShuJu2 ++ );
    printf(" nShuJu1 = %d,nShuJu2 = %d\n",nShuJu1,nShuJu2);
    printf("2: (! nShuJu1|| ++ nShuJu2) = %d\n",! nShuJu1|| ++ nShuJu2);
    printf(" nShuJu1 = %d,nShuJu2 = %d\n",nShuJu1,nShuJu2);
    printf("3: (nShuJu1||nShuJu2 ++ ) = %d\n",nShuJu1||nShuJu2 ++ );
    printf(" nShuJu1 = %d,nShuJu2 = %d\n",nShuJu1,nShuJu2);
    printf("4: (nShuJu1|| ++ nShuJu2) = %d\n",nShuJu1|| ++ nShuJu2);
    printf(" nShuJu1 = %d,nShuJu2 = %d\n",nShuJu1,nShuJu2);
    printf("5: (nShuJu1&&nShuJu2 ++ ) = %d\n",nShuJu1&&nShuJu2 ++ );
    printf(" nShuJu1 = %d,nShuJu2 = %d\n",nShuJu1,nShuJu2);
    printf("6: (nShuJu1&& ++ nShuJu2) = %d\n",nShuJu1&& ++ nShuJu2);
    printf(" nShuJu1 = %d,nShuJu2 = %d\n",nShuJu1,nShuJu2);
    printf("7: (! nShuJu1&&nShuJu2 ++ ) = %d\n",! nShuJu1&&nShuJu2 ++ );
    printf(" nShuJu1 = %d,nShuJu2 = %d\n",nShuJu1,nShuJu2);
```

```
        printf("8:(! nShuJu1&& ++ nShuJu2) = %d\n",! nShuJu1&& ++ nShuJu2);
        printf(" nShuJu1 = %d,nShuJu2 = %d\n",nShuJu1,nShuJu2);
    }
```

程序运行的结果是：

```
1:(! nShuJu1||nShuJu2 ++ ) = 1
  nShuJu1 = 0,nShuJu2 = 3
2:(! nShuJu1|| ++ nShuJu2) = 1
  nShuJu1 = 0,nShuJu2 = 3
3:(nShuJu1||nShuJu2 ++ ) = 1
  nShuJu1 = 0,nShuJu2 = 4
4:(nShuJu1|| ++ nShuJu2) = 1
  nShuJu1 = 0,nShuJu2 = 5
5:(nShuJu1&&nShuJu2 ++ ) = 0
  nShuJu1 = 0,nShuJu2 = 5
6:(nShuJu1&& ++ nShuJu2) = 0
  nShuJu1 = 0,nShuJu2 = 5
7:(! nShuJu1&&nShuJu2 ++ ) = 1
  nShuJu1 = 0,nShuJu2 = 6
8:(! nShuJu1&& ++ nShuJu2) = 1
  nShuJu1 = 0,nShuJu2 = 7
```

在例 4-2 的标号为 1 的输出语句中，给出了一个逻辑或表达式！nShuJu1||nShuJu2++。从输出结果可以看出，该表达式的运算结果为“逻辑真”。该表达式的右侧运算量是 nShuJu2，在表达式中有一个后置的“++”运算，所以使用完变量 nShuJu2 后，它的数值应该自动加 1。但看一下程序的运行结果显示变量 nShuJu2 的数值没有改变。

【规则 4-2】 && 和||是一种所谓的“短路”运算符，由左至右，只要结果能确定就不会继续运算下去。

我们重新分析一下标号为 1 的输出语句中表达式的运算情况。

在该表达式中有 3 个运算，分别是：逻辑非、逻辑或和后置的++运算。

因为逻辑非的运算优先级要高于逻辑或，所以先进行逻辑非运算，也就是执行表达式！nShuJu1，因为变量 nShuJu1 的值为 0，参与逻辑运算时要先转换为“逻辑假”再参与运算，所以该逻辑表达式的运算结果为“逻辑真”，实际的表达式运算结果是 int 型的数值 1。

因为表达式！nShuJu1 的运算结果是数值 1，遵循“0 为假，非 0 为真”的原则，所以在参与逻辑或运算的时候，要将该表达式的运算结果转换为“逻辑真”再参与运算。

逻辑或运算的左侧运算量为“逻辑真”，无论右侧运算量是什么，该逻辑表达式的运算结果都是“逻辑真”。这种情况下右侧运算量不参与运算。因此右侧的表达式 nShuJu2++根本就没有被执行，因此变量 nShuJu2 的数值没有变化。

请读者自己分析一下标号为 2 的输出语句中的表达式的运算情况，我们再看一下标号为 3 的表达式的运算情况。

在该表达式中有 2 个运算，分别是：逻辑或和后置的++运算。

变量 nShuJu1 的值为 0，参与逻辑运算时要先转换为“逻辑假”再参与运算。逻辑或运算的左侧运算量为“逻辑假”，无法确认逻辑表达式的值，所以还要考虑右侧运算量。

变量 nShuJu2 的值为 3,参与逻辑运算时要先转换为“逻辑真”再参与运算。逻辑或运算中有一个运算量为“逻辑真”,则逻辑表达式的运算结果是“逻辑真”,得到的是 int 数值 1。

完成逻辑或运算后,再执行后置的“++”运算,变量 nShuJu2 做自增运算,它的数值变为 4。

例 4-3 请阅读下面的程序,并写出程序运行的结果。

```
#include <stdio.h>
void main()
{
    int a,b,c;
    a=1;b=(1-a)*a++;printf("a=%d,b=%d\n",a,b);
    a=1;b=(1-a)* ++a;printf("a=%d,b=%d\n",a,b);
    a=1;b=2;c=a<b&&a++;printf("a=%d,c=%d\n",a,c);
    a=1;b=2;c=a>b&&a++;printf("a=%d,c=%d\n",a,c);
    a=1;b=2;c=a<b||a++;printf("a=%d,b=%d\n",a,b);
    a=1;b=2;c=a>b||a++;printf("a=%d,c=%d\n",a,c);
}
```

4.2 关系运算符和关系表达式

关系运算符是二元运算符,关系表达式的值为逻辑值。下面我们通过例 4-4 来具体讲解关系运算符和关系表达式。

例 4-4 关系运算符应用实例。

```
#include <stdio.h>
void main()
{
    int a=2,b=3,c=4,d=2;                  /*定义 a、b、c、d 4 个整型变量*/
    printf("<<=>>===!=\n");
    printf("%d %d %d %d %d %d\n",a<b,a<=b,a>b,a>=b,a==b,a!=b);
                                          /*输出关系表达式的值*/
    printf("%d %d %d %d %d %d\n",a<d,a<=d,a>d,a>=d,a==d,a!=d);
    printf("%d %d %d %d %d %d\n",c<d,c<=d,c>d,c>=d,c==d,c!=d);
    printf("%d %d %d %d %d %d\n",a*b<c*d,a*b<c*d,a+b+1>c+d,
        a+b+1>=c+d,b+d==a+c,b+d!=a+c);
}
```

程序运行的结果是:

```
<  <=  >  >=  ==  !=
1  1   0  0   0   1
0  1   0  1   1   0
0  0   1  1   0   1
1  1   0  1   0   1
```

在上面程序中出现的诸如“<、<=、==、!=”之类的运算符,称为关系运算符。而像“a<b、a<=b、a+b+1>=c+d”之类的用关系运算符连接起来的式子称为关系表达式。下面将对它们进行详细讨论。

1. 关系运算符

关系运算符的功能是判断两个运算对象值的大小，而得出判断结果。C 语言定义了六个关系运算符，这些运算符分成两个优先级。比较两个数值大小关系的运算符有：

＞	大于
＜	小于
＞＝	大于等于
＜＝	小于等于

这些运算符比算术运算符(＋或-)的优先级低。而优先级比它们还低的是判断相等关系的运算符：

＝＝	等于
！＝	不等于

对于初学者来说在使用关系运算符时，应注意以下的事项。

(1) C 语言中小于等于、大于等于、等于、不等于运算符(＜＝、＞＝、＝＝、！＝)的表示与数学中的表示(≤、≥、＝、≠)不同。尤其需要注意的是，在上述运算符中包含空格会产生编译错误，颠倒它们同样也会产生编译错误。

(2) 当编写程序来判断相等关系时，对由两个等号组成的“＝＝”运算符的使用要格外小心。一个等号是赋值运算符。正因为连用两个等号与数学的习惯用法不相符，所以常常会出现用赋值号替代等号的错误。而且这样的错误很难察觉到，因为 C 编译器并不总能把它当做错误捕捉到，一个等号常常将表达式编程嵌套赋值，这在 C 语言中完全合法的，但这违背了程序的初衷。比如要判断变量 x 的值是否等于 0，条件表达式 if(x＝0)…(这是错误的)的结果很容易引起混淆。这条语句不会检查 x 的值是否为 0，而是将 x 赋值为 0，然后 C 语言把它理解(具体原因参考 3.3 节的内容)为测试结果为假。正确的判断变量 x 的值是否为 0 的写法如下：

```
if(x == 0)…
```

要小心避免这样的错误。在输入程序时稍加注意将节省大量的调试时间。

【提示】 为了防止判断是否相等的关系运算符书写时出现错误，如果是与一个常量判是否相等，通常将常量写在运算符的左侧，这样如果误将判断相等的关系运算符写成了赋值运算符，系统会提示错误。例如：将 x＝＝0 写成 0＝＝x，表达式的值没有任何改变。

2. 关系表达式

关系表达式是指用关系运算符将两个数或表达式(可以是算术表达式、关系表达式、逻辑表达式、赋值表达式、逗号表达式、字符表达式等)连接起来的式子。其一般格式为：

＜表达式 1＞ 关系运算符 ＜表达式 2＞；

3. 关系表达式的运算结果

关系表达式的结果是逻辑值，即“真”或者“假”。

(1) 关系不满足，结果为假(用 int 型数据 0 表示)。

例如，表达式 a＞b(其中 a＝2，b＝3)，这个关系表达式显然是不满足的，所以结果为假，即 0。

(2) 关系满足,结果为真(用 int 型数据 1 表示)。

例如,表达式 a * b<c * d (其中 a=2,b=3,c=4,d=2)的值,显然 2 * 3<4 * 2,所以结果为真,即 1。

又如,求关系表达式 1>(4<5)的值。这里的关系运算符">"连接了一个数和另一个表达式,要判断这个关系表达式的值就要先判断关系表达式"4<5"的值。因为 4<5 的结果为 1,所以原表达式变为 1>1,1 显然不大于 1,故结果为假,即表达式值为 0。

【提示】 当需要比较两个实型数据是否相等时,应当避免使用 x==y 这样的关系表达式,因为通常存放在内存中的实型数是有误差的,因此有可能不能精确相等。这时可以根据其精度要求,用表达式 fabs(x-y)<0.000001 来判断两个单精度实数 x 和 y 是否相等,用表达式 fabs(a-b)<1e-14 来判断两个双精度实数 a 和 b 是否相等。

【规则 4-3】 当关系运算的运算对象是字符数据时,按其 ASCII 码值进行比较。例如:'a'>'b'的运算结果为假值"0"。

例如,请写出判断一个数是否在[0,0.8]的区间上的逻辑表达式。

在代数里,列写这个表达式可以写成:0≤x≤0.8,如果把这个表达式生搬硬套到 C 语言程序中,写出了这样的表达式:0<=x<=0.8。

那么我们分析一下这个表达式的运算结果:假如 x 取值为 0.5;在这个表达式中有两个同级的运算符,且都是左结合的运算符,那么整个表达式应该从左向右运算。第一次运算的表达式为:0<=0.5,显然这个表达式是成立的,也就是说这个表达式为"真",那么这个表达式的值为 int 型的 1。下面要运算第二个运算符,将第一个表达式的运算结果带入到原始表达式后该表达式变为:1<=0.8,显然这个表达式不成立,也就是这个表达式的值为"假",那么这个表达式的值为 int 型的 0。经过这两次运算,得到结论:在 x 取值为 0.5 时,表达式 0<=x<=0.8 的值为 0(逻辑"假")。显然这个结论是错误的。

在 C 语言中,上述的表达式应该写成:0<=x&&x<=0.8。让我们来分析一下这个表达式的运算过程。

(1) 在这个表达式里有 3 个运算符,所以首先要处理的表达式是 0<=x,它的值为 1(逻辑"真)。

(2) 原始表达式变为:1&& x<=0.8,在这个表达式中要首先处理的表达式是 x<=0.8,它的值也为 1。

(3) 原始表达式变为:1&&1,参与逻辑运算的两个运算量都不是 0,全部是"真"。查看逻辑与的真值表可以看到,这个表达式的值为 1(逻辑"真")。结论:在 x 取值为 0.5 时,表达式 0<=x&&x<=0.8 的值为 1(逻辑"真")。

4.3 分支语句

计算机大部分的功能是在不同情况下采取不同动作的能力。因此,所有计算机都有完成各种条件分支的指令。这些指令在 C 语言中通过 if 语句来表示。C 语言提供了 3 种形式的 if 语句。

4.3.1 if 分支结构

例 4-5 输入任意一整数,输出其绝对值。

```
#include <stdio.h>
main()
{
    int nShuRu,nJueDuiZhi;                    /*定义两个整型变量*/
    printf("Qing ShuRu YiGe ZhengShu:");
    scanf("%d",&nShuRu);                      /*调用 scanf()函数输入数据*/
    nJueDuiZhi = nShuRu;
    if(nShuRu<0)                              /*if 分支语句*/
          nJueDuiZhi = - nShuRu;
    printf("ShuRu De Shu Shi %d,Ta De JueDuiZhi Shi:%d\n",nShuRu,nJueDuiZhi);
}
```

程序第一次运行的结果是:

```
Qing ShuRu YiGe ZhengShu:3<BR>
ShuRu De Shu Shi 3,Ta De JueDuiZhi Shi:3
```

程序第二次运行的结果是:

```
Qing ShuRu YiGe ZhengShu:-3<BR>
ShuRu De Shu Shi -3,Ta De JueDuiZhi Shi:3
```

在这个程序中条件判断是:当 x<0 条件成立时,才执行了语句 y=-x。这就是 if 分支,有时也称单分支。程序流程图如图 4-4 所示。

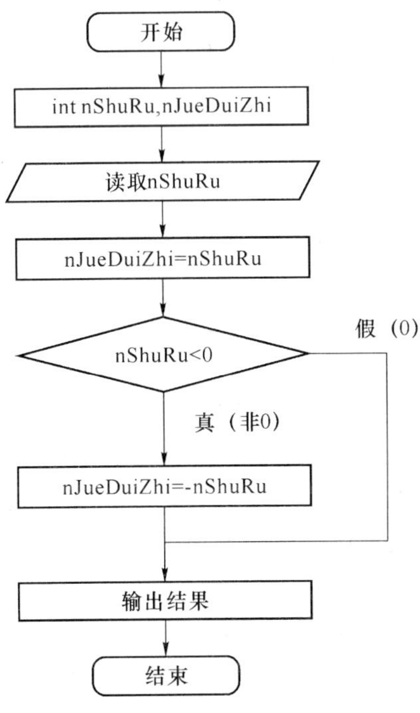

图 4-4 求绝对值流程图

【规则 4-4】 if 分支是最简单的条件语句。其语法格式为：

```
if(e)
    S;
```

其中,e 是表达式,一般为逻辑表达式或关系表达式。S 是一条简单语句或复合语句。

if 分支结构的功能:设置条件分支。当程序需要在满足特定条件的情况下执行一系列语句时,可以用 if 语句。该语句执行时,先计算表达式 e 的值,如果其值为真(即表达式 e 的值为非 0),则执行 S;如果其值为假(即表达式 e 的值为 0),则语句 S 将被跳过,继续执行程序的下一条语句。

if 结构的流程图如图 4-5 所示。

从流程图中可以看出,在程序的执行过程中,不是每次都会执行语句 S 的,在某些时候,可能会不执行该语句。是否执行语句 S 由表达式 e 的取值确定:如果表达式 e 的值是 0,则会跳过语句 S;如果表达式 e 的值不是 0,则会执行语句 S。

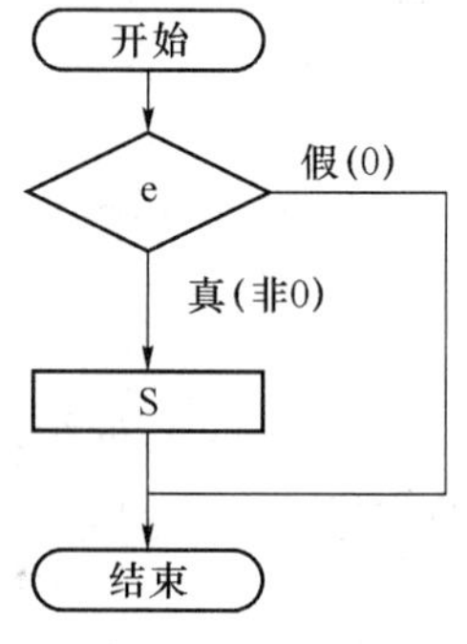

图 4-5 if 分支的流程图

【提示】 只要表达式 e 是一个合法的表达式就可以了,并没有要求该表达式一定是逻辑表达式或关系表达式,在开始判断前,需要计算表达式 e 的值,然后按照计算得出的结果确定程序的走向。

如 if(5) printf("OK!");就是一条合法的 if 分支。在该例中,表达式是一个常量,所以表达式的值是数值"5",得到该表达式的值后,再获取表达式的逻辑值,因为数值"5"不是"0",所以它的逻辑值是"真",所以这段代码将会输出一个字符串。

我们来分析一下例 4-5 两次运行过程中的具体执行过程。

第一次运行的时候输入了整数 3,当执行到 if 结构的时候要分如下的步骤进行。

步骤 1:执行关系表达式 x<0。由于 int 变量 x 当前的取值为 3,所以该关系表达式不成立,因此关系表达式的值是"逻辑假"。

步骤 2:关系表达式 x<0 的值是 int 型数据 0。

步骤 3:因为关系表达式 x<0 的运算结果为 0,因此 if 分支结构的表达式取值为"逻辑假"。

步骤 4:按照流程图我们可以看出,本次运行的时候没有执行语句:nJueDuiZhi=-nShuRu。

当第二次运行例 4-5 的时候,输入了整数-3,当执行到 if 结构的时候运行步骤如下。

步骤 1:执行关系表达式 x<0。由于 int 变量 x 当前的取值为-3,所以该关系表达式成立,因此关系表达式的值是"逻辑真";

步骤 2:关系表达式 x<0 的值是 int 型数据 1(关系表达式和逻辑表达式运行结果的取值遵循"真是 1,假是 0"的原则)。

步骤 3:因为关系表达式 x<0 的运算结果为 1,1 不是 0,所以 if 分支结构的表达式取值为"逻辑真"(判定逻辑值的时候遵循"0 是假,非假即真"的原则)。

步骤 4:按照流程图我们可以看出,本次运行的时候执行了语句:nJueDuiZhi=-nShuRu,所以变量 nJueDuiZhi 的数值修改为 3。

【提示】 虽然关系表达式 x<0 的运算结果就是“逻辑真”或“逻辑假”，但我们不建议用表达式的运算结果直接作为 if 分支结构的判据，也就是跳过步骤 2 的内容。建议按照上面给出的 4 个步骤进行判断，虽然这样表面看有些烦琐，但这样的读程序过程遵循了 C 语言表达式和 if 分支结构运行的基本规则。

请阅读下面的程序。

例 4-6 求两个整数相除的结果。流程图如图 4-6 所示。

```
#include <stdio.h>
main()
{
    int nFenZi,nFenMu;
    printf("Qing ShuRu BeiChuShu he ChuShu:");
    scanf("%d%d",&nFenZi,&nFenMu);
    if(nFenMu)
        printf("%d",nFenZi / nFenMu);
}
```

程序第一次运行的结果是：

```
Qing ShuRu BeiChuShu he ChuShu:3 5<BR>
0
```

程序第二次运行的结果是：

```
Qing ShuRu BeiChuShu he ChuShu:4 0<BR>
```

请讨论一下例 4-6 的第二次输入后为什么没有输出。对比一下，如果在例 4-6 中不做判断，直接进行运算，会有什么结果？

【提示】 条件表达式不只局限于逻辑表达式或关系表达式，可以是任意的数值类型(包括：整型、实型、字符型、指针型数据等)。因为在 if 中只要表达式的值为非 0，则认为是“真(逻辑 1)”；否则，被认为是“假(逻辑 0)”。

【思考】 请把例 4-6 中 if(nFenMu)语句更换一种写法，但要保持程序运行情况不变。

【提示】 软件可靠性表明了一个程序按照用户的要求和设计的目标，执行其功能的正确程度。这要求一个可靠的程序应是正确的、完整的、一致的和健壮的。即“软件可靠性是软件在给定的时间间隔及给定的环境条件下，按设计要求，成功地运行程序的概率”。

4.3.2 空语句

例 4-7 求两个整数相除的结果。流程图如图 4-7 所示。

```
#include <stdio.h>
main()
{
    int nFenZi,nFenMu;
    printf("Qing ShuRu BeiChuShu he ChuShu:");
    scanf("%d%d",&nFenZi,&nFenMu);
    if(nFenMu);
        printf("%d",nFenZi / nFenMu);
}
```

程序第一次运行的结果是:

```
Qing ShuRu BeiChuShu he ChuShu:3 5<BR>
0
```

程序第二次运行的结果是:

```
Qing ShuRu BeiChuShu he ChuShu:4 0<BR>
<程序运行错误>
```

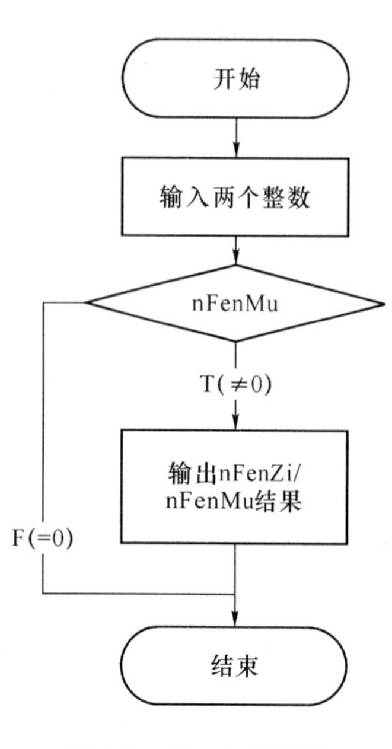

图 4-6　例 4-6 流程图

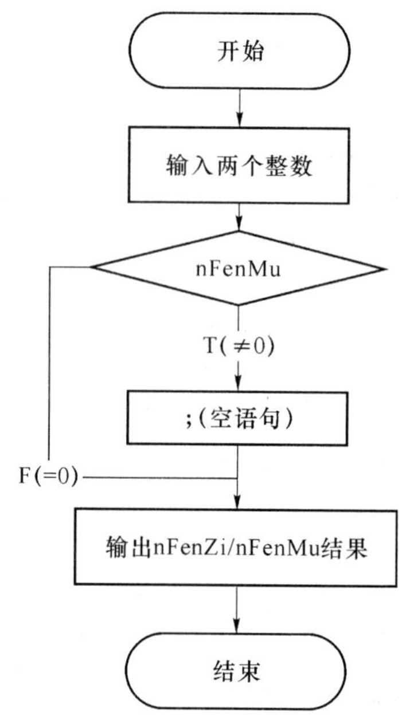

图 4-7　例 4-7 流程图

对比例 4-6 和例 4-7 的运行结果,会发现在例 4-7 中,当输入除数为 0 的情况时,程序不能正常运行,而例 4-6 不存在这个问题。对比这两段程序,可以看到在例 4-7 中,语句行 if (nFenMu)的后面多了一个分号。

【规则 4-5】 在 C 语言中,单独一个分号就可以看做是一条语句,因为这样的语句什么都没做,所以称之为"空语句"。当然,空语句是不能实现任何功能的。

上面讲述 if 结构的时候强调,if 和它后面的一条语句合起来构成一个 if 选择结构。在例 4-7 中,语句 if 所在行的空语句就是这个 if 选择支路的内容,所以 if 语句下面的 printf 不属于 if 选择结构,在每次程序运行的时候都要执行这个输出语句,当然在用户输入的除数为 0 的时候执行这条语句会造成错误。对比这两个例程的流程图可以看到,虽然增加的一条空语句没有实现任何功能,但因为增加了这条空语句,改变了程序的逻辑结构,出现了不同的运行结果。

4.3.3　复合语句

例 4-8　输入两个实数 a、b,保证变量 b 中存储的是较大的数,变量 a 中存储的是较小的数,并按照由大到小的顺序输出。

```
#include <stdio.h>
int main(void)
{
     float fShuJu1,fShuJu2,fLinShi;
    printf("input fShuJu1,fShuJu2:");
    scanf("%f,%f",&fShuJu1,&fShuJu2);
    if( fShuJu1<fShuJu2 )
    {
          fLinShi = fShuJu1;
          fShuJu1 = fShuJu2;
          fShuJu2 = fLinShi;
    }
    printf("%f,%f\n",fShuJu1,fShuJu2);
}
```

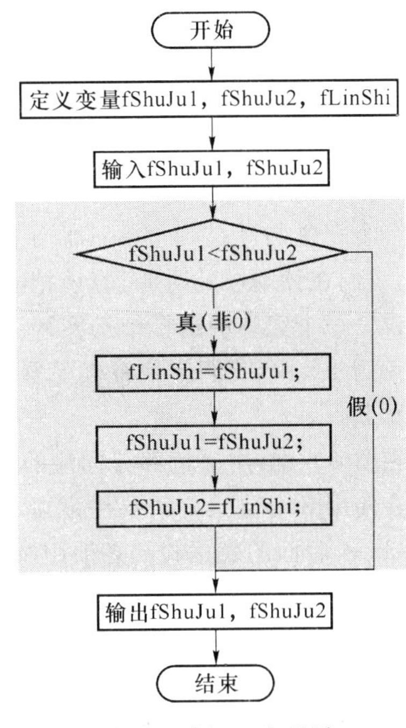

图 4-8 例 4-8 流程图

程序第一次运行的结果是：

```
input fShuJu1,fShuJu2:2.8,3.5<br>
3.500000,2.800000
```

程序第二次运行的结果是：

```
input fShuJu1,fShuJu2:3.5,2.8<br>
3.500000,2.800000
```

1. 复合语句

和例 4-5 不同，在例 4-8 中，如果 if 分支结构的判断表达式的值为“真”，需要执行多条语句，因此在例 4-8 中将这多条语句用一对“{}”括号括起来了。这种将多条语句用一对“{}”括起来，则成为了一条复合语句。

【规则 4-6】 复合语句是一块含有 0 条或多条语句的代码，它也被称为程序块。复合语句可以使一组语句成为一个整体。一条复合语句包括左大括号、一个可选的声明组和定义组、一个可选的语句组以及表示复合语句结束的右大括号。

两次运行例 4-8，虽然输入的数据不同，但程序的输出结果完全相同。两次运行程序时，执行到 if 分支结构，程序的执行结果不同。

第一次运行例 4-8 的时候，输入了实数 2.8 和 3.5，当执行到 if 结构的时候运行步骤如下。

步骤 1：执行关系表达式 fShuJu1<fShuJu2，根据当前两个数据的取值情况，该关系表达式成立，因此关系表达式的值是“逻辑真”。

步骤 2：关系表达式 fShuJu1<fShuJu2 的值是 int 型数据 1(关系表达式和逻辑表达式运行结果的取值遵循“真是 1，假是 0”的原则)。

步骤 3：因为关系表达式 fShuJu1<fShuJu2 的运算结果为 1，1 不是 0，所以 if 分支结构的表达式取值为“逻辑真”(判定逻辑值的时候遵循“0 是假，非假即真”的原则)。

步骤 4：程序运行 if 分支结构的复合语句，在该复合语句中，借助第三个中间数据的帮助，完成了两个数据的交换。请注意流程图中“真”的通路上有 3 条语句，在写程序的时候将这3条语句写在一个复合语句中。

【提示】 如果不把这个程序块变成复合语句,也就是将例4-8中if结构后面的那对花括号去掉,然后再分别输入相同的数据,查看程序的运行结果有什么不同。

请画出去掉if结构后面的花括号后的流程图,比较和图4-6有什么不同。

请读者自己分析第二次运行程序的时候的情况。在第二次运行过程中,跳过了if后面的复合语句。

2. 按照结构读程序

一个完整的if结构包括三部分:关键字if、小括号和判断表达式、后面的一条语句。实际上,我们在读程序的时候,应该把上面说到的3部分合并为一条if语句来读,这样才能少犯错误。一个完整的选择结构实现了算法中的某一个功能。

在例4-8中,我们应该将程序看做有5条语句,将if和它后面的复合语句看做一条完整的if语句。

在图4-8中,用深色部分标注的是程序里的if结构,它应该作为一条语句。

在使用if分支语句需要注意以下几个方面的问题。

(1) if后面的表达式e必须用圆括号括起来。

(2) 表达式e可以是任何形式的、有取值的表达式,无论表达式e是什么形式的表达式,首先要计算表达式的值。表达式e的结果为非0值即条件为真则执行S语句,只有表达式e的结果为0即条件为假时才跳过S语句继续执行程序中的下一条语句。

(3) if分支中的S语句可以是单语句,也可以是复合语句。若为复合语句一定要将所有的S语句用花括号{}括起来。

(4) 一个完整的if分支结构由三部分组成:关键字if、判断表达式e和它后面的一条语句。在读程序的时候要将一个if分支结构看做一条语句,分析出整个if结构所表达的内容。

(5) 尤其需要注意的是:表达式e中一定要区分赋值运算符"="和关系运算符"=="。若要判断x的值是否是5,if分支应写成if(5==x),这样当x值为5时,5==x表达式取值为真,当x为其他值时,5==x表达式取值为假。若将if分支写成if(x=5)则不管x原来取值为多少,执行完if分支句后,x值为5,为非零值,则条件永远为真,失去了if分支语句的意义。

4.4 if-else分支结构

例4-9 输入任意一整数,输出其绝对值。

```
#include <stdio.h>
int main(void)
{
    int nShuRu,nJueDuiZhi;         /*定义两个整型变量*/
    printf("Qing ShuRu YiGe ZhengShu:");
    scanf("%d",&nShuRu);           /*调用scanf()函数输入数据*/
    if(nShuRu<0)                   /*当nShuRu<0为真时,则执行if下面的语句*/
        nJueDuiZhi = -nShuRu;
```

```
    else                        /* 当 nShuRu <0 为假时,则执行 else 下面的语句 */
        nJueDuiZhi = nShuRu;
    printf("ShuRu De Shu Shi %d,Ta De JueDuiZhi Shi: %d\n",nShuRu,nJueDuiZhi);
}
```

程序第一次运行的结果是：

```
Qing ShuRu YiGe ZhengShu:3<BR>
ShuRu De Shu Shi 3,Ta De JueDuiZhi Shi:3
```

程序第二次运行的结果是：

```
Qing ShuRu YiGe ZhengShu: - 3<BR>
ShuRu De Shu Shi  - 3,Ta De JueDuiZhi Shi:3
```

该例中,我们可以看到 if(nShuRu<0)JueDuiZhi=－nShuRu;nJueDuiZhi<ShuRu;这样的语句。这中形式的语句就是 C 语言中经常用到的 if-else 分支语句,又称双分支 if 语句。实际上,我们前面所讲的 if 分支语句可以看成是 if-else 分支语句的一种特殊情况,即 if-else 分支中省略 else 部分就形成了 if 分支。这两种形式的区别在于:if 分支只允许在条件为真时指定要执行的语句,而 if-else 分支可以为假时指定要执行的语句。

【规则 4-7】 if-else 分支的语法格式为：

```
if(e)
    S1;
else
    S2;
```

其中:e 是表达式,一般为逻辑表达式或关系表达式。S 是一条简单语句或复合语句。

C 语言中 if-else 结构的功能是:设置一个双向条件分支。当程序必须根据表达式的测试结果在两组动作中选择其一时,可以使用 if-else 语句。跟 if 语句类似,该语句执行时,也是先计算表达式 e 的值,如果其值为真(即表达式 e 的值为非 0),则执行语句 S1;如果其值为假(即表达式 e 的值为 0),则执行 else 部分的语句 S2。执行完 if 或 else 路径后,程序将跳至 if-else 语句后的第一个命令。

【提示】 注意 if-else 分支中,if 和 else 之间只能有一条语句,如果确实有多条要处理的语句,应该把这个语句块变成一个复合语句。在 else 分支里也只允许有一条语句,如果是有多条语句,同样要用复合语句的方式把这些语句块变成一条语句。要注意整个 if-else 结构是一条语句,else 分支必须是 if 语句的一部分,一定要与 if 配对使用。

if-else 分支的执行流程图如图 4-9 所示。

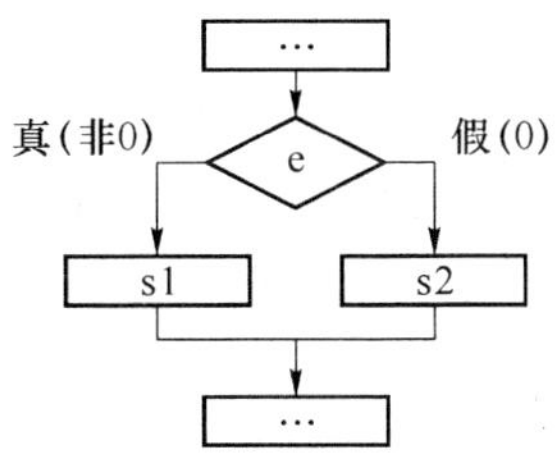

图 4-9 if-else 分支的流程图

例 4-10 输入一年份,判断该年是否是闰年。

```
#include <stdio.h>
int main(void)
{
int nNian;                                   /* 闰年标识 flag,置 0 表示平年 */
int nBiaoJi = 0;
printf("Qing Shuru Nianfen:");
scanf("%d",&nNian);
if((nNian %4 == 0&& nNian %100! = 0)||( nNian %400 == 0))
                                             /* 判断是否为闰年 */
    nBiaoJi = 1;
if(1 == nBiaoJi)
    printf("%d Shi RunNian! \n",nNian);
else
    printf("%d BuShi RunNian! \n",nNian);
return 0;
}
```

程序第一次运行的结果是:

```
Qing Shuru Nianfen:2010<br>
2010 BuShi RunNian!
```

程序第二次运行的结果是:

```
Qing Shuru Nianfen:2008<br>
2008 Shi RunNian!
```

程序第三次运行的结果是:

```
Qing Shuru Nianfen:2000<br>
2008 Shi RunNian!
```

程序第四次运行的结果是:

```
Qing Shuru Nianfen:1900<br>
2008 BuShi RunNian!
```

为了测试例 4-10 所编写程序的正确性,我们给定了多组输入数据,分别测试在这些输入数据的情况下程序运行的结果。因为例 4-10 中有选择结构,也就是说不是所有的语句在每次程序运行的时候都被执行的,根据选择结构的判断情况,选择执行其中的部分语句,所以选择这些测试数据是有一定技巧的,要求这些数据能尽可能多的覆盖程序转向的各种可能性,要让这些测试数据能组合出不同的选择结果,把所有的语句都覆盖到,不出现没有经过测试的语句。

【提示】 软件测试就是利用测试工具按照测试方案和流程对产品进行功能和性能测试,甚至根据需要编写不同的测试工具,设计和维护测试系统,对测试方案可能出现的问题进行分析和评估。执行测试用例后,需要跟踪故障,以确保开发的产品适合需求。

测试用例(Test Case)是为某个特殊目标而编制的一组测试输入、执行条件以及预期结果的条件或变量,以便测试某个程序路径或核实是否满足某个特定需求。

4.5 条件运算符

例 4-11 比较两个数的大小并输出较大值。

程序 1：

```
# include /<stdio.h>
int main()
{
    int nShu1,nShu2,nJieGuo;
    printf("\nQing ShuRu LiangGe ZhengShu:");
    scanf("%d,%d",&nShu1,&nShu2);
    nJieGuo = (nShu1>nShu2) ? nShu1 : nShu2;
    printf("\nDaDeShu Shi:%d\n",nJieGuo);
}
```

程序运行的结果是：

```
Qing ShuRu LiangGe ZhengShu:2,3<br>
DaDeShu Shi:3
```

程序 2：

```
# include <stdio.h>
int main()
{
    int nShu1,nShu2,nJieGuo;
    printf("\nQing ShuRu LiangGe ZhengShu:");
    scanf("%d,%d",&nShu1,&nShu2);
    if (nShu1>nShu2)
        nJieGuo = nShu1;
    else
        nJieGuo = nShu2;
    printf("\nDaDeShu Shi:%d\n",nJieGuo);
}
```

在这个程序中我们可以看到 nJieGuo=(nShu1>nShu2) ? nShu1 : nShu2;这条语句。它在程序中的作用是判断 nShu1 和 nShu2 的大小并将最大者赋给 nJieGuo。这条语句是通过一个条件运算符来实现。

条件运算符是一个三元运算符，即有三个运算量参与运算。由条件运算符组成的表达式称为条件表达式。其一般形式为：

```
表达式 1? 表达式 2:表达式 3;
```

请注意该表达式的书写方式：表达式 1 和表达式 2 之间用“?”分隔，表达式 2 和表达式 3 之间用“:”分隔。其中“?”和“:”之间只能有一个表达式，否则就是错误的条件表达式。

该语句的执行过程是：若“表达式 1”的值为非 0 即为真，则该条件表达式的值为“表达式 2”的值；若“表达式 1”的值为 0 即为假，则条件表达式的值为“表达式 3”的值。

在例 4-11 中，分别用条件运算符和 if-else 结构两种不同的程序完成了同样功能，请读者自己对比一下。从这个例子中可以看出，条件表达式实际上完成了一个 if-else 选择结构的功能。

条件表达式通常用于赋值语句中，使用条件表达式时，还应注意以下几点。

(1) 条件运算符的运算优先级低于关系运算符和算术运算符，但高于赋值运算符。

(2) 条件运算符? 和:是一对运算符，不能分开单独使用。

(3) 条件运算符的结合方向是自右向左。

例如：a>b? a:c>d? c:d 应理解为 a>b? a:(c>d? c:d)

条件表达式中，三个运算对象的类型可以不相同。通常情况下，表达式 1 的运算结果应该为整型(包括 char 型)，否则可能在判断是否为 0 的时候出现问题。尤其要注意表达式 2 和表达式 3 的运算结果的数据类型不同的时候，则根据数据类型自动转换中规定的原则确定条件表达式的类型。

例如，表达式 a>0 ? 2 : 3.8 的结果的数据类型是 double 型。如果 a 是一个负数，则表达式的值是 2.0(double 型)而不是 2(int 型)。

接下来，我们用条件表达式来重写求一个整数的绝对值这个问题，然后与前面的例 4-5、例 4-9 进行比较，看看三者的区别。

例 4-12 求一个整数的绝对值。

```
#include <stdio.h>
int main()
{
    int nShuJu;
    printf("Qing ShuRu YiGe ZhengShu:");
    scanf("%d",&nShuJu);
    printf("ZhengShu %d De JueDuiZhi Shi %d\n",nShuJu,(nShuJu>0? nShuJu:-nShuJu));
}
```

程序第一次运行的结果是：

```
Qing ShuRu YiGe ZhengShu:2<br>
ZhengShu 2 De JueDuiZhi Shi 2
```

程序第二次运行的结果是：

```
Qing ShuRu YiGe ZhengShu: - 2<br>
ZhengShu  - 2 De JueDuiZhi Shi 2
```

上面的程序与例 4-5、例 4-9 的程序相比显得更加简练。在某些情况下，如果用条件表达式代替复杂的 if 语句来处理一些小的细节，将大大地简化程序结构。

4.6 多分支 if-else-if

例 4-13 判断学生成绩的等级。

```
#include <stdio.h>
int main()
{
    int nChengJi;
    printf("Qing ShuRu XueSheng De ChengJi:");
    scanf("%d",&nChengJi);
    printf("\n ChengJi DengJi Shi: ");
    if (nChengJi >= 90) printf("YouXiu");
```

```
    if (nChengJi >= 80&&ave<= 89) printf("LiangHao");
    if (nChengJi >= 70&&ave<= 79) printf("ZhongDeng");
    if (nChengJi >= 60&&ave<= 69) printf("JiGe");
    if (nChengJi <60) printf("BuJiGe");
}
```

程序运行的结果是：

```
Qing ShuRu XueSheng De ChengJi:88<br>
LiangHao
```

例 4-13 的流程图如图 4-10 所示。

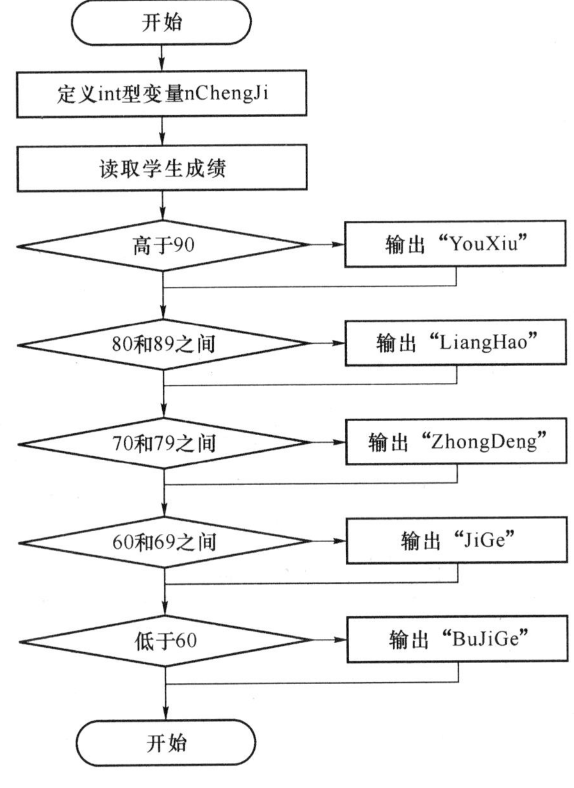

图 4-10 例 4-13 流程图

在例 4-13 中，使用了 5 个 if 选择结构给学生的成绩标记出了不同的等级。下面看一下另外一种程序的写法。

例 4-14 判断学生成绩的等级。

```
#include <stdio.h>
int main()
{
    int nChengJi;
    printf("Qing ShuRu XueSheng De ChengJi:\n");
    scanf("%d",&nChengJi);
    printf("\n ChengJi DengJi Shi: ");
    if (nChengJi >= 90) printf("YouXiu");
    else if (nChengJi >= 80) printf("LiangHao");
```

```
    else if (nChengJi > = 70) printf("ZhongDeng");
    else if (nChengJi > = 60) printf("JiGe");
    else printf("BuJiGe");
}
```

程序运行的结果是：

```
Qing ShuRu XueSheng De ChengJi:88<br>
LiangHao
```

例 4-14 的流程图如图 4-11 所示。

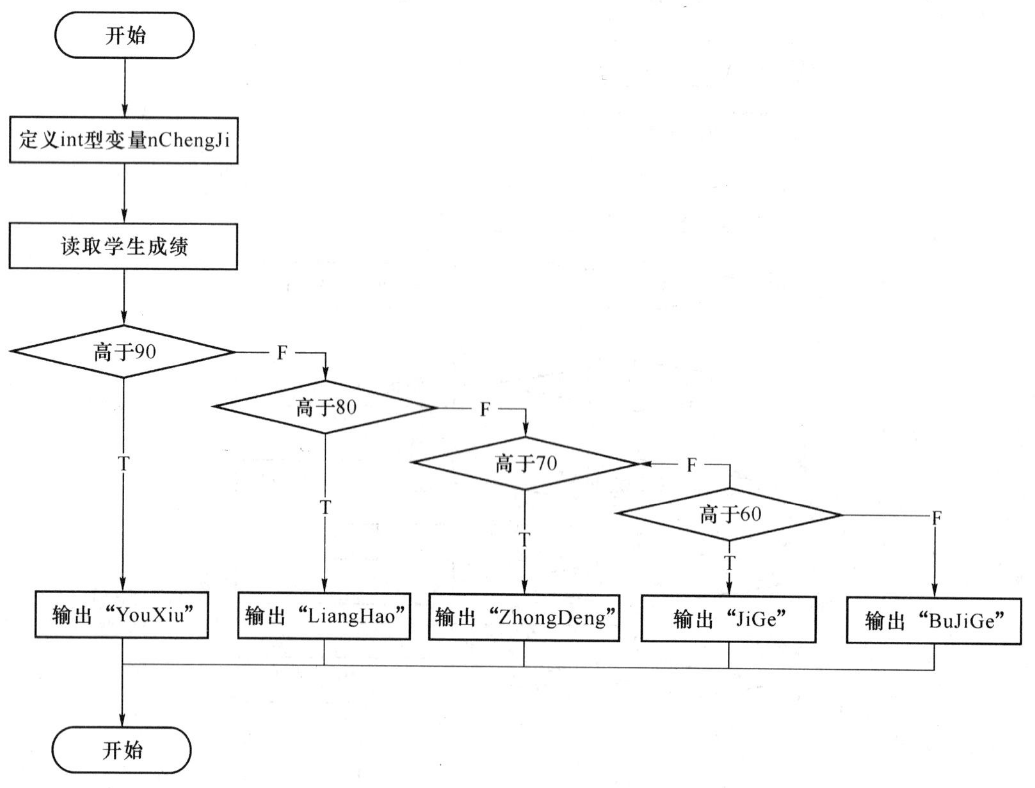

图 4-11　例 4-14 流程图

对比这两个流程图可以看出，用 if-else-if 多重选择完成的程序，结构上更加清晰，提高了程序的效率，使程序少做许多逻辑判断。

C 语言中 if-else 结构可以处理两种不同情况下的选择运行支路问题，实际的程序设计中常常面对更多的选择，当一个问题不仅有两种可能的结果，需要从多方面进行判断，有多种可能的情况进行处理时，我们用到了多路分支的 if-else if-else 结构进行多种情况的判断。这种分支结构的语法格式及程序流程图如图 4-12 所示。

```
if(e1)
      S1;
else if(e2)
      S2;
else if(e3)
      S3;
else if(en)
```

```
        Sn;
else
        Sn+1;
```

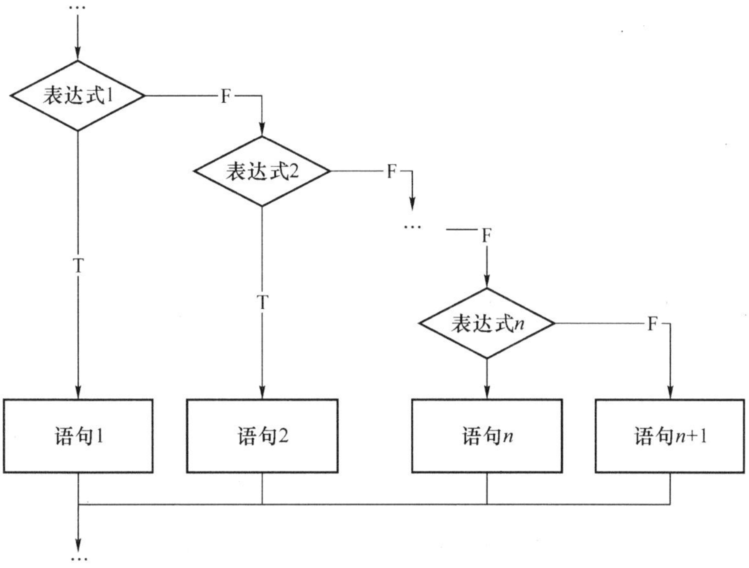

…

图 4-12 多重选择结构流程图

多重选择结构的功能:这种 if 语句序列是编写多路判定最常用的方法。其中的各表达式将被依次求值,一旦某个表达式结果为真,则执行与之相关的语句,并终止整个语句序列的执行。同样,其中各语句既可以是单条语句,也可以是用花括号括住的复合语句。

最后一个 else 部分用于处理“上述条件均不成立”的情况或默认情况,也就是当上面各条件都不满足时的情形。有时候并不需要针对默认情况执行显示的操作,这种情况下,可以把该结构末尾的

```
else
    Sn + 1;
```

部分省略掉;该部分也可以用来检查错误,以捕获“不可能”的条件。

该结构的整个执行过程为:e1 的结果为真(非 0),则执行 S1,e1 的结果为假(0),则判断 e2;若 e2 的结果为真(非 0),则执行 S2,e2 的结果为假(0),则判断 e3,…,若可以到达判断 en 的分支,则若 en 的结果为真(非 0),执行 Sn,en 的结果为假(0),则执行 Sn+1。

【提示】 从程序的流程图中可以看出,无论如何,对于一次条件判断,语句 S1、S2……Sn 和 Sn+1 只能选择一个被执行,不能同时被执行。更进一步,如果没有最后的 else 语句,则可能出现所有语句都不被执行的情况。

例 4-15 计算分段函数的值。

$$y=\begin{cases} x^2+3x+\cos(x) & x<1 \\ 2x-1 & 1\leqslant x\leqslant 10 \\ \sqrt{4x^3-5} & x>10 \end{cases}$$

```
#include <stdio.h>
#include <math.h>
int main()
{
```

```
    float fShuRu,fShuChu;
    printf("Qing ShuRu YiGeShu:");
    scanf("%f",&fShuRu);
    if(fShuRu<1.0)
        fShuChu = fShuRu * fShuRu + 3 * fShuRu + cos(fShuRu);
    else if(fShuRu<10.0)
        fShuChu = 2 * fShuRu - 1;
    else
        fShuChu = sqrt(4 * fShuRu * fShuRu * fShuRu - 5);
    printf("ShuRu = %f,ShuChu = %f",fShuRu,fShuChu);
}
```

程序运行的结果是：

```
Qing ShuRu YiGeShu:5<br>
ShuRu = 5.000000,ShuChu = 9.000000
```

这是一个计算 3 段函数的程序，它的流程图如图 4-13 所示。

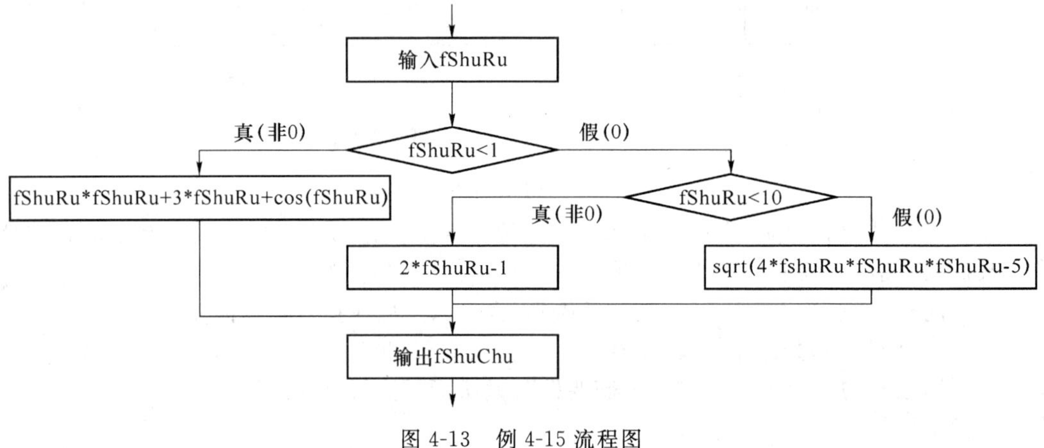

图 4-13　例 4-15 流程图

4.7　嵌套的 if 语句

除了上面看到的可以用 if 结构、if-else 结构或 if-else if 多重选择结构实现分支结构外，经常还会通过用选择结构嵌套方式来实现多条支路的选择。

1. 选择结构的嵌套

例 4-16　输入 3 个整数，输出最小的一个整数。

```
#include <stdio.h>
int main()
{
    int nShu1,nShu2,nShu3,nZuiXiao;
    printf("ShuRu SanGe ZhengShu:");
    scanf("%d%d%d",&nShu1,&nShu2,&nShu3);
    if (nShu1<nShu2){
        if (nShu1<nShu3)
```

```
            nZuiXiao = nShu1;
        else
            nZuiXiao = nShu3;
    }
    else{
        if (nShu2<nShu3)
            nZuiXiao = nShu2;
        else
            nZuiXiao = nShu3;
    }
    printf("ZuiXiao De Shu Shi: %d\n",nZuiXiao);
}
```

程序运行的结果是：

```
ShuRu SanGe ZhengShu:2 10 8<br>
ZuiXiao De Shu Shi:2
```

例 4-16 的流程图如图 4-14 所示。

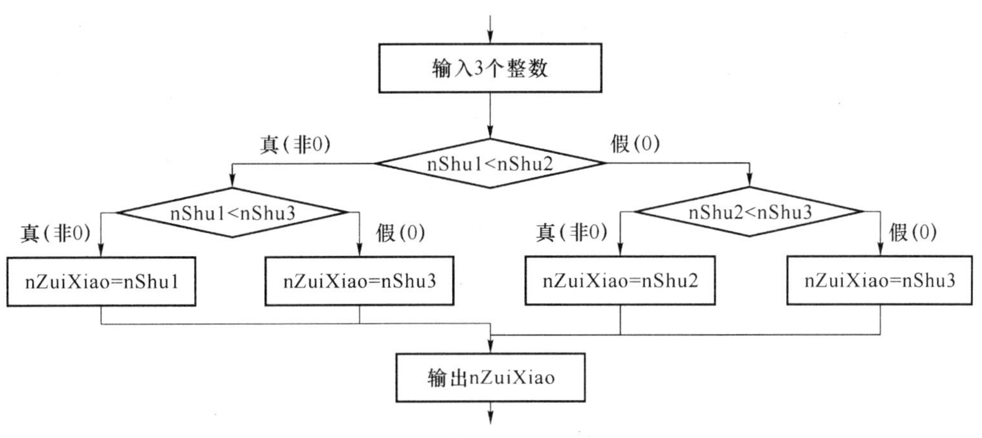

图 4-14 例 4-16 流程图

从流程图中可以看出，在例 4-16 中有 3 个 if-else 结构。按照上面提到的"按照结构读程序"中的说明，例 4-16 可以看做是由 5 条语句组成，其中第 4 条语句是一个 if-else 结构，在这个 if-else 结构的 if 支路和 else 支路上，都出现了另外一个 if-else 结构。

从程序中可以看到，在最外层的 if 支路上只有一个 if-else 结构，一个 if-else 结构可以看做是一条语句，所以最外层的 if 后面的一对花括号是可以省略的，也就是说这本来就是一条语句，没有必要加一对花括号把它变成复合语句的书写形式。但读者可以对比一下，如果省去 if 支路和 else 支路上的花括号，则程序结构没有现在的这种写法清晰，所以在写程序的时候，我们建议 if 支路和 else 支路都加花括号变成复合语句，哪怕这些支路上都只有一条语句。

例 4-17 输入 3 个数，按从大到小的顺序输出。

```
#include <stdio.h>
int main()
{
    float fShu1,fShu2,fShu3;
    printf("ShuRu SanGe Shu 2hi:")
    scanf("%f%f%f",&fShu1,&fShu2,&fShu3);
```

```
    if(fShu1>=fShu2 && fShu1>=fShu3){
        printf("%f\t",fShu1);
        if(fShu2 >=fShu3)
            printf("%f\t%f\n",fShu2,fShu3);
        else
            printf("%f\t%f\n",fShu3,fShu2);
    }
    else if(fShu2>=fShu1 && fShu2>=fShu3){
        printf("%f\t",fShu2);
        if(fShu1 >=fShu3)
            printf("%f\t%f\n",fShu1,fShu3);
        else
            printf("%f\t%f\n",fShu3,fShu1);
    }
    else{
        printf("%f\t",fShu3);
        if(fShu1 >=fShu2)
            printf("%f\t%f\n",fShu1,fShu2);
        else
            printf("%f\t%f\n",fShu2,fShu1);
    }
}
```

程序运行的结果是:

```
ShuRu SanGe ShuZhi:8 10 2<br>
10.000000  8.000000  2.000000
```

例 4-17 的流程图如图 4-15 所示。

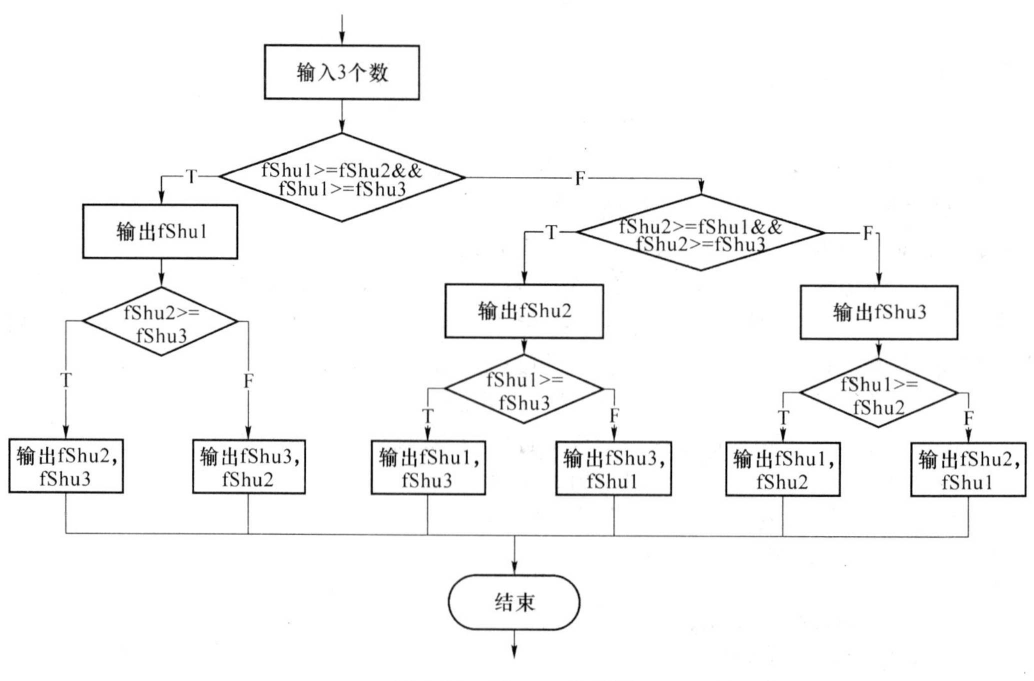

图 4-15 例 4-17 流程图

按照前面提出的“一条语句”的概念，在例 4-17 的每条支路上，都有 2 条语句，其中一条是输出语句，另外一条是一个 if-else 结构。因为每个支路上都有 2 条语句，所以我们在程序中看到，每个支路必须将该支路上的程序块定义为复合语句的形式，这样才能保证程序的逻辑结构是正确的。

请阅读下面的程序。

例 4-18 编写一个程序，以 x、y 为自变量，求函数 $f(x,y)$ 的值。其中：

$$f(x,y)=\begin{cases} x+y & x\geqslant 0 \quad \text{and} \quad y\geqslant 0 \\ x+y^2 & x\geqslant 0 \quad \text{and} \quad y<0 \\ x^2+y & x<0 \quad \text{and} \quad y\geqslant 0 \\ x^2+y^2 & x<0 \quad \text{and} \quad y<0 \end{cases}$$

```
#include <stdio.h>
int main()
{
    float fShu1,fShu2,fShuChu;
    scanf("%f%f",&fShu1,&fShu2);
    if(fShu1 >= 0){
        if(fShu2 >= 0)
            fShuChu = fShu1 + fShu2;
        else
            fShuChu = fShu1 + fShu2 * fShu2;
    }
    else{
        if(fShu2 >= 0)
            fShuChu = fShu1 * fShu1 + fShu2;
        else
            fShuChu = fShu1 * fShu1 + fShu2 * fShu2;
    }
    printf("%f\n",fShuChu);
}
```

程序运行的结果是：

```
2.5 3.7<br>
6.200000
```

例 4-18 的流程图如图 4-16 所示。

【思考】 例 4-18 中 if-else 结构的每个支路上的花括号是否可以省略。上机调试修改后的程序，看输出结果是否有变化。

2. if 和 else 的匹配问题

阅读下面两个程序。

例 4-19 运行下面的程序，分别输入 2、9、50，查看程序的输出结果。

```
#include <stdio.h>
int main()
{
```

```
    int nShu;
    scanf("%d",&nShu);
    if(nShu>5)
        if(nShu>40)
            nShu = 7;
        else
            nShu = 8;
    printf("%d\n",nShu);
}
```

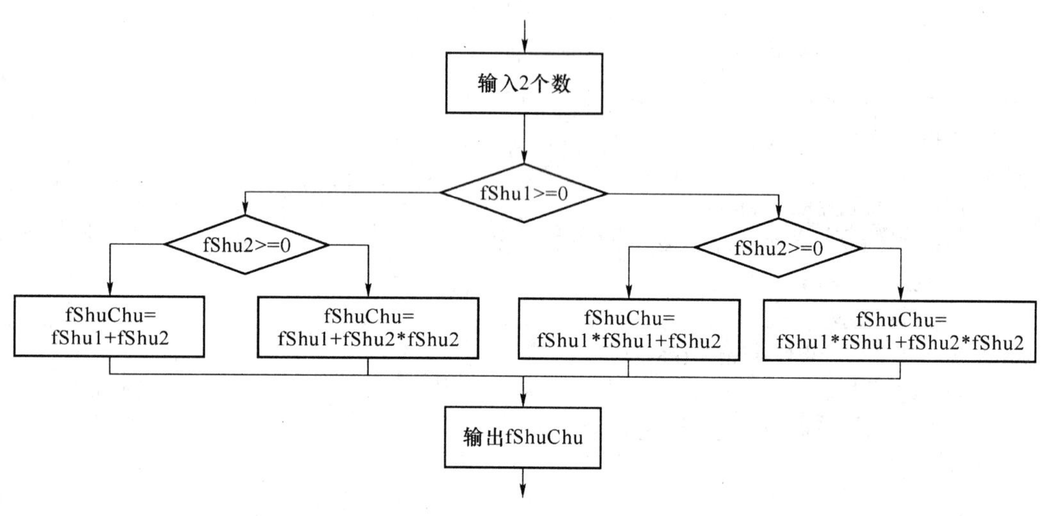

图 4-16　例 4-18 流程图

程序第一次运行的结果是：

2

2

程序第二次运行的结果是：

9

8

程序第三次运行的结果是：

50

7

例 4-20　运行下面的程序，分别输入 2、9、50，查看程序的输出结果。

```
#include <stdio.h>
int main()
{
    int nShu;
    scanf("%d",&nShu);
    if(nShu>5){
        if(nShu>40)
            nShu = 7;
```

```
    }
    else
        nShu = 8;
    printf("%d\n",nShu);
}
```

程序第一次运行的结果是：

```
2<br>
8
```

程序第二次运行的结果是：

```
9<br>
9
```

程序第三次运行的结果是：

```
50<br>
7
```

从输出结果可以看出，这两个程序的输出结果是有区别的。这两个程序的流程图如图4-17和图4-18所示。

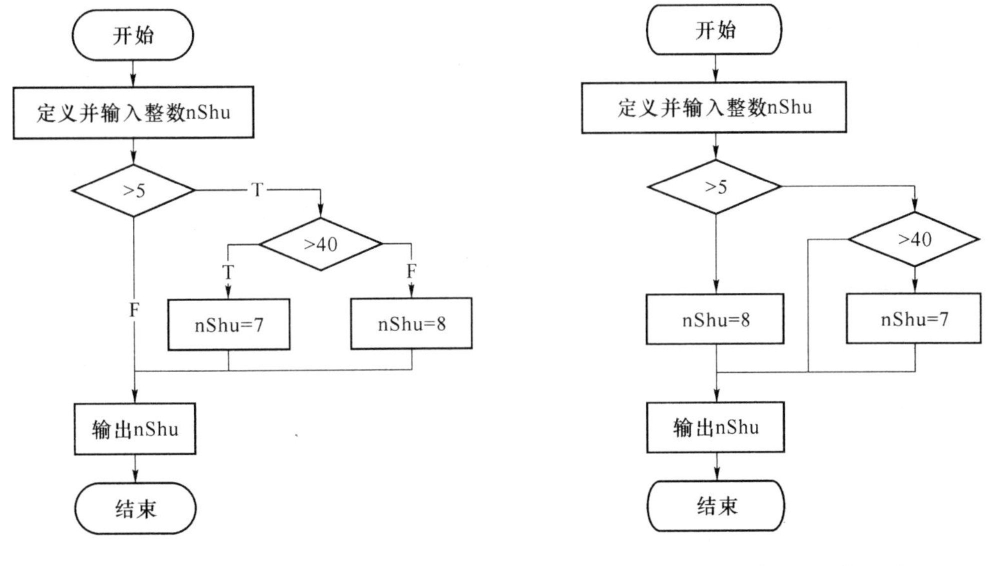

图 4-17　例 4-19 流程图

图 4-18　例 4-20 流程图

从这两个流程图中可以看出，这两个程序的结构是不同的。例 4-19 是一个 if 选择结构，在该 if 结构里，又嵌套了一个 if-else 选择结构；而例 4-19 是一个 if-else 选择结构，在 if 支路上嵌套了另外一个 if 选择结构。

在 C 语言中，选择结构的嵌套有多种形式，只要每个选择结构都保持自身的结构完整性，并且整个嵌套结果的逻辑性表达了算法的需要，这种嵌套都是允许的。但在任何一个选择结构的嵌套中，都要注意 if 和 else 的匹配问题。

在例 4-19 中，else 和(nShu>40)的 if 是一个完整的 if-else 结构，而在例 4-20 中 else 和(nShu>5)的 if 是一个完整的 if-else 结构。我们可以得出如下的几点。

- 在 C 语言中，if 可以单独使用，也可以和 else 配对使用；

- 但 else 不能单独使用,它只能作为 if-else 结构的一部分;
- 每个 else 都必须有一个配对的 if 语句;
- 每个 else 总是和它上面看到的最近的一个没有匹配过的 if 匹配。

在这里我们还是要强调另外一个前面讲述过的问题。在一个 if-else 选择结构中,if 和 else 之间只能有一条语句,如果有多条语句的时候,我们要将这些语句写成一个复合语句,在程序结构上仍然保持是一条语句。如果 if 语句和 else 语句之间超过了一条语句,那么这个 if-else 结构是错误的,程序在编译的过程中就会提示错误。

在例 4-20 中,else 上面最近的一个 if 语句是 if(nShu>40),但由于这个 if 结构在复合语句中,从复合语句的外面是看不到复合语句里面的内容的,所以这个 else 不能和 if (nShu>40)匹配,它和 if(nShu >5)配对,成为一个 if-else 结构。

看下面的程序示例,请确认和第一个 else 匹配的是哪个 if。

```
if(表达式 1)
    if(表达式 2)语句 1;
else
    if(表达式 3)语句 2;
    else 语句 3;
```

虽然在程序书写上,第一个 else 和表达式 1 的 if 是对齐的,但在逻辑关系上,第一个 else 是和表达式 2 的 if 结构是配对的。上面给出的程序段是一个 if 选择结构的程序段,在这个 if 选择结构中,嵌套了一个 if-else if-else 的多重选择结构。

在上面的讲述中已经提到,哪怕 if 和 else 之间只有一条语句,也可以用一对花括号把它变成复合语句,这样从语法上是没有任何错误的。所以我们建议在写选择结构的时候增加花括号,这样可以使程序中的选择结构内层和外层一一对应,结构清晰,不易出错。

【思考】 如何修改上面给出程序示例中的语句,才能使得第一个 else 和表达式 1 的 if 配对。

参考答案 1:

```
if(表达式 1){
    if(表达式 2)语句 1;
}
else
    if(表达式 3)语句 2;
    else 语句 3;
```

参考答案 2:

```
if(表达式 1)
    if(表达式 2)语句 1;
    else ;
else
    if(表达式 3)语句 2;
    else 语句 3;
```

对比上述两种修改方法,第一种方法是通过使用花括号构造了一个复合语句,从而使得第一个 else 向上看的时候看不到复合语句里面的内容,当然也就看不到表达式 2 的 if 选择结构，只能看到表达式1的if结构。第二种方法补充了表达式2的if结构的else支路，这个支路是一条空语句，什么事情都不做，通过这样的处理，使得表达式2的if结构有了和自己匹配的else语句，这样我们指定的else语句向上看的时候，也不能再和这个已经匹配过的if结构去匹配，只能和它上面的、没有匹配过的表达式1的if结构去匹配。

4.8 switch和break语句

例4-21 判断学生成绩的等级。

```
#include <stdio.h>
int main()
{
    int nChengJi,nDengJi;
    printf("ShuRu ChengJi(0-00):\b");
    scanf("%d",&nChengJi);
    if(nChengJi>100 || nChengJi<0)
        printf("ChengJi CuoWu;\n");
    else{
        nDengJi = nChengJi / 10;     //整型数进行除法运算的结果是整型数
        switch(nDengJi)
        {
        case 6:
            printf("DengJi D\n");
            break;
        case 7:
            printf("DengJi C\n");
            break;
        case 8:
            printf("DengJi B\n");
            break;
        case 9:
            printf("DengJi A\n");
            break;
        case 10:
            printf("DengJi A\n");
            break;
    default:
            printf("DengJi E\n");
            break;
        }
    }
}
```

程序运行的结果是：

```
ShuRu ChengJi(0－00):88<br>
DengJi B
```

在例 4-13 和例 4-14 中，我们分别看到了用多条 if 语句或用 if-else if 多重选择结构判断学生的成绩等级，虽然这两个例子都可以实现要求的功能，但在书写形式上略显复杂，不易读。在例 4-21 中，给出了用 switch 结构完成同样功能的例子，和上述的两个例程比，该程序的简洁性较好，易读性也加强了。

我们来看一下例 4-21 的流程图，如图 4-19 所示。

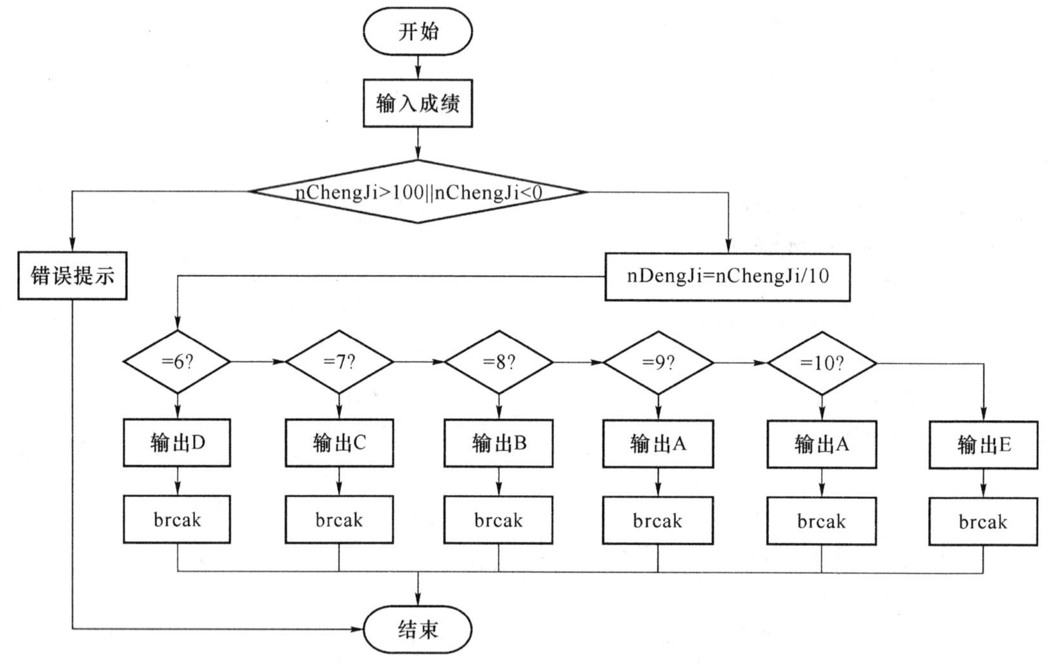

图 4-19　例 4-21 流程图

上面的程序需要用到多分支的选择。而 if 语句只有两个分支供选择，不能满足多分支的需要，上一小节所讲的 if-else if 语句可以满足多分支要求。不过，这一小节我们使用 C 语言另外的一种用于多分支选择结构的 switch 语句。

1. switch 结构

采用 if-else if 语句格式实现多分支结构，实际上是将问题细化成多个层次，并对每个层次使用单、双分支结构的嵌套，采用这种方法一旦嵌套层次过多，将会造成编程、阅读、调试的困难。当某种算法要用某个变量或表达式单独测试每一个可能的整数值常量，然后作出相应的动作。可以通过 C 语言提供的 switch 语句直接处理多分支选择结构。

根据 switch 结构中用到的不同的语法情况，它的流程图会有所变化，通常情况下，switch 结构可以用下面的流程图表，如图 4-20 所示。

```
switch(表达式)
{
    case 判断值 1:语句 1;[break;]
```

```
    ⋮
  case 判断 n:语句 n;[break;]
    [default:语句 n+1;]
}
```

其中,括号[]中的信息可以省略。

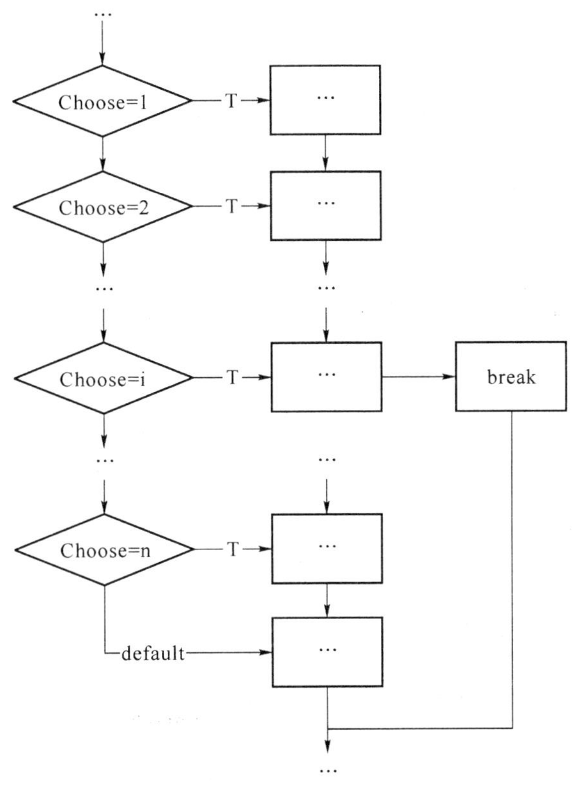

图 4-20 switch 结构程序流程图

从流程图上可以看到,switch 结构的功能是:设置多路条件测试。通过 switch 语句,程序可以从一组给定选项中选择一种处理方案。首先计算整数或字符表达式的值,然后判断表达式的值与判断值 1、判断值 2……判断值 n 中的哪个值相等,若与某个判断值 i 相等,则执行其下的语句 i。若不与任何一个判断值 i 相等,则执行 default 后的语句 n+1。在执行某一分支中的程序块时,遇到 break 语句则退出 switch-case 结构,即程序控制转移至该结构中花括号之后的程序。

2. switch 结构的特点

从流程图中,可以看到 switch 语句的特点。

(1) 一个表达式

一个 switch 结构中,一定要有一个表达式,通常情况下这个表达式是整型表达式。因为如果不是整型表达式,在后面与每个 case 中表达式的比较中会出现问题。

(2) 若干个标号语句

在 switch 结构中,有若干个 case 标号语句,每个标号语句中有一个常量表达式。"case

常量表达式"只相当于一个语句标号,且常量表达式的值都是唯一的,用来标识一个处理选项或一种情况。

通常情况下,case后面的常量表达式也要求是整型表达式,这个要求同样是因为实型量判断相等会产生比较大的问题。

在switch结构中,case的先后顺序与每个case后面的常量表达式的值的大小无关,只和程序的逻辑结构有关。

(3) 程序转向

当switch结构中表达式的值和某case标号给定的整型常量表达式的值相等则转向执行该标号后面的语句。

如果在case后面包含多条执行语句时,也不需要像if语句那样加大括号(把它变成一条复合语句),因为进入某个case后,会自动顺序执行本case后面的所有执行语句。

(4) default语句

如果switch结构中表达式的值和任何一个case中整型常量表达式的值都不相同,则执行default标号所在的程序块。

如果switch结构中没有default标号,则在上述的情况下不执行switch结构的任何语句。

(5) 一旦进入,就不退出

在switch结构的流程图中我们可以看到,当转向执行某个case所标示的程序块后,并不是只执行该case后面的语句块里的内容,而是从这个进入点开始向后的所有剩余的程序语句都要执行,和它们前面的case标号已经没有任何关系了。

(6) 遇到break语句退出switch结构

在switch结构中,在任何地方遇到break语句后,都将终止switch结构,转向执行该结构后面的语句。

让我们再看一下例4-21,其中case 9和case 10的程序段内容是完全相同的,这种情况下,可以对程序的书写格式做一些简化。在C语言的switch结构中,多个case可以共用一块程序段。按照这个规则,例4-21可以修改为:

```
……
    case 8:
        printf("DengJi B\n");
        break;
    case 9:
    case 10:
        printf("DengJi A\n");
        break;
    default:
        printf("DengJi E\n");
        break;
……
```

请按照上面给出的方法修改例4-21,查看程序的运行结果是否有变化。

例4-22 期末用班级剩余的班费买圆珠笔作为奖品。商店里有三种圆珠笔:6元、5元和 4 元。要求将所有的剩余班费都花完，并且买的奖品数量最多。

分析：要想买最多的奖品，当然要尽可能多买 4 元的商品。根据剩余的钱的多少再做调整：如果剩 1 元，把 4 元的换成 5 元的；如果剩 2 元，把 4 元的换成 6 元的；如果剩 3 元，则将 2 只 4 元的更换为 1 只 5 元的和 1 只 6 元的即可。

```
#include <stdio.h>
int main()
{
    int nFeiYong,nJiang4,nJiang5 = 0,nJiang6 = 0,nLinShi;
    printf("Qing ShuRu ZongFeiyong:");
    scanf("%d",&nFeiYong);
    nJiang4 = nFeiYong/4;
    nLinShi = nFeiYong % 4;
    switch(nLinShi)
    {
    case 1:
        nJiang4--;
        nJiang5++;
        break;
    case 2:
        nJiang4--;
        nJiang6++;
        break;
    case 3:
        nJiang4 -= 2;
        nJiang5++;
        nJiang6++;
        break;
    }
    printf("FeiYong: %d Yuan;\n4 Yuan JiangPin: %d;\n5 Yuan JiangPin: %d;\n6 Yuan JiangPin: %d\n",
        nFeiYong,nJiang4,nJiang5,nJiang6);
}
```

在例 4-22 中，switch 结构的表达式 nLinShi 的可能的值为 0、1、2 和 3，但在 switch 结构中只给出了 3 个不同的 case，而且没有 default 语句，所以如果出现了 nLinShi 的值为 0 的情况，则直接跳过 switch 结构，不执行该结构中的任何语句。该例的流程图如图 4-21 所示。

例 4-23 编写程序，完成四则运算。

```
#include <stdio.h>
int main()
{
    float fShuJu1,fShuJu2;
    char cFuHao;
    printf("\nQing ShuRu YiGe BiaodaShi:");
    scanf("%f%c%f",&fShuJu1,&cFuHao,&fShuJu2);
```

```
    switch(cFuHao)
    {
    case '+':printf("%6.2f%c%6.2f = %6.2f\n",fShuJu1,cFuHao,fShuJu2,fShuJu1 + fShuJu2);
        break;
    case '-':printf("%6.2f%c%6.2f = %6.2f\n",fShuJu1,cFuHao,fShuJu2,fShuJu1 - fShuJu2);
        break;
    case '*':printf("%6.2f%c%6.2f = %6.2f\n",fShuJu1,cFuHao,fShuJu2,fShuJu1 * fShuJu2);
        break;
    case '/':if(0 == fShuJu2) printf("error! \n");
        else printf("%6.2f%c%6.2f = %6.2f\n",fShuJu1,cFuHao,fShuJu2,fShuJu1/fShuJu2);
        break;
    default: printf("CuoWu De BiaodaShi!");
    }
}
```

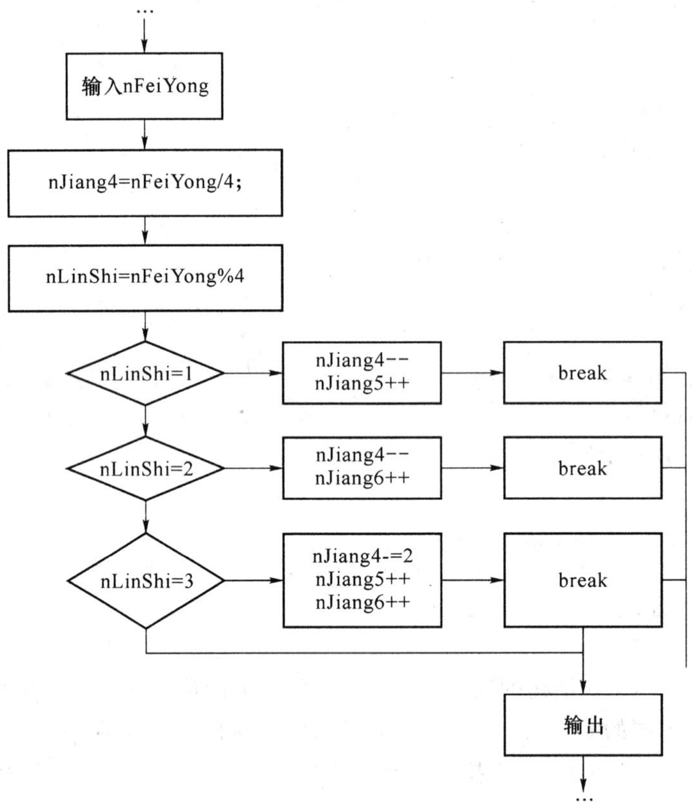

图 4-21　例 4-22 流程图

在例 4-23 的标号 case '/'部分,执行的是一个选择结构的程序段。实际上,只要符合 switch 结构的语法要求,其中每个 case 中的程序块结构是没有特定限制的。该例的流程图如图 4-22 所示。

3. break 语句

在 C 语言中,break 语句可以用于 switch 结构,但在 switch 结构中,break 语句并不是必须的，也可以没有 break 语句。

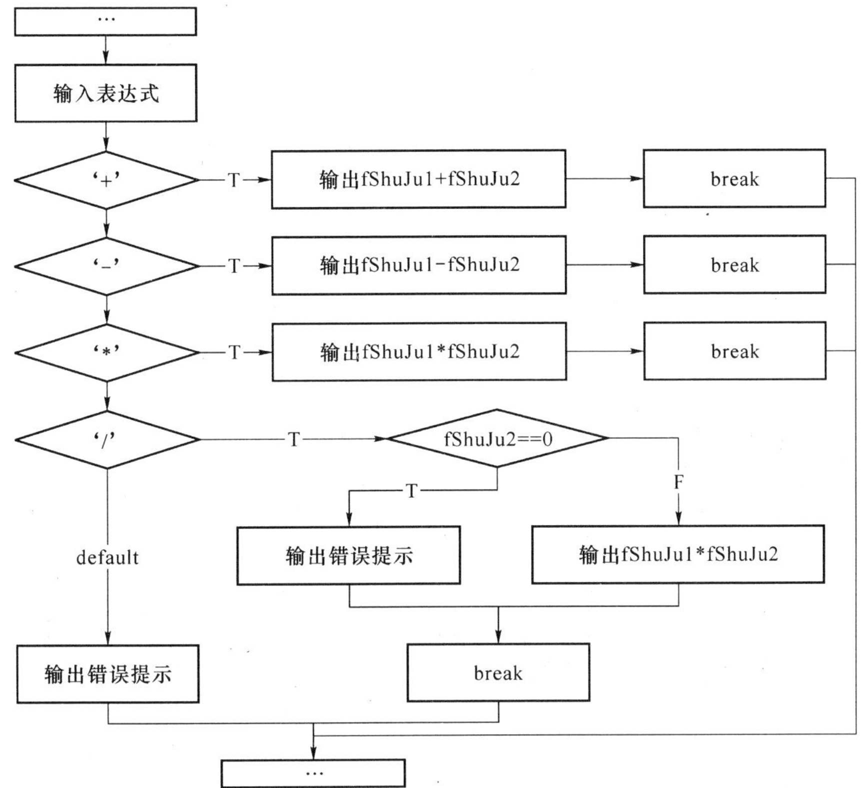

图 4-22　例 4-23 流程图

例 4-24　读程序，写结果。

```
#include <stdio.h>
int main()
{
    int x = 1,y = 0,a = 0,b = 0;
    switch (x)
    {
    case 1:
        switch(y)
        {
        case 0:
            a++;
            break;
        case 1:
            b++;
            break;
        }
    case 0:
        a++;
        b++;
```

```
        break;
    }
    printf("%d,%d",a,b);
}
```

程序运行的结果是:

```
2,1
```

在例 4-24 中出现了 switch 结构的嵌套,也就是在一个 switch 结构中出现了另外一个 switch 结构。该例的流程图如图 4-23 所示。

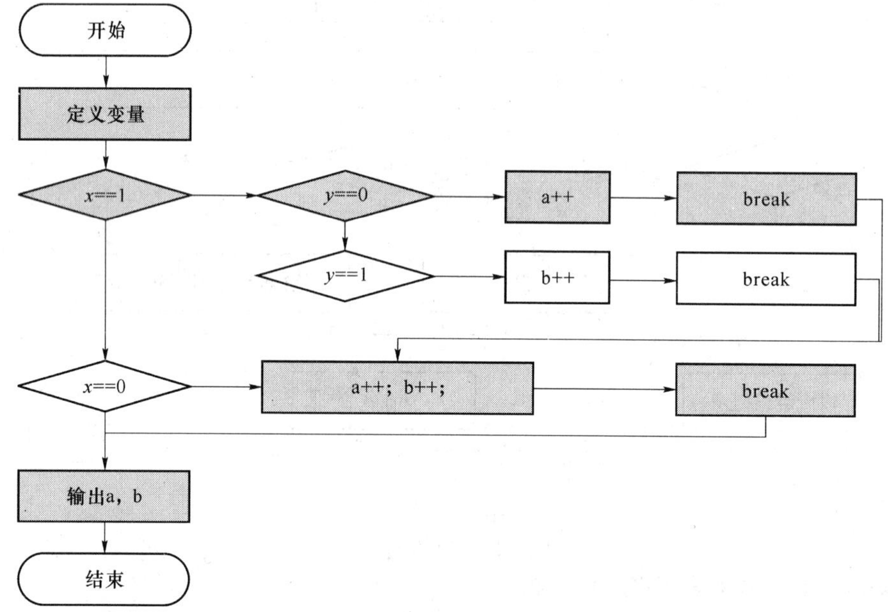

图 4-23 例 4-24 流程图

从流程图中可以看出,对于外层的 switch(x)结构,case 1 这种情况下在它对应的程序块中并没有 break 语句,一旦进入这个分支,就会继续执行下去,而不是仅仅执行这个分支上的语句块。这个分支里有一个 switch(y)结构,这个 switch 结构的两个分支都有 break 语句,执行了任何一个入口的程序块后都将执行 switch(y)结构的下面一条语句。

在流程图上用深色背景标出的模块是在例 4-24 给定的初始状态下程序的运行中所执行的模块。

例 4-25 读程序,写结果。

```
#include <stdio.h>
int main()
{
    int x = 0,y = 2,z = 3;
    switch (x)
    {
    case 0:
        switch(2 == y)
        {
```

```
        case 1:
            printf ("*");
            break;
        case 2:
            printf ("%");
            break;
        }
    case 1:
        switch (z)
        {
        default:
            printf ("#");
        case 1:
            printf ("$");
        case 2:
            printf ("&");
            break;
        }
    }
}
```

程序运行的结果是：

```
*#$&
```

例 4-25 的流程图如图 4-24 所示。

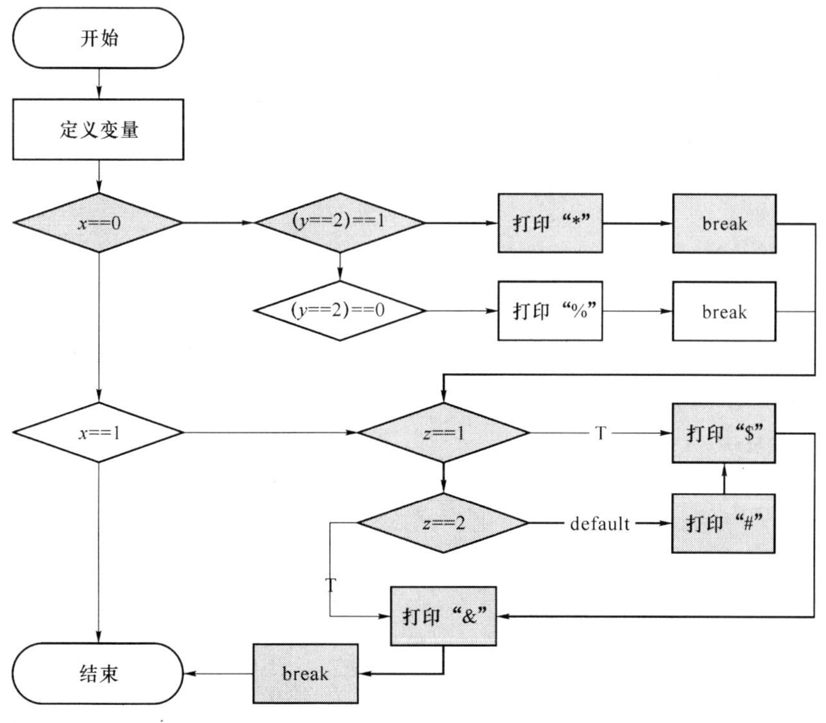

图 4-24 例 4-25 流程图

在上面的流程图中，将程序运行时经过的路线用加粗的线条标出，请对照程序阅读。在例 4-25 中要注意如下几个问题。

(1) switch 结构中的表达式

前面提到，switch(表达式)的结构中要求该表达式是一个整型表达式就可以了，对表达式的形式没有特别提出要求。在例 4-25 中，出现了 switch(2==y)的形式，这个表达式是一个关系表达式。一个关系表达式的运算结果是 int 型的 0("假")或 1("真")，所以这种表示方法是可以的。

(2) default 的位置

在此前已经提出，在 switch 结构中，各个 case 的常量表达式的值不能相同，也就是不能出现相同的 case，但 case 出现的顺序和每个 case 中常量表达式的数值无关。同样，default 语句出现的位置也和 case 的先后顺序无关。在本例中，switch(z)中 default 出现在第一个，从语法上说，这种形式是没有错误的。

尽管并不是错误，但是 switch 语句中没有 default 是不好的编程习惯。如果逻辑上不需要，那么就便编写一条错误信息来防止没有预料到的条件，如下所示：

```
default:printf("\a Impossible default \n");
exit(100);
```

【思考】 设置 x、y 和 z 各个可能的初值的组合，在流程图上画出各种情况下程序运行的路径，然后运行程序看输出结果和你分析的是否一致。

第5章 循　　环

【本章要点】

- 掌握循环的概念。
- 掌握三种不同循环语句的使用。
- 掌握三种不同循环语句的区别。
- 掌握 break、continue、goto 三种语句在循环当中的应用。
- 掌握循环的嵌套。

在实际工作、学习和生活中，经常需要在一段有限的时间内去处理一件或者一系列有规律的重复事件，比如用勺子给一个桶里装水，每次只能舀一勺水到桶里，重复舀水的操作，直到把桶装满为止，这样的一个过程就是用勺子舀水的动作重复，也可称之为用勺子舀水的循环过程。

在计算机程序设计中，也会遇到一些有规律的重复性数据运算、事务处理，这是计算机程序上的循环。比如，求 1～100 的和 sum。解决这个问题的算法可以用伪代码和流程图分别描述如图 5-1 所示，这个例子中重复执行的过程就是循环控制的过程。

```
开始
    置 sum 初值为 0
    置 i 的初值为 1
    当 i< = 100,执行下面操作:
        使 sum = sum + i
        使 i = i + 1
    (循环体到此结束)
    输出 sum 的值
结束
```

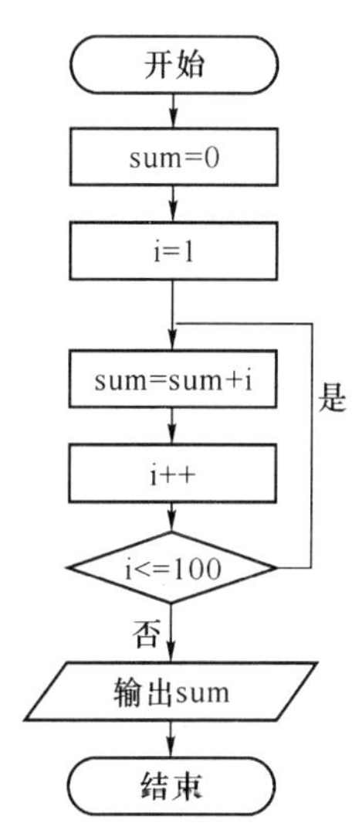

图 5-1　循环结构流程图

从计算机程序方面讲，循环是程序的一种结构。循环结构是结构化程序设计的基本结构之一，几乎所有的应用程序都会用到循环结构。循环结构由循环体和循环条件两部分组成；循环体是一组反复执行的语句；循环体后都必须做出继续重复和停止重复的决定，此决定所依据的条件即成为循环条件。

C 语言中处理循环程序的语句，称为循环语句。要学好并深入理解这部分内容，就必须熟练掌握各种循环语句的使用。C 语言提供了 while、do-while 和 for 三种循环语句。

5.1 while 语句

1. while 循环结构

例 5-1 编写程序,由"*"号所组成的 5 行 5 列的图形。

```
#include <stdio.h>
main()
{
    printf("*****\n");
    printf("*****\n");
    printf("*****\n");
    printf("*****\n");
    printf("*****\n");
}
```

程序运行的结果是:

```
*****
*****
*****
*****
*****
```

用例 5-1 编程的方式虽然解决了提出的问题,但是可以发现,在程序中我们使用了五条同样的语句 printf("*****\n"),使整个程序显得冗长且可读性不高;采用这种输出方式对于程序的扩展性而言是很不利的。例如现在需求改变了,需要输出由"*"号所组成的 10000*5 的图形,很显然,如果仍然采用例 5-1 的算法实现,那么我们就必须在源程序中输入 10 000 条相同的语句,这是不现实的。

【提示】 问题再扩展一步,我们要求每行输出 5 个"*"号,但是输出的行数并不事先规定,而是在运行时由用户指定,这时例 5-1 的算法就完全不适用了。

为了解决对重复性的有规律事件处理的需求,C 语言中提供了一类语句——循环语句。我们可以利用循环语句中的 while 语句来解决例 5-1 所提出的问题。

例 5-2 编写程序,从键盘输入一个正整数 n,然后输出由"*"号组成的 n 行 5 列的图形。流程图如图 5-2 所示。

```
#include <stdio.h>
main()
{
    int i,nHangShu;
    printf("Qing ShuRu HangShu: ");
    scanf("%d",&nHangShu);
    printf("\n");
```

```
    i = 0;
    while(i<nHangShu)
    {
        printf("*****\n");
        i++;
    }
}
```

程序运行的结果是：

```
Qing ShuRu HangShu:5<CR>
*****
*****
*****
*****
*****
```

在例 5-2 中采用了 while 语句输出由“ * ”号组成的 n * 5 的图形，这个例子也说明了 while 语句的形式和使用方法。

while 语句的一般形式如下：

```
while(e)
{
    S;
}
```

循环结构流程图如图 5-3 所示。

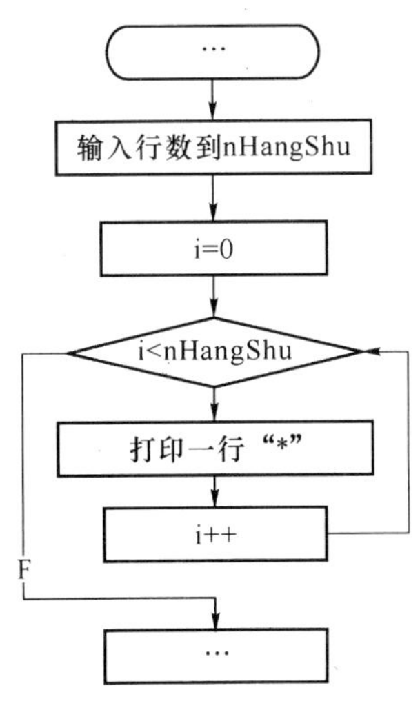

图 5-2　例 5-2 流程图

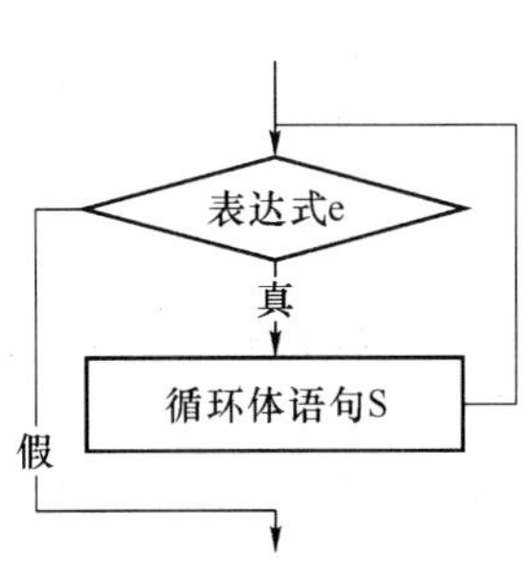

图 5-3　while 循环结构

在 while 循环结构中，e 是一个表达式，用于指定循环条件，系统根据此表达式的值决定循环是否执行。

S 可以是单条语句、空语句或复合语句(程序块)，又叫循环体。

从流程图上可以看出，while 循环的的执行过程如下：

(1) 计算 e 的值;

(2) e 取值非 0(即为真)时,则执行 S,然后返回步骤(1);

(3) e 取值 0(即为假)时,结束循环(跳出循环体),执行循环语句之后的语句。

在使用 while 进行循环时,应牢记:程序循环与否取决于循环条件判断表达式值的真与假,真(表达式的值不为 0)循环,假(表达式的值为 0)不循环。

【提示】 在使用 while 循环语句时,以下几点是应该注意到的。

(1) while 语句的作用范围。循环体如果包含一个以上的语句,应该用花括号括起来,否则 while 循环体的作用范围直到 while 后面的第一个语句分号处。

(2) while 语句中的循环体中一定要有能使循环趋向于结束的语句,否则循环永不结束。

(3) 某些情况下 while(e)循环有可能永不结束,无终止地执行循环体,这种情况称为"死循环",编程时应避免出现这种情况。

(4) 注意循环的初态,即循环中所用控制变量初值的设定。

2. while 循环结构的特点

从例 5-2 可以看到 while 语句的特点:首先判断循环条件,然后执行循环体语句。所以循环的次数一般不能事先确定,需要根据循环条件(表达式的值)来判定,如果开始时循环条件就为假 ,则循环体一次也不执行(执行 0 次)。

例 5-3 农民找地主谈一换钱的计划,计划如下:农民每天给地主 10 万元,而地主一天只需给农民一分钱,第二天农民仍给地主 10 万元,地主给农民二分钱,第三天农民依旧给地主 10 万元,而地主给农民四分钱……依此类推,农民每天固定给地主 10 万元,而地主每天给农民的钱是前一天的两倍,直到满一个月(30 天);地主很高兴,欣然接受了这个约定。最后是谁赚呢,赚多少钱呢?

分析:农民要给地主的钱作一次乘法即可求出,而地主要给农民的钱可以通过循环求出:用一个变量作为每天应该付出的钱数,另一个变量作为总共应该付出的钱数;每次循环的时候每天应该付出的钱数×2,同时总共应该付出的钱数+=每天应该付出的钱数。最后比较两人付出的总钱数即可。流程图如图 5-4 所示。

```
#include <stdio.h>
main()
{
    long lNongMinMeiRi = 10000 * 100;
    long lDiZhuMeiRi = 1;
    long lNongMinZongShu = lNongMinMeiRi * 30;
    long lDiZhuZongShu = 0;
    int i = 1;
    double dJieGuo;
    while(i< = 30)
    {
        lDiZhuZongShu + = lDiZhuMeiRi;
        lDiZhuMeiRi * = 2;
```

```
        i++;
    }
    dJieGuo = (lDiZhuZongShu - lNongMinZongShu)/100.0;
    if(dJieGuo>0)
        printf("NongMin ZhengLe %.2f Yuan.\n",dJieGuo);
    else
        printf("DiZhu ZhengLe %.2f Yuan.\n", - dJieGuo);
}
```

程序运行的结果是：

```
Qing ShuRu HangShu:5<CR>
NongMin ZhengLe 10437418.23 Yuan.
```

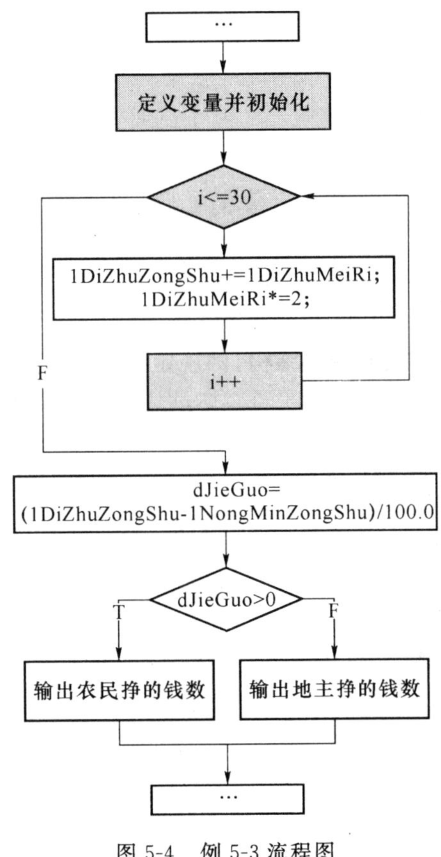

图 5-4 例 5-3 流程图

3. 循环结构的构成

从上面的几个例子中可以看到，一个循环结构是由循环条件表达式、循环控制变量和循环体组成的。

(1) 循环条件表达式

在例 5-2 和例 5-3 中，while 后面的括号里都有一个表达式，这个表达式在循环结构里被称为“循环条件表达式”。在 C 语言中，对循环条件表达式的具体形式没有特定的要求，只要是一个合法的表达式就是允许的，读者不要误认为只能是逻辑表达式或条件表达式。这点和第 4 章中选择结构对判断表达式的要求是相同的。

从程序流程图中可以看到,进入 while 循环后,首先要执行的就是循环条件表达式,先计算循环条件表达式的值,如果值是非 0("真"),则继续执行循环的内容,否则就终止循环的执行,转去执行循环后面的语句。

(2) 循环控制变量

在上面的两个例子中,循环条件表达式的值会发生变化,是因为这两段程序给出的循环条件表达式中都有一个 int 型的变量 i,因为 i 的值发生了变化,进而影响到循环条件表达式的值,最终影响到循环结构的执行。这两个例子中的 int 型变量 i 实际上控制了循环结构的运行,我们称之为"循环控制变量"。

在例 5-2 中,定义变量 i 的时候就给出了初值 0,同样在例 5-3 中循环结构前定义变量 i 的时候也给出了初值 1。通常情况下,在一个循环开始前都要对循环控制变量进行赋值。

在使用 while 循环结构的时候,循环控制变量赋初值并不属于循环结构的一部分,而是另外一条独立的语句。

在 C 语言程序设计中,通常情况下只有循环控制变量使用单字母变量名的方式命名,通常使用的变量名是 i、j、k 等。

(3) 循环体

在不少实际问题中有许多具有规律性的重复操作,因此在程序中就需要重复执行某些语句。一组被重复执行的语句称为循环体。在上面的例子中,while 下面都紧跟一个用花括号包围的复合语句,这个复合语句中的内容就是 while 循环的循环体。

在 C 语言中,无论什么形式的循环结构,都规定循环体只能是一条语句,但通常情况下循环体里都有多条语句,所以我们常看到的循环结构中都是用带有一对花括号的复合语句作为循环体。

按照在第 4 章提出的"按照程序结构读程序"的概念,将 while(表达式)和它后面的循环体合在一起构成了一个 while 循环结构,这个循环结构从语法逻辑上应该看做是 C 语言的一条语句。

(4) 循环控制变量的修正

查看例 5-2 和例 5-3 的循环体,在这两个循环体中,都有 i++这条语句。变量 i 在这两个程序中都是循环控制变量,通过在循环体中修改循环控制变量的取值,循环条件表达式的值才有可能会改变。

通常情况下,在循环结构中一定有与修改循环控制变量相关的操作,否则就有可能造成循环条件表达式的值不发生变化,无法退出循环操作,这种情况我们称为"死循环"。在一个算法中如果出现死循环,就违反了算法设计中"不能有执行不完的语句"的要求。

想一想如果删除了上面程序的循环体中的 i++语句,程序运行状态会有什么改变呢?

5.2 do-while 语句

例 5-4 编写程序,从键盘输入一个正整数 n,然后输出由"*"号组成的 n 行 5 列的图形。

```
#include <stdio.h>
main()
```

```
{
    int i,nHangShu;
    printf("Qing ShuRu HangShu: ");
    scanf(" %d",&nHangShu);
    printf("\n");
    i = 0;
    do{
        printf("*****\n");
        i++;
    }while(i<nHangShu);
}
```

程序运行的结果是：

```
Qing ShuRu HangShu:5<CR>
*****
*****
*****
*****
*****
```

例 5-4 的流程图如图 5-5 所示。

与例 5-2 不同，在例 5-4 中用 do-while 循环语句解决例 5-2 的问题。

从流程图中可以看到，在 do-while 循环结构中，首先执行一次循环体语句，然后开始测试循环条件，当条件为'真'时继续循环的处理过程。

do-while 语句的形式如下：

```
do{
    S;
}while(e);
```

do-while 的循环结构流程图如图 5-6 所示。

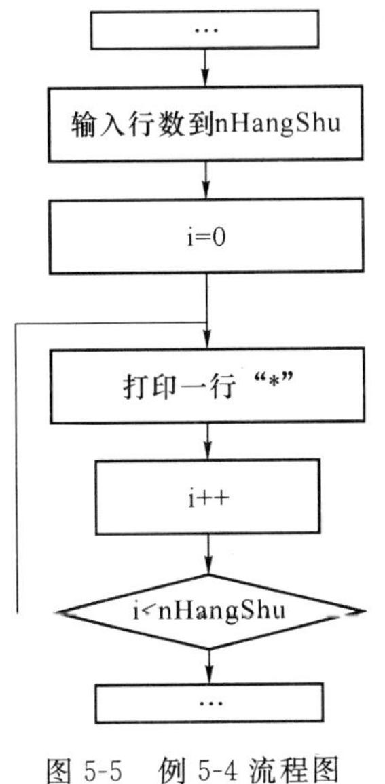

图 5-5 例 5-4 流程图

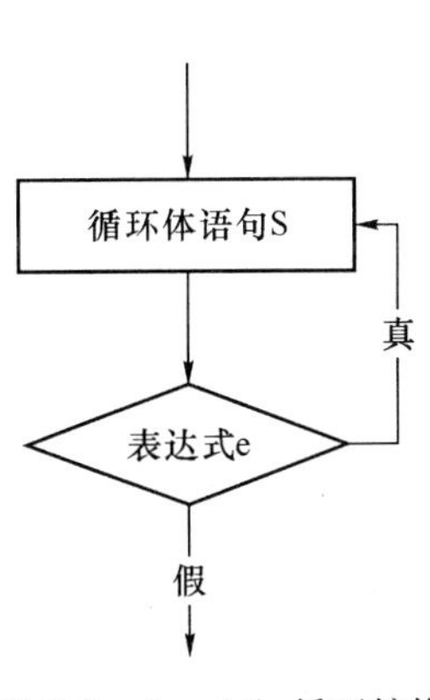

图 5-6 do-while 循环结构

和 while 语句类似，在 do-while 循环结构中 e 是用于指定循环条件的表达式；S 可以是单个语句、空语句或复合语句(程序块)，又叫循环体。

【规则】 do-while 结构的表达式的后面必须有分号(;)。

从流程图上看出 do-while 语句的执行过程如下：

(1) 执行循环体语句 S；

(2) 计算表达式 e 的值；

(3) e 取值非 0(即为真)时，返回步骤(1)；

(4) e 取值为 0(即为假)时，结束循环(跳出循环体)，继续执行 do-while 循环语句后的语句。

和 while 循环结构相比，do-while 循环结构的特点是：循环的次数不能确定，需要根据循环条件(表达式的值)来判定需要循环的次数。于是首先执行循环体语句，然后判断循环条件，因此即使循环条件不满足，循环体也至少被执行一次。

do-while 语句与 while 语句有很大的相似之处。但是，while 语句是先计算并判断表达式的值：若其值为非 0(真)，则执行循环体；若其值为 0(假)，则退出循环，因此，如果初始时判断表达式的值为 0(假)，则一次循环体也不执行就退出循环了。而 do-while 语句则首先执行循环体，然后再计算并判断表达式的值，因此，do-while 语句至少要执行一次循环体。这是 do-while 语句与 while 语句的本质区别。

在使用 do-while 进行循环时，应牢记：程序循环与否取决于循环条件判断表达式值的真与假，真循环，假不循环。

【提示】 以下是在使用 do-while 语句时一些要注意的问题：

(1) while(e)之后的分号不要忘写；

(2) 不管循环体是否为单一语句，习惯上都用花括号把它括起来；

(3) while(e)最好直接写在“}”的后面，以免把 while(e)部分误认为一个新的 while 循环的开始；

(4) 其余事项与 while 语句相同。

请在例 5-4 中找到循环控制变量、循环条件表达式、循环体和循环控制变量的修正代码。

例 5-5 编写程序，用 do-while 循环结构计算例 5-3 的问题。

```
#include <stdio.h>
main()
{
    long lNongMinMeiRi = 10000 * 100;
    long lDiZhuMeiRi = 1;
    long lNongMinZongShu = lNongMinMeiRi * 30;
    long lDiZhuZongShu = 0;
    int i = 1;
    double dJieGuo;
    do
```

```
    {
        lDiZhuZongShu += lDiZhuMeiRi;
        lDiZhuMeiRi *= 2;
        i++;
    } while(i<=30);
    dJieGuo = (lDiZhuZongShu - lNongMinZongShu) / 100.0;
    if(dJieGuo>0)
        printf("NongMin ZhengLe %.2f Yuan.\n",dJieGuo);
    else
        printf("DiZhu ZhengLe %.2f Yuan.\n", -dJieGuo);
}
```

程序运行的结果是：

```
Qing ShuRu HangShu:5<CR>
NongMin ZhengLe 10437418.23 Yuan.
```

例 5-5 利用 do-while 循环语句解决例 5-3 所提出的问题。可以看到，程序的输出结果与例 5-3 是一致的。例 5-5 的流程图如图 5-7 所示。

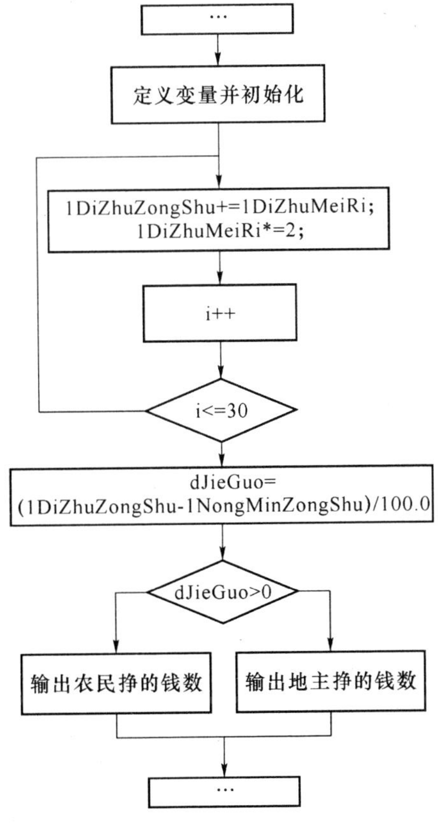

图 5-7　例 5-5 流程图

5.3 for 循环语句

1. for 循环结构

例 5-6 编写程序,从键盘输入一个正整数 n,然后输出由"*"号组成的 n 行 5 列的图形。

```
#include <stdio.h>
main()
{
    int i;
    int nHangShu;
    printf("Qing ShuRu HangShu: ");
    scanf("%d",&nHangShu);
    printf("\n");
    for(i=0; i<nHangShu; i++)
        printf("*****\n");
}
```

程序运行的结果是:

```
Qing ShuRu HangShu:5<CR>
*****
*****
*****
*****
*****
```

例 5-6 的流程图如图 5-8 所示。

在例 5-6 利用 for 语句求解例 5-2 所提出的问题。for 语句是循环控制结构中使用最广泛的一种循环控制语句。其功能是将某段程序代码反复执行若干次,特别适合已知循环次数的情况。

从例 5-6 可见,for 语句是一种比 while 语句、do-while 语句功能更强而且更加灵活的循环结构。for 语句的形式如下:

```
for(e1; e2; e3)
{
    S;
}
```

for 循环结构如图 5-9 所示。

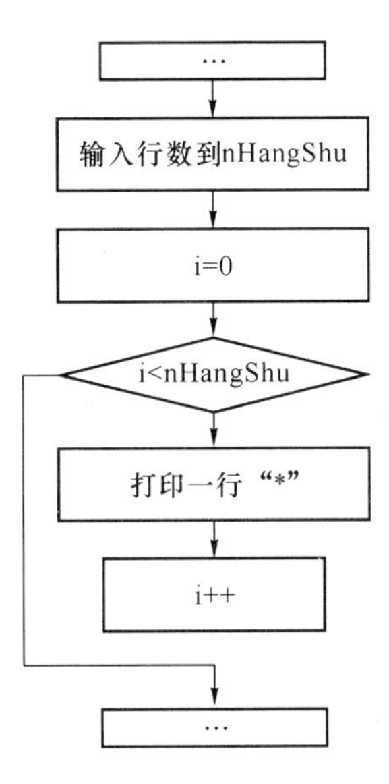

图 5-8 例 5-6 流程图

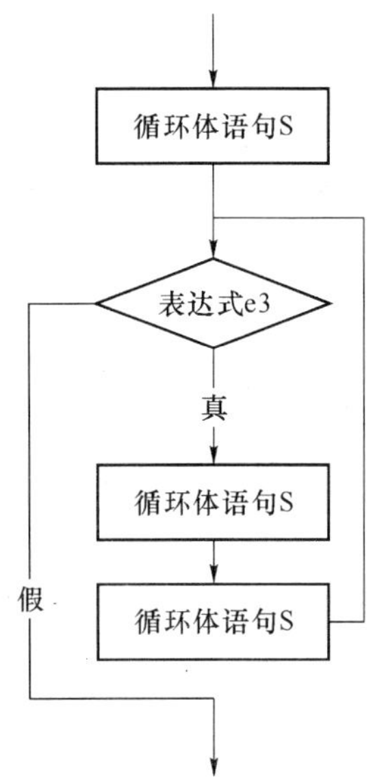

图 5-9 for 循环结构

在 for 循环结构中，e1、e2、e3 均为表达式。

- e1：初值表达式，用于进入循环之前给某些变量赋初值。
- e2：循环条件表达式，用于指定循环条件。一般为关系表达式或逻辑表达式。
- e3：修改表达式，用于对循环变量的运算。

S 可以是单条语句、空语句或复合语句(程序块)，又叫循环体。

对照流程图可以看到 for 语句的执行过程：

(1) 计算表达式 e1；

(2) 计算表达式 e2 并判断其值，若为非 0(真)，则转至步骤(3)；若为 0(假)，则结束循环；

(3) 执行循环体 S；

(4) 计算表达式 e3；

(5) 跳转至(2)重复执行。

对比例 5-2 和例 5-6 的程序流程图，会发现它们是完全相同的。对比两段代码，比较一下它们的不同之处。

(1) 在例 5-2 中，给循环控制变量 i 赋初值的语句不属于 while 循环结构，是在该循环结构前面的一条独立的语句；在例 5-6 中，给循环控制变量 i 赋初值的语句属于循环结构的一部分(表达式 1)。

(2) 在例 5-2 中，循环控制变量修正的语句 i＋＋属于循环体的一部分，所以在例 5-2 的循环体里有 2 条语句，要用一对花括号把它们变成一条复合语句；在例 5-6 中，循环控制变量修正的语句 i＋＋属于循环结构的一部分(表达式 3)，因此在例 5-6 的循环体里只有一条语句。

与其他两种循环形式相比,for 循环结构有它自己的特点。

(1) for 语句很好地体现了正确表达循环结构应注意的三个问题:循环控制变量的初始化、循环控制的条件以及循环控制变量的更新。

(2) 循环开始前就可以确定循环次数的循环使用 for 循环结构比较方便,对于事先难以确定循环次数的循环用此语句有时不方便。

(3) for 循环结构里的 3 个表达式的具体形式没有要求。如果使用逗号表达式可能会带来更多的变化。

例 5-7 编写程序,用 for 循环结构求解例 5-3 的问题。流程图如图 5-10 所示。

```
#include <stdio.h>
main()
{
    long lNongMinMeiRi = 10000 * 100;
    long lDiZhuMeiRi = 1;
    long lNongMinZongShu = lNongMinMeiRi * 30;
    long lDiZhuZongShu = 0;
    double dJieGuo;
    int i;
    for(i = 1; i <= 30; i++)
    {
        lDiZhuZongShu += lDiZhuMeiRi;
        lDiZhuMeiRi *= 2;
    }
    dJieGuo = (lDiZhuZongShu - lNongMinZongShu) / 100.0;
    if(dJieGuo>0)
        printf("NongMin ZhengLe %.2f Yuan.\n",dJieGuo);
    else
        printf("DiZhu ZhengLe %.2f Yuan.\n", -dJieGuo);
}
```

程序运行的结果是:

```
Qing ShuRu HangShu:5<CR>
NongMin ZhengLe 10437418.23 Yuan.
```

由此可见,对于相同的问题,不论采用何种循环语句进行处理,程序的运行结果都是不变的。

2. for 循环的不同形式

在 C 语言的 for 循环结构中,没有要求 3 个表达式都要存在,可以省略部分或全部的表达式,但各表达式之间的分号不能省略。省略表达式后的 for 循环常见的有以下几种形式。

(1) 省略表达式 1,形式为:

```
e1;
for(; e2; e3)
{
    ...
}
```

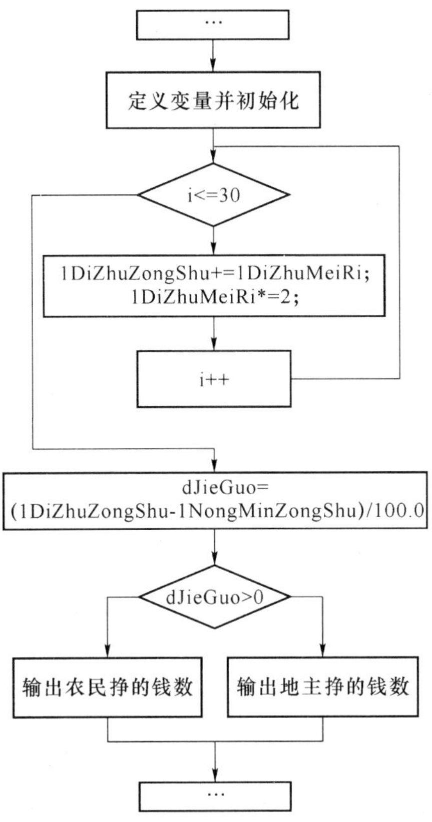

图 5-10 例 5-7 流程图

例如，在例 5-6 中的 for 循环部分也可表示为：

```
int i = 0;/ * 初始化循环控制变量 * /
    for(; i<n; i++ )/ * 循环体 * /
    {
        printf("* * * * *\n");/ * 输出 1 行 5 列的" * "号 * /
}
```

(2) 省略表达式 3，形式为：

```
for(e1; e2;)
{
    …
    e3;
    …
}
```

这种情况下循环体内一定要有使循环趋于结束或能中止循环的条件或语句。在书写的时候注意：虽然 e3 可以省略，但是 e2 后面的分号“;”不能省略。例如，在例 5-6 中的 for 语句也可表示为：

```
int i;                              / * 定义循环控制变量 * /
for(i = 0; i<n; )                   / * 循环体 * /
{
```

```
        printf("*****\n");          /*输出1行5列的"*"号*/
        i++;                        /*这就是循环趋于结束的语句*/
}
```

(3) 省略表达式2,形式为:

```
for(e1; ; e3)
{
    …
}
```

此时,e2为空表达式,被认为是始终为非0(真),此时如果循环体内没有break等能够退出循环的语句,否则将成为死循环;关于break语句的内容将在下一节中介绍。

(4) 三个表达式都省略,形式为:

```
e1;
for(; ;)
{
    …
}
```

与情况(3)一样,此时如果循环体内没有break等能够退出循环的语句,循环就将成为死循环。

5.4 三种循环语句的比较

循环的本质就是指在循环条件为"真"时反复执行的一组指令。C语言采用三种语句格式,实现两种循环方式:计数式循环和标记式循环。

计数式循环用于处理准确知道循环执行次数的循环过程,又将计数式循环称为"定数循环"。

在计数式循环过程中,循环控制变量用来计算循环的次数。控制变量的值在每次执行完循环体语句后都要发生变化,递增或递减,当循环控制变量的值经改变后达到了预定的循环次数,循环体将被终止并执行循环结构后面的语句。

标记式循环用于处理循环次数未知的循环过程。所以也将其称为"不定数循环"。

在标记式循环过程中,由于事先不知道准确的循环次数,需要在循环体中包含每次循环都要获取数据的语句,以期望在某次的数据输入后因不满足循环继续的条件而终止循环过程,这个确保退出循环的数据被称为标记值,标记值应该是在输入了所有合法的数据后提供给程序的值,因此标记值必须不同于正常的数据项。

从前面几节的例子中我们可以看出,我们分别使用了三种循环语句来处理同一问题,而且三种算法下问题的解都是一样的。这三种循环语句具有以下特点。

(1) while、do-while循环一般采用标志式循环(循环次数未知),for循环采用的大多数为计数式循环(循环次数已知)。

(2) C语言的三种循环语句可以用来处理同一问题,而且在一般情况下可以互换,但是功能和灵活程度不同。for语句功能最强,最灵活,使用最多。任何循环都可以用for语句来实现;其次是while语句;do-while语句用得最少。

(3) while和do-while的循环变量初始化是在循环语句之前完成,而for语句循环变量赋初值可以在 for 语句中的 e1 表达式中实现，也可以在 for 语句之前完成。

(4) for 循环语句中的第一个和第三个表达式(e1,e3)可以是逗号表达式，它扩充了 for 语句的作用范围，使它有可能同时对若干参数(如循环变量、重复计算数等)进行初始化和修正等。

(5) for 和 while 循环语句时先判断循环条件，后执行循环体；而 do-while 循环语句则是先执行一次循环体，然后再判断循环条件。因此，后者不管什么情况，都至少执行一次循环体。

编译运行例 5-2 和例 5-4 进行对比。我们分别将两个程序的初始值设为 0，可以看到 5-2 运行后并没有"*"号输出，但是例 5-4 则输出了一行"* * * * *"。在运行时，例 5-2 先判断循环条件 i<n 是否成立，根据输入，i=n=0，因此表达式 i<n 的值为 0，循环不被执行；而对于例 5-4 而言，执行时先执行一次循环体，然后再判断循环条件 i<n 是否成立，由于循环体被执行一次，i=1，n=0，显然表达式 i<n 的值为 0，因此循环体不被运行，程序结束。

一般情况下，在循环体相同且初始循环条件为非 0(真)的情况下，while 和 do-while 处理同一个问题的结果都是一致的，但如果初始循环条件就为 0(假)的话，两种循环的结果是不一样的。

对同一个问题，往往既可以用 while 语句解决，也可以用 do-while 语句或 for 语句来解决，三种循环语句格式之间可以相互转化。但在实际应用中，通常根据具体情况来选用不同的循环语句，选用的一般原则是：

(1) 如果循环次数在执行循环体之前就已确定，一般用 for 语句；如果循环次数是由循环体的执行情况来确定，则采用 while 语句或 do-while 语句。

(2) 当循环体至少要执行一次时，采用 do-while 语句；反之如果循环体可能一次也不执行，则选用 while 或 for 语句。

5.5 循环嵌套

在一个循环的循环体内又包含另一个循环，称之为循环的嵌套；被嵌入的循环还可以嵌套循环，称为多重循环。

循环嵌套的原则：循环相互嵌套时，被嵌套的一定是一个完整的循环结构，即两个循环结构只能包含，不能相互交叉。

C 语言的三种循环语句，即 while、do-while、for 都可以相互嵌套，自由组合。内层的循环在外层循环的每一次迭代中都将执行它的所有周期。例如，外层循环变量为 i，范围为 1～9；内层循环变量为 j；范围为 1～9；那么循环过程是这样的：当 i 为 1 时，j 从 1 到 9 循环一次，内循环结束后，外循环的循环变量增为 2，此时内层循环的循环变量 j 再从 1 到 9 循环，以此类推，一直到不满足循环条件才能终止。

例 5-8 从键盘输入 m、n 两个数，输出由"*"号组成的 m 行 n 列的图形。

```
#include <stdio.h>
main()
{
    int i,j;
    int nHangShu,nLieShu;
    printf("Qing ShuRu HangShu He LieShu: ");
    scanf("%d,%d",&nHangShu,&nLieShu);
```

```
    for(i = 0; i<nHangShu; i++){
        printf("\n");
        for(j = 0; j<nLieShu; j++)
            printf("*");
        }
}
```

程序运行的结果是:

```
Qing ShuRu HangShu:2,6<CR>
******
******
```

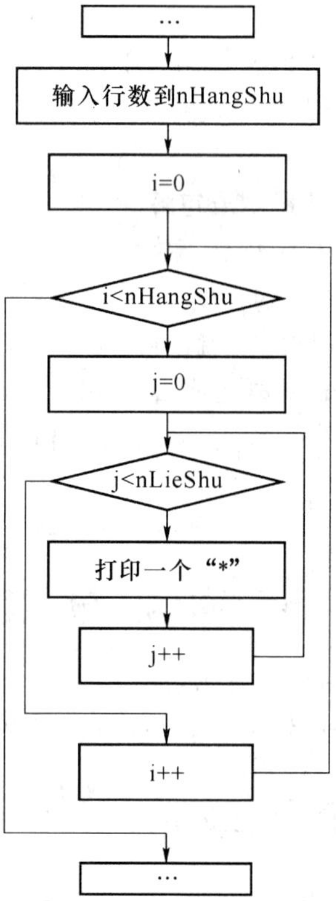

图 5-11　例 5-8 流程图

在例 5-8 中,可以看到 2 个循环结构,外层是循环控制变量是 i 的循环(后面简称为"i 循环"),它的循环体由 2 条语句组成,其中一条语句又是一个循环结构,这就是循环结构的嵌套。因为这段代码中有 2 个循环结构进行嵌套,我们又称之为"二重循环"。例 5-8 流程图如图 5-11 所示。

根据前面所学习的内容,我们知道三种循环一般情况下是可以互换的,这样可以将上面的 for-for 嵌套程序改写,用 for-while 和 for 与 do-while 进行循环嵌套,具体程序如下。

例 5-9　编写程序,从键盘输入正整数 m、n,然后输出由"*"号组成的 m×n 的图形。

方法一:

```
#include <stdio.h>
main()
{
```

```
    int i,j;
    int nHangShu,nLieShu;
    printf("Qing ShuRu HangShu He LieShu: ");
    scanf("%d,%d",&nHangShu,&nLieShu);
    for(i=0; i<nHangShu; i++){
        printf("\n");
        j=0;
        while(j<nLieShu)
        {
            printf("*");
            j++;
        }
    }
}
```

程序运行的结果是：

```
Qing ShuRu HangShu:2,6<CR>
******
******
```

方法二：

```
#include <stdio.h>
main()
{
    int i,j;
    int nHangShu,nLieShu;
    printf("Qing ShuRu HangShu He LieShu: ");
    scanf("%d,%d",&nHangShu,&nLieShu);
    for(i=0; i<nHangShu; i++)
    {
        printf("\n");
        j=0;
        do
        {
            printf("*");
            j++;
        }while(j<nLieShu);
    }
}
```

程序运行的结果是：

```
Qing ShuRu HangShu:2,6<CR>
******
******
```

对比上面两段代码，可以看到如果内层循环是 while 循环或 do-while 循环结构，外层的 i 循环的循环体语句就变成了 3 条语句，包括了内层循环变量赋初值的语句，这样才能保证内层循环结构的完整性。

【思考】 如果将例5-9中两段程序的j=0的语句写在i循环的外面,程序运行结果会有什么变化?为什么?

在C语言中允许三种循环语句while、do-while、for互相嵌套,自由组合。外层循环体中可以包含一个或多个内层循环结构,但要注意的是,各循环必须完整包含,相互之间绝对不允许有交叉现象。为了让循环结构在书写的时候比较清晰,建议每一层循环的循环体都应该用{}括起来。

【提示】 循环嵌套的书写应该采用右缩进格式书写,以体现循环层次的关系。同时太多的嵌套结构会使程序难以读懂,通常情况下要力图避免超过三层的循环结构。

5.6 break和continue语句

从上面的例子可以看出,在C语言的三种不同循环结构中都是根据循环判断表达式为0(假)来控制循环结束,这种结束是正规结束。如果循环条件表达式的值不能为0,那么就不可能结束循环,也就是进入了“死循环”。

让我们再看一下上面的例子中的循环体语句,这些循环结构的循环体可能是一条语句,也可能是用一对花括号包围的语句块,但在程序运行的过程中,循环体中的所有语句都是得到执行的。

在实际应用中,执行循环结构时可能还需要在循环的中途退出循环,这是一种非正规的循环退出,可以用break语句实现;除了在循环体中用if选择结构来实现在一次循环执行的过程中只执行部分循环体语句外,还可以用continue语句实现只执行部分循环体语句的功能。

1. break语句

在switch结构中已经介绍过break语句:break语句可以终止switch结构的执行,转去执行switch结构后面的语句。另外break语句还可以用于for循环、while循环和do-while循环结构中,若break语句处在一个循环体中,则执行它时退出所在的程序,即结束当前层的循环,转向它们之后的语句去执行,如图5-12所示。

【规则5-2】 在C语言中,break语句只能用于for、while、do-while和switch结构中,不能用于其他语句。

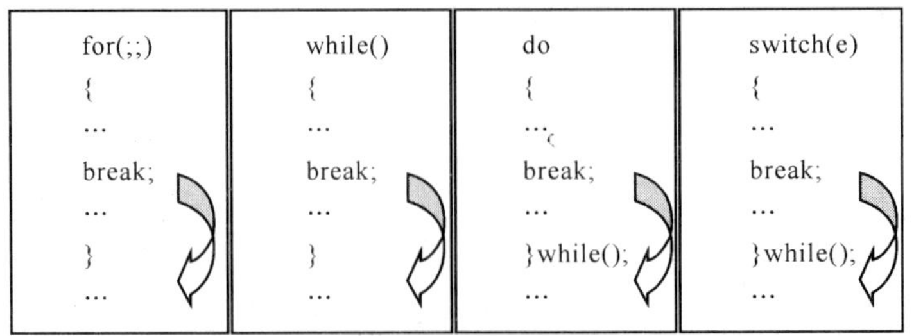

图5-12 各种循环语句和switch语句执行break之后的程序流程

例5-10 实现一个简单的密码输入界面,提示输入密码,输入错误后屏幕提示继续输入,直到输入正确的密码后程序才结束。

```
#include <stdio.h>
main()
{
    int nMiMa = 9876;
    int nShuRu;
    while (1)
    {
        printf("Qing ShuRu YiGe SiWeiShuZi De MiMa:");
        scanf("%d",&nShuRu);
        if (nShuRu == nMiMa)
            break;
        printf("Nin ShuRu De %d BuShi MiMa. Qing ChonXin ShuRu! \n",nShuRu);
    }
    printf("Nin ShuRu De MiMa ZhengQue: %d! \n",nShuRu);
}
```

程序运行的结果是：

```
Please input a 4-digit password:1234
The number 1234 you had input is a wrong password!
Please input a 4-digit password:6789
The number 6789 you had input is a wrong password!
Please input a 4-digit password:9876
The number 9876 you had input is the correct password!
```

例 5-10 的流程图如图 5-13 所示。

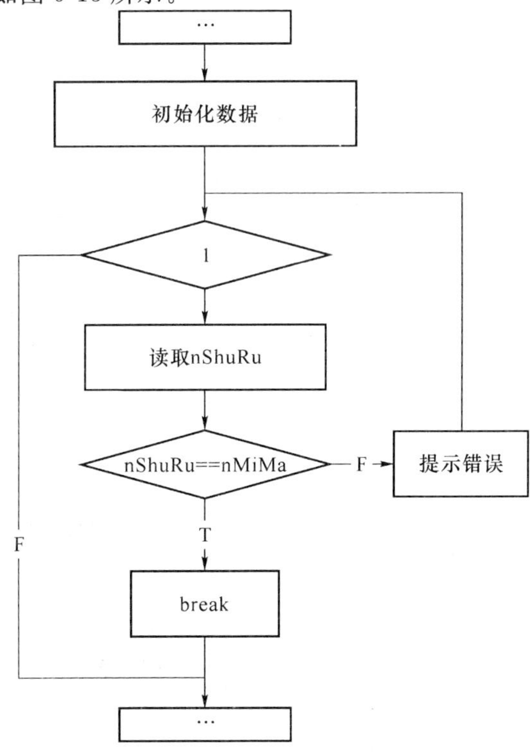

图 5-13 例 5-10 流程图

首先要看到例 5-10 中使用了 while 循环结构,但这个循环结构和我们前面看到的 while 循环结构还是有所区别的。

(1) 循环条件表达式

在例 5-10 中,循环条件表达式是一个整型常数,按照我们在上一章中提到的逻辑量“0 为假,非假即真”的判断规则,这个循环条件表达式始终为“真”,也就是循环体要一直执行下去,该循环是无法终止的,就是我们提到的“死循环”。

(2) 循环控制变量

例 5-10 的另外一个最大特点就是没有循环控制变量。因为没有循环控制变量,所以程序中没有循环控制变量初始化的语句和循环控制变量修正的语句。

对照该程序的流程图我们可以看到,虽然循环条件表达式上标记为“F”的支路始终无法执行到,仅仅是流程图上标记出的一条支路而已,但该循环中仍然有另外一条支路可以退出循环,就是标记为“break”的支路,所以这个循环结构仍然有结束的可能的,不是一个“死循环”。

例 5-11 编程求出 2～100 的素数。

```
#include <stdio.h>
main()
{
    int i,k;
    for (k = 3; k<100; k++){
        for (i = 2; i<k; i++){
            if (0 == k % i)
                break;
        }
        if (i == k)
            printf("%d,",k);
    }
}
```

程序运行的结果是:

3,5,7,11,13,17,19,23,29,31,37,41,43,47,53,59,61,67,71,73,79,83,89,97.

例 5-11 的流程图如图 5-14 所示。

例 5-11 是一个循环结构嵌套的程序,在一个 for 循环结构中,嵌套了另外一个 for 循环结构。我们先分析一下内层的 for 循环结构(因为这个循环的循环控制变量是 i,为了表述方便,我们简称为“i 循环”)的执行情况。

从流程图中可以看出:i 循环结构有两个退出循环结构的支路。一个退出循环的支路在循环条件表达式“i<k”处,如果这个表达式不成立,该表达式的值为 0,它的逻辑值为“假”,循环终止;另外一个退出循环的支路在 i 循环的循环体内,如果 i 循环的循环体中的选择结构成立,则执行 break 语句,同样可以退出 i 循环。

如果 i 循环从 break 退出的前提条件是表达式 0==k % i 的值为非 0,也就是说发生了变量 k 被变量 i 整除的情况,那么说明 k 不是素数;如果 i 循环从判断循环条件表达式的时候退出,则说明从来没有发生过变量 k 被变量 i 整除的情况,那么说明 k 是素数。

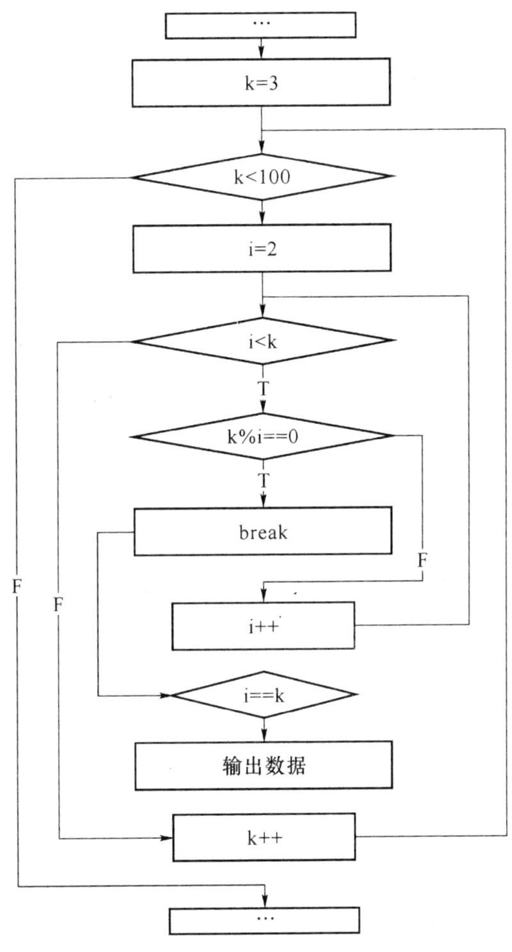

图 5-14 例 5-11 流程图

再看一下外层循环(k 循环)的情况,在这个循环的循环体内有 2 条语句,第一条语句就是 i 循环结构,另外一条语句是一个 if 选择结构。在上面已经解释了 i 循环有 2 个退出点的问题,当 i 循环从 break 退出时,变量 i 的值一定小于变量 k 的值,而 i 循环从循环条件表达式退出时,变量 i 的值一定等于变量 k 的值。这时可以看出,k 循环体中的选择结构用于判断 i 循环的退出点,如果 i 循环是从循环条件表达式退出,则输出变量 k 中的值是个素数的信息。

break 语句只能出现在循环结构和 switch 多分支结构中,退出循环结构和多分支结构。当 break 语句处于嵌套结构中时,将只能跳出 break 语句所在层结构,对外层结构没有影响。

2. continue 语句

continue 语句仅适用于 for、while 和 do-while 语句，不能用于 switch 及其他语句中。continue 语句的作用是结束当前的循环转向下一次循环条件的判断。如果循环条件的判断结果为真，则继续循环，否则结束循环。

【提示】 在使用 continue 语句时，应清楚结束本次循环后程序控制将跳转到什么地方。

例 5-12 中国古代数学家张丘建在他的《算经》中提出了著名的“百钱买百鸡问题”：鸡翁一，值钱五，鸡母一，值钱三，鸡雏三，值钱一，百钱买百鸡，问翁、母、雏各几何？

分析：设鸡翁、鸡母、鸡雏的个数分别为 nGongji，nMuji，nXiaoji，题意给定共 100 钱要买百鸡，若全买公鸡最多买 20 只，显然 nGongji 的值在 0～20；同理，nMuji 的取值范围在 0～33，可得到下面的不定方程：

$$5 \times nGongji + 3 \times nMuji + nXiaoji/3 = 100$$

$$nGongji + nMuji + nXiaoji = 100$$

所以此问题可归结为求这个不定方程的整数解。

```
#include <stdio.h>
main()
{
    int nGongji,nMuji,nXiaoji,i = 0;
    for(nGongji = 0; nGongji<= 20; nGongji++)
        for(nMuji = 0; nMuji<= 33; nMuji++) {
            nXiaoji = 100 - nGongji - nMuji;
            if((nXiaoji % 3) != 0 || (5 * nGongji + 3 * nMuji + nXiaoji / 3.) != 100)
                continue;
            printf("%2d:GongJi = %2d MuJi = %2d XiaoJi = %2d\n", ++i,nGongji,nMuji,nXiaoji);
        }
}
```

程序运行的结果是：

```
1:GongJi = 0 MuJi = 25 XiaoJi = 75
2:GongJi = 4 MuJi = 18 XiaoJi = 78
3:GongJi = 8 MuJi = 11 XiaoJi = 81
4:GongJi = 12 MuJi = 4 XiaoJi = 84
```

从例 5-12 可以看出，由程序设计实现不定方程的求解与手工计算不同。在分析确定方程中未知数变化范围的前提下，可通过对未知数可变范围的穷举，验证方程在什么情况下成立，从而得到相应的解。

这个程序也是一段有循环嵌套的代码，外层循环的循环体只有一条语句，就是内层循环结构，但内层循环结构的循环体里有 3 条语句。其中第二条语句是一个 if 选择结构，如果 if 结构中的表达式的值为非 0，那么程序将运行 if 选择结构支路上的 continue 语句。流程图如图 5-15 所示。从流程图上可以看到，执行 continue 语句后，程序转向执行 for 循环结构中的表达式 3 所在的语句，在 continue 语句后面的所有循环体语句都不再执行了。

在循环体的任何位置，当执行到 continue 语句时，程序被强迫跳过循环体剩余语句的执行而直接返回循环的开头重新进行循环条件的判断，根据判断的结果决定是否继续执行循环。既一旦执行了 continue 语句，程序就会跳过循环体中位于该 continue 语句后面的所有语句，提前结束本次循环周期并开始新的一轮循环。

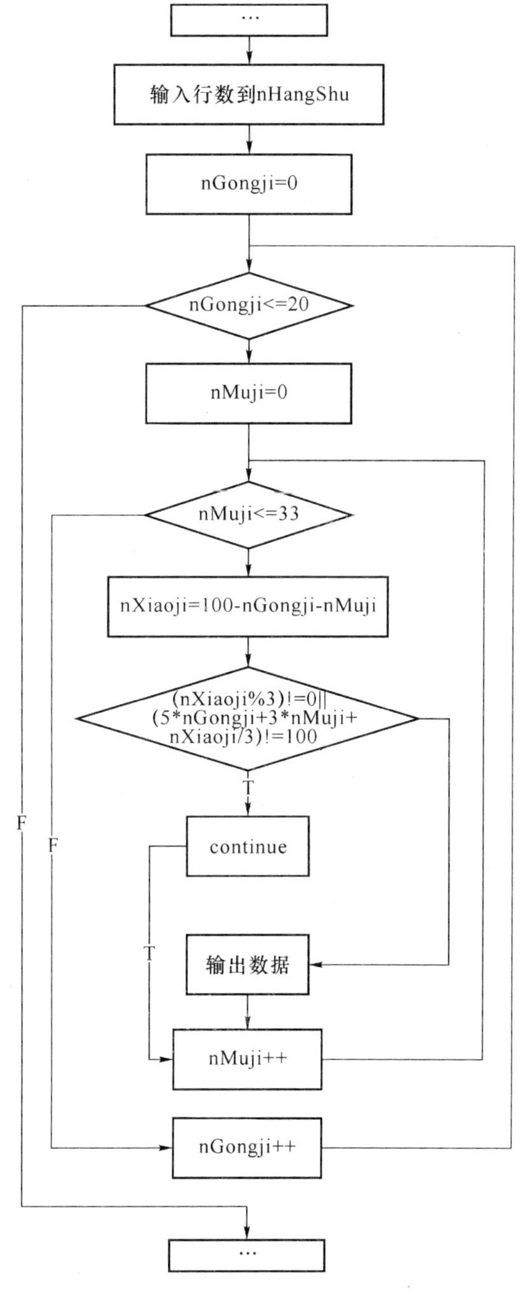

图 5-15　例 5-12 流程图

【提示】 在循环体中,continue 语句通常与 if 语句配合使用。

3. break 和 continue 的对比

对比例 5-11 和例 5-12 的流程图,可以看出 continue 语句和 break 语句的区别。

(1) continue 语句只能出现在循环结构中,不执行循环体中的后续语句,返回循环的开头进行新的循环处理,只能结束本次循环。continue 语句仅仅影响该语句本身所处的循环层,对外层循环没有影响。

(2) break 语句只能出现在循环结构和 switch 多分支结构中,退出循环结构和多分支结构。当 break 语句处于嵌套结构中时,将只能跳出 break 语句所在层结构,对外层结构没有影响。

【规则 5-3】 在 while 和 do-while 结构中,执行 continue 语句后立即测试循环继续条件,在 for 结构中执行 continue 语句后计算递增表达式,然后测试继续循环的条件。

5.7 goto 语句

goto 语句是一个无条件分支语句,它的功能是将程序转移到指定的位置继续执行。格式为:

goto 语句标号;

语句标号是一个标识符,它表示程序的一个特定位置。

语句标号被定义在某个执行语句的前面,可以和执行语句处在同一行,也可以单独成行,处在该执行语句的上一行,被定义的语句标号以冒号结尾。它和其所标示的语句之间可有一个或多个空格,不许出现其他字符。它表示出 goto 语句在程序中跳转的位置。

语句标号只能在 goto 语句中引用,其余地方不能引用。goto 语句的使用范围仅局限于函数内部,不能将控制从一个函数的某点转到另一函数的某个位置。goto 语句在程序中的应用是实现控制程序从多重循环内部退出。

例 5-13 阅读下面的示例代码。

```
#include <stdio.h>
main()
{
    int n = 1;
    while(1)
    {
        ...
        if(20 == n)
            goto all_done;
        else
            n++;
```

```
    }
all_done:
    ...
}
```

从循环结构上看，例 5-13 给出的 while 循环是一个“死循环”，因为它的循环条件表达式的取值始终为“真”。在该循环的循环体中，有 goto all_done 的语句，当程序执行到该语句的时候，将会无条件跳转到标号为 all_done 的语句，结束了 while 循环的执行。

注意：在结构化程序设计中，不提倡使用 goto 语句，因为 goto 语句的自由分支会使程序的基本结构受到破坏，从而降低了程序的可读性和可维护性。但是某些特定情况下，使用 goto 语句为程序设计带来了方便和提高了程序的执行效率，因此应当合理、有节制地使用它。

5.8 程序实例和分析

例 5-14 从键盘输入一系列整数，要求每输入一个数后屏幕上即显示已经输入数字的个数和其中负数的个数，并计算所有已输入正数的和，如果输入的数字为 0，则在屏幕上打印 sum 的数值后结束程序。

```
#include <stdio.h>
main()
{
    int nZongGeShu = 0,nFuShuGeShu = 0,nZhengShuHe = 0;
    int nShuRu;
    while (1){
        printf("YiJing ShuRu %d Ge Shu,QiZhong %d Ge FuShu.\n",nZongGeShu,nFuShuGeShu);
        printf("Qing ShuRu YiGe ZhengShu:");
        scanf("%d",&nShuRu);
        nZongGeShu++;
        if (nShuRu>0){
            nZhengShuHe += nShuRu;
            printf("ShuRu YiGe ZhengShu! \n");
            continue;
        }
        if ( nShuRu<0){
            nFuShuGeShu++;
            printf("ShuRu YiGe FuShu! \n");
            continue;
        }
```

```
            printf("Nin ShuRu ShuZi 0! \n");
            break;
        }
        printf("SuoYou ZhengShuHe Shi %d\n",nZhengShuHe);
    }
```

例 5-15 做一个猜数字游戏:随机生成 1～100 的整数,从键盘输入猜测值,如果猜测值大于或小于所生成的随机数,同时给出提示"Tai Da"或"Tai Xiao";如果猜中或猜测次数超过 10 次,则给出正确答案以及猜测次数,并提示是否继续游戏。

```
#include <stdio.h>
#include <stdlib.h>
#include <time.h>
void main()
{
    char cShuRu;
    int i, nHuiDa,nSuiJiShu;
    srand(time(NULL));
    do{
        nSuiJiShu = rand() % 100 + 1;
        for (i = 0; i<10; i++){
            printf("Qing ShuRu YiGe ZhengShu:\n");
            scanf("%d",&nHuiDa);
            if (nHuiDa == nSuiJiShu)
                break;
            if (nHuiDa>nSuiJiShu){
                printf("Tai Da.\n");
                continue;
            }
            printf("Tai Xiao.\n");
        }
        printf("CiShu Shi %d\n",i++);
        printf("JiXu YouXi Ma? (Y/N)");
        cShuRu = getchar();
    } while(cShuRu != 'n' && cShuRu != 'N');
    printf("YouXi JieShu! \n");
}
```

例 5-15 的流程图如图 5-16 所示。

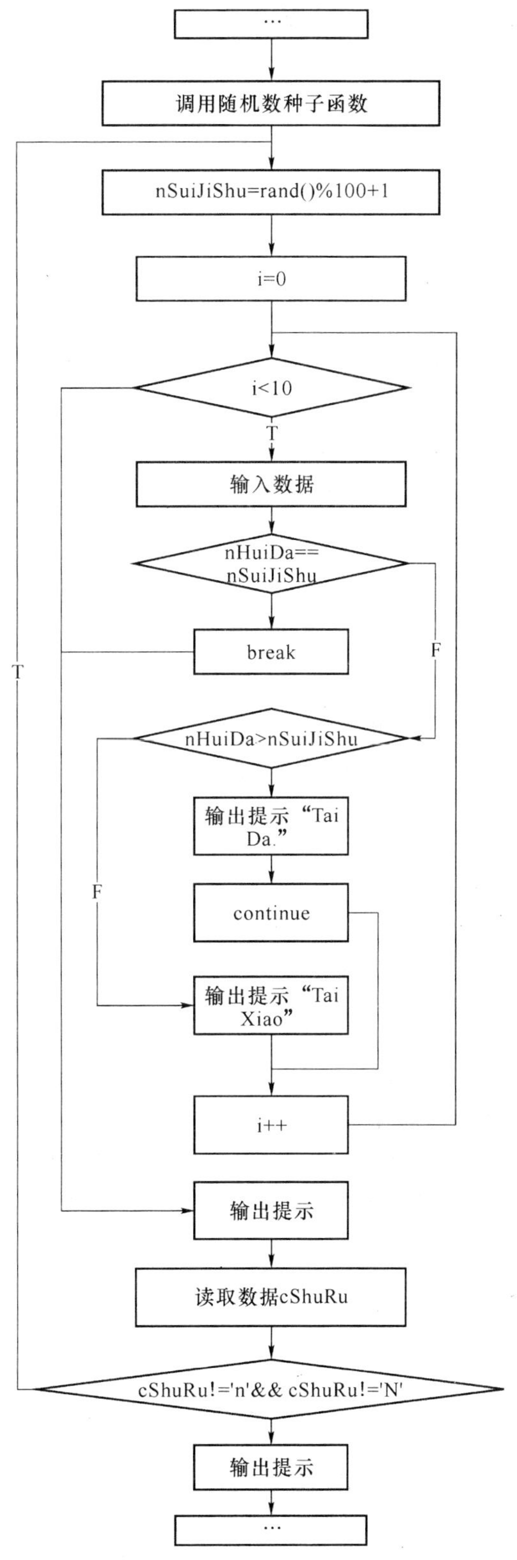

图 5-16 例 5-15 流程图

下面给出一个用C语言编程处理逻辑推理题的例子,请读者自己分析这个程序。

例 5-16 有A、B、C、D、E五人,每人额头上都贴着一张或黑或白的纸。五人对坐,每人都能看见别人的,但看不见自己的,而且黑的撒谎,白的诚实。

A说:"我看见有三个人的是白纸,一人是黑纸"。

B说:"我看见四个人的都是黑纸"。

C说:"我看见有一个人的是白纸,三个人是黑纸"。

D说:"我看见四个人的都是白纸"。

E什么也没有说。

分析:这是一道逻辑推理题,我们可以采用穷举法来解题,遍历所有可能的解,在每一组解下判断题给条件是否成立,如果成立,则该组解即为题解。

对于a而言有两种可能:他说的是真话或者他说的是假话。如果a说的是真话,那么a为1,且bcde的和为3,此时表达式a && (b+c+d+e==3)的值为真;如果a说的是假话,那么a为0,且bcde的和不为3,此时表达式! a && (b+c+d+e !=3)的值为真,对bcd也是如此。

```
#include <stdio.h>
#include <stdlib.h>
#include <time.h>
void main()
{
    /*设五个变量abcde,其值为1表示额头上为白纸,其值为0表示额头上为黑纸*/
    int a,b,c,d,e;
    /*对于A而言,他有两种取值可能*/
    for(a = 0;a< = 1;a ++)
        for(b = 0;b< = 1;b ++)
            for(c = 0;c< = 1;c ++)
                for(d = 0;d< = 1;d ++)
                    for(e = 0;e< = 1;e ++)
                        /*对于a而言有两种可能:他说的是真话或者他说的是假话。如果a说
的是真话,那么a为1,且bcde的和为3,此时表达式a && (b+c+d+e==3)的值为真;如果a说的是假话,
那么a为0,且bcde的和不为3,此时表达式! a && (b+c+d+e! =3)的值为真,对bcd也是如此*/
                        if((a && (b+c+d+e==3) || ! a && (b+c+d+e! =3))
                            && (b && (a+c+d+e==0) || ! b && (a+c+d+e! =0))
                            && (c && (a+b+d+e==1) || ! c && (a+b+d+e! =1))
                            && (d && (a+b+c+e==4) || ! d && (a+b+c+e! =4)))
                        {
                            /*如果此组解满足题给条件,那么它就是题目的解,将其输出*/
                            printf("A: %s\n",a ? "white" : "black");
                            printf("B: %s\n",b ? "white" : "black");
                            printf("C: %s\n",c ? "white" : "black");
                            printf("D: %s\n",d ? "white" : "black");
                            printf("E: %s\n",e ? "white" : "black");
                        }
}
```

第6章 函数的使用

【本章要点】

- 如何定义函数？如何调用函数？如何声明函数？
- 什么是“传值调用”？
- 变量都有哪些“存储类别”？
- 如何划分局部变量和全局变量？如何确定变量的作用域与生命期？

在数学课程中，我们曾经接触到了“函数”的概念，但这个“函数”概念和我们在程序设计中给出的“函数”的概念是完全不同的。

在编制程序的过程中，为了便于开发和管理程序，让多个人同时工作，提高编程效率，通常把一个大的程序划分为若干个模块，每个人只需要关注在自己的程序模块上，而不受其他人的干扰，当需要别的模块时，只需要知道那个模块的接口部分就可以使用了，而不需要知道那个模块实现细节。这种模块化的设计思想在C语言中是以函数来实现的。

6.1 编写一个简单的函数

例 6-1 打出如下的图形。

```
**********
Hello
**********
```

```
#include <stdio.h>
void main()
{
    printf("\n**********");
    printf("\n Hello! ");
    printf("\n**********");
}
```

程序运行的结果是：

```
**********
Hello
```

```
**********
```

在例 6-1 中,用 3 个 printf 语句完成了要求的功能。下面让我们再用另外一种方法完成这个程序。

例 6-2 打出如下的图形。

```
**********
Hello
**********
```

```
#include <stdio.h>
void ShuChuXiuShi (void)          /* ShuChuXiuShi 函数 */
{
     printf("\n**********");
}
void ShuChuWenZi (void)           /* ShuChuWenZi 函数 */
{
     printf("\n Hello! ");
}
void main()
{
     ShuChuXiuShi ( );            /* 调用 printstar 函数画"****" */
     ShuChuWenZi ( );             /* 调用 print _message 函数写字 */
     ShuChuXiuShi ( );            /* 再一次调用 printstar 函数画"****" */
}
```

程序运行的结果是:

```
**********
Hello
**********
```

在本书的开始,我们给出了向屏幕输出"Hello world!"的程序。上面给出的例 6-1 和例 6-2 的运行结果是相同的,但两个程序的内容却完全不同,下面从以下三个方面分析一下两个程序的区别。

1. 程序功能模块

在例 6-2 中,将程序的功能分为三个模块。

(1) 主控程序

main 函数作为该程序的主控程序,完成了对其他函数的调用。

(2) 输出修饰符

在函数 ShuChuXiuShi 函数中输出了修饰符。

(3) 输出文字

在函数 ShuChuWenZi 函数中输出了文字。

通过对程序功能的划分,将每个功能作为一个独立的"模块",每个模块都有自己独立的输入、输出界面,功能完整且程序独立,这使得程序的结构更加清晰。

2. 程序维护

在例 6-2 中,如果改变 main 函数中对其他函数调用的次数和顺序,则程序的运行结果将会改变。

考虑提出了一个新的需求:将修饰符从“ * ”号全部改变为“ $ ”,并且将修饰符的数量从5个改变为10个。为了完成这个新的需求,修改两个程序所作的工作是不同的。

在例6-1中,需要同时按照新的需求修改两个printf语句,而在例6-2中,只需要修改ShuChuXiuShi中的printf语句。显然我们实际完成的项目中不会有如此简单的输出要求,如果按照例6-1的方法编写程序,要将所有输出修饰符的语句都进行修改,难免会产生遗漏或错误。而在例6-2中,只要修改一个地方,则程序的运行结果就可以满足新的要求。

在这两个程序中,都只输出了一行文字,例6-2中通过编写函数的方式讲输出文字的功能独立出来,如果今后发现输出文字错误或需要输出别的内容,只要修改ShuChuWenZi函数,而不需要查看程序的其他部分。

从上述的分析可以看出,虽然从程序长度上看,例6-2的长度比例6-1要长,但实际上例6-2是更容易修改和维护的。

3. 软件工程的要求

随着现代软件规模的扩大,软件开发的团队管理与协作变得越来越重要了。如果采用例6-2所展示的“模块化”程序设计方法,则可以有更多的开发人员投入到一个项目的工作中去,这是符合软件工程的需要的。

6.2 调用库函数

例6-3 编写程序,读取键盘输入,然后将其中的字母和数字输出。流程图如图6-1所示。

```
#include <stdio.h>
void main()
{
    char cShuRu;
    do{
        cShuRu = getchar();
        if('\n' == cShuRu){
            break;
        }
        if(cShuRu>='0' && cShuRu<='9'){
            putchar(cShuRu);
            continue;
        }
        if(cShuRu>='a' && cShuRu<='z'){
            putchar(cShuRu);
            continue;
        }
        if(cShuRu>='A' && cShuRu<='Z'){
            putchar(cShuRu);
```

```
                continue;
            }
        }while(1);
}
```

程序运行的结果是：

```
q1! w2@
q1 w2
```

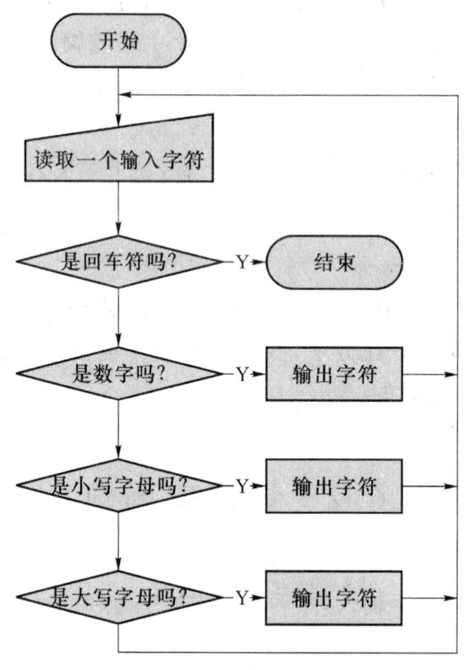

图 6-1　输出字母和数字

在例 6-3 中用 4 个 if 选择结构完成了对输入字符类型的判断。

【思考】 请读者尝试修改例 6-3 的程序。

(1) 不使用 break 语句；

(2) 不使用 continue 语句；

(3) 使用多种选择结构；

(4) 将对字符的判断用一个表达式完成。

例 6-4 请编写程序，读取键盘输入，然后将其中的字母和数字输出。

```
#include <stdio.h>
#include < ctype.h>
void main()
{
    char cShuRu;
    do{
        cShuRu = getchar();
        if('\n' == cShuRu){
```

```
                break;
            }
            if(0 == isalnum(cShuRu)){
                continue;
            }
            putchar(cShuRu);
        }while(1);
    }
```

程序运行的结果是：

```
q1! w2@
q1 w2
```

将例 6-4 和例 6-3 对比可以看到，在例 6-3 中的三个选择结构，在例 6-4 中只使用了一个选择结构，例 6-4 给出的程序明显比例 6-3 的程序简短并且易读。但是，在例 6-4 中，出现了两处与例 6-3 明显不同的地方。

（1）在程序的第 2 行，增加了一条 include 语句。

（2）在程序的第二个选择结构里，出现了 isalnum(cShuRu)的内容。

6.2.1 C 语言的标准库函数

ANSI 标准定义了 C 语言的标准库函数，如数学类函数、输入/输出类函数、字符处理类函数、图形类函数和时间日期类函数等，其中每一类中又包括几十到上百的具体功能函数。在例 6-4 中出现的 isalnum 就是一个字符函数，此外我们在前面的程序中多次使用的 printf 函数，就是输入/输出类函数之一。一般的 C 编译环境都部分或全部的提供了对这些库函数的支持，需要时可以查阅本书的附录 3。

【提示】 请将光标移动到 isalnum 所在的位置，然后按"Ctrl＋F1"组合键，TC 集成编译环境会弹出一个新的窗口，在窗口中给出了函数的使用指南。

标准库函数的方便之处在于，用户可以不定义这些函数，就直接使用它们。比如我们想用 printf 函数打印输出，只要了解该函数的功能、输入输出参数和返回值，具体使用时按照给定参数调用 printf 函数即可。

6.2.2 库函数的头文件

在调用标准库函数时，需要在当前源文件的头部添加＃include "头文件名称"或者＃include ＜头文件名称＞。标准库函数的说明中一般都写明了需要包含的头文件名称。在例 6-4 中，程序的第 2 行给出了调用 isalnum 函数所需要的头文件"ctype. h"。查看一下前几章给出的例子，我们也会发现很多的程序都已经使用了包含头文件的方法，例如如果在程序中要使用 sqrt 函数，需要在文件头部增加一行：＃include "math. h" /* 或者＃include ＜math. h＞ */。

6.2.3 函数类型、函数名与形参

我们看一下对 isalnum 函数的说明：

```
int isalnum(int ch);
```

在这个函数说明中,给出了函数的三个要素。

1. 函数的类型说明

函数说明最开始的 int 就是该函数的类型说明符,我们通常说"这是一个 int 型函数"。类型说明符规定了这个函数的返回值的类型。函数的类型可以是 C 语言定义的基本数据类型(整型或实型),也可以是我们在后续章节将要学习到的构造类型的数据类型。通常情况下,可以通过对函数返回值的判断,了解函数的执行情况。

2. 函数名

函数名规定了函数的名称,我们在例 6-4 中调用的库函数的函数名就是"isalnum",通过函数名才可以对某个函数进行调用。函数名就是一个标识符,它的命名规则遵守标识符的命名规则。

3. 形参表

在函数说明的括号里的内容是对函数参数部分的描述,我们称之为形式参数表(简称形参表)。形参表是用于调用函数和被调用函数之间进行数据传递的,使用时需在形参类型说明部分进行类型说明。形参表可以是空的,也可以是由多个形参组成的。当形参表中有多个形参时,每个形参之间用逗号隔开。不管形参表中是否有参数,都要用左、右圆括号括起来。一般来说,计算函数需要多少原始数据,函数的形参表中就有多少个形参,每个形参存放一个数据。

在例 6-4 中,我们对调用的库函数应该这样表述:该函数的类型为 int 型,函数名为 isalnum,它有一个形参,形参的数据类型也是 int 型。

6.2.4 调用库函数

在例 6-4 中,调用了 C 语言的编译系统提供的一个标准库函数 isalnum,实际上我们并不知道 isalnum 函数是如何完成区分给定的字符是字母或数字的,当然更不需要知道函数 isalnum 的具体实现的细节,只需要知道该函数的功能和参数要求就可以了。编写 C 系统的技术人员完成了 isalnum 函数,那么所有使用该 C 语言编译系统的工程师就可以使用 isalnum 函数了。

从技术上说,标准库函数不是 C 语言的一部分,但是它们通常在各种 C 语言中是不变的。每个 C 系统都带有一个相当规模的函数库,其中以函数方式提供了许多程序中常用的功能。此外,具体的 C 系统还根据其运行情况有一些扩充库,使采用这个 C 系统开发的程序可利用特定硬件或操作系统的功能,更方便地描述某些常见的程序部分。

无论是标准库函数还是扩充库函数,如果写程序时需要,都可以按规定方式直接调用这些函数,不必自己去重新实现这些功能,也不必关心这些函数是如何实现的。因此在编写 C 程序时,应当尽可能多地使用库函数,使用库函数不仅可以节省大量的时间和精力,提高了编程效率,而且还可以提高编程质量。

要调用某个库函数,需在程序的头部用包含命令(#include)将说明该函数原型的头文件包含进本程序中。

使用库函数应注意以下几个问题:

(1) 函数的功能;

(2) 函数参数的数目和顺序,以及每个参数的意义及类型;

(3) 函数返回值的意义及类型；

(4) 需要使用的包含文件。

【提示】 在使用 isalnum 函数前，应该查阅 C 语言的库函数使用指南，我们可以看到如下的内容：

isalnum

语法：# include <ctype.h> int isalnum(int ch);

功能：如果参数是数字或字母字符，函数返回非零值，否则返回零值。

通过该说明，我们知道了该函数所在的头文件名，并且规定了形参的数据类型，返回值所代表的含义。

6.3 定义用户自定义函数

在例 6-2 中，我们给出了两个自定义函数 ShuChuXiuShi 函数和 ShuChuWenZi 函数。

在 C 语言中，函数的定义包括两部分内容组成：函数头和函数体。

【规则 6-1】 函数定义的一般形式为：

```
[数据类型说明] 函数名([形式参数表])
{
    说明语句;
    可执行语句;
}
```

1. 函数头

函数头部分就是在讲述库函数时提到的函数的类型说明、函数名和形式参数表。

函数头在函数定义中处于非常重要的地位，它的重要性在于它是函数内部和外部之间联系的界面，函数内部和外部通过这个界面交换信息，达到函数的定义和使用之间的沟通。在定义函数前首先应有全面的考虑，定义好函数头，规定好公共规范。

【提示】 在定义一个函数时，要注意不要和标准库函数同名。下面是一个例子：

```
void printf(int n) /* 试图自定义一个可以打印整数的函数 */
{
……
}
```

这里定义的函数名称和系统默认库函数 printf 重名，导致类型重复声明的编译错误。在定义函数名称时应该避开 C 标准库函数。

2. 函数体

函数体可以看做是一条复合语句，函数体实现函数所定义的功能。

3. 无参函数

有些函数不需要函数的参数，这种函数被称为无参函数。在例 6-2 中，两个自定义函数都不需要任何参数，所以这两个函数都是无参函数。

可以看到,例 6-2 的两个函数的函数头部分在形参表定义的位置都标记为了 void,实际上,将函数头部分的括号里面不写任何内容就表明这是一个无参函数了,但我们仍然建议在这种情况下在函数头的形参表中标记为 void 类型,表示这个函数并不需要主调函数传递给它任何数据。这样的书写方式一方面使函数头更加清晰,另一方面,在某些 C 编译系统下,如果调用一个无参函数时给出了参数,则编译系统会提示错误。

6.4 调用自定义函数

例 6-5 编写一个函数,输出两个整数中较大的一个。

```
#include <stdio.h>
void ShuChuDaShu(int nShuZhi1,int nShuZhi2)
{
    int nJieGuo;
    if(nShuZhi1< nShuZhi2)
        nJieGuo = nShuZhi2;
    else
        nJieGuo = nShuZhi1;
    printf("Liang Ge Shu %d He %d Bi Jiao,Da De Shi %d.\n",nShuZhi1,nShuZhi2,nJieGuo );
}
void main()
{
    int nShu1 = 1,nShu2 = 2;
    ShuChuDaShu (3,4);
    ShuChuDaShu (nShu1,nShu2);
    ShuChuDaShu (nShu1 * 2,nShu2 * 3 + 1);
}
```

程序运行的结果是:

```
Liang Ge Shu 3 He 4 Bi Jiao,Da De Shi 4.
Liang Ge Shu 1 He 2 Bi Jiao,Da De Shi 2.
Liang Ge Shu 2 He 7 Bi Jiao,Da De Shi 7.
```

在例 6-5 中,定义了一个比较两个整数的大小并输出较大的数据的函数 ShuChuDaShu,该函数有两个输入参数,一个是 int 型的形式参数 nShuZhi1,另一个是 int 型的形式参数 nShuZhi2,函数没有返回值。

在程序中定义一个函数后,就可以在程序中调用这个函数。在调用函数时给出的参数称为实际参数,简称实参。调用函数时实参的数值传递给形参,然后执行函数定义中所规定的程序过程,以实现相应的功能。

【规则 6-2】 函数调用的一般形式是:
函数名(实参表);
实参可以是常量、变量和表达式。

在例 6-5 中，函数调用作为一条程序语句。

我们来详细分析一下该程序的运行过程。

【提示】 单步运行、断点运行和查看变量的值是程序调试过程中常用的调试手段，请在函数的第 2 行添加一个断点，然后用单步运行模式调试例 6-5。

(1) 程序开始运行，首先执行 main 函数。无论 main 函数写在什么位置，所有的 C 语言程序都从 main 函数开始执行。

在 main 函数中，第一次调用 ShuChuDaShu 函数，给出的两个实际参数分别是 3 和 4。调用函数时首先要建立形参的存储单元，然后用实参对形参进行初始化。在这次调用的时候，用常数 3 对形参 nShuZhi1 进行初始化，所有 nShuZhi1 的值为 3，用常数 4 对形参 nShuZhi2 进行初始化，所以 nShuZhi2 的值为 4。

(2) 程序转去执行被调函数 ShuChuDaShu，这时候两个形参都有了自己的数值，在函数 ShuChuDaShu 中又建立了一个变量 nJieGuo，对两个形参的数值进行比较并将比较的结果保存在变量 nJieGuo 中，并输出了比较结果。

(3) 函数 ShuChuDaShu 所有的函数体语句都执行完，程序返回了 main 函数，在函数运行过程中建立的形参 nShuZhi1、nShuZhi2 和变量 nJieGuo 的存储空间被释放。

(4) 在 main 函数中，再一次调用 ShuChuDaShu 函数，这次执行的时候实参是两个变量 nShu1 和 nShu2。执行的过程和第一次调用 ShuChuDaShu 函数相同，仍然是首先建立形参 nShuZhi1 和 nShuZhi2 的存储空间，并用实参对形参进行初始化。实参 nShu1 的数值为 1，所有用它对 nShuZhi1 进行初始化后，形参 nShuZhi1 的值是 1；实参 nShu2 的数值为 2，所有用它对 nShuZhi2 进行初始化后，形参 nShuZhi2 的值是 2。

(5) 执行函数 ShuChuDaShu 的所有语句后返回 main 函数。

(6) 在 main 函数中，又一次调用 ShuChuDaShu 函数，这次执行的时候实参是两个表达式。调用 ShuChuDaShu 函数还是首先建立形参 nShuZhi1 和 nShuZhi2 的存储空间，并用实参对形参进行初始化。第一个实参表达式的运行结果为 2，所有用它对 nShuZhi1 进行初始化后，形参 nShuZhi1 的值是 2；第二个实参表达式的运行结果为 7，所有用它对 nShuZhi2 进行初始化后，形参 nShuZhi2 的值是 7。

(7) 执行函数 ShuChuDaShu 的所有语句后返回 main 函数。

(8) main 函数的所有语句执行完，退出程序。

【提示】 在程序运行过程中，每次调用函数的时候都建立了形参的存储空间，但函数执行完毕后，形参的存储空间会被释放。虽然多次调用的是同一个函数，但每次调用的时候根据程序运行时系统内存的状态分配形参的存储空间，并不一定是每次调用的时候形参都占用同一个存储空间。

从上面的执行过程可以看出，如果调用的函数是有参函数，在调用的时候必须要给出该函数的实际参数，注意实际参数的数量要和形式参数的对应。实际上形参就是被调函数的一个变量，调用时首先要为形参分配存储空间，并用实参对形参进行初始化。实参可以是一个常量、一个变量或一个表达式，只要能对形参进行正确的初始化，都是可以正确进行函数调用的。

【思考】 main 函数的第一行变量定义的时候，如果写成：int nShu1，nShu2;，那么程序的运行结果是什么？为什么？

6.5 函数声明

6.5.1 函数声明

例 6-6 取任意一个十进制整数,将其倒过来后与原来的数相加,得到一个新的数后重复上述的过程,最终将获得一个回文数(数字正向读和反向读数值相同)。请编写程序验证上述结论。

```
#include <stdio.h>
#define ZUIDASHU 2147483647
void main()
{
    long FanXuShu(long int nYuanShi);
    int PanDuanHuiWen(long int nShuJu);
    long int nShuJu,nFanXu;
    int nCiShu = 0;
    printf("Qing ShuRu YiGe ChuShiShu:\n");
    scanf("%ld",&nShuJu);
    printf("ChanSheng HuiWenShu De GuoCheng:\n");
    while(1!= PanDuanHuiWen((nFanXu = FanXuShu(nShuJu)) + nShuJu))
    {
        if(nShuJu + nFanXu>ZUIDASHU)
        {
            printf("ShuRu CuoWu\n");
            exit(0);
        }
        else
        {
            printf("[%d]:%ld+%ld=%ld\n", ++nCiShu,nShuJu,nFanXu,nShuJu + nFanXu);
            nShuJu += nFanXu;
        }
    }
    printf("[%d]:%ld+%ld=%ld\n", ++nCiShu,nShuJu,nFanXu,nShuJu + nFanXu);
    printf("ShengChengLe HuiWenShu! \n");
}
long FanXuShu(long int nYuanShi)
{
    long int nLinShi;
    for(nLinShi = 0;nYuanShi>0;nYuanShi/ = 10)
        nLinShi = nLinShi * 10 + nYuanShi % 10;
    return nLinShi;
```

```
}
int PanDuanHuiWen(long int nShuJu)
{
    if(FanXuShu(nShuJu) == nShuJu)
        return 1;
    return 0;
}
```

程序运行的结果是：

```
Qing ShuRu YiGe ChuShiShu:1999
ChanSheng HuiWenShu De GuoCheng:
[1]:1999 + 9991 = 11990
[2]:11990 + 9911 = 21901
[3]:21901 + 10912 = 32813
[4]:32813 + 31823 = 64636
[5]:64636 + 63646 = 128282
[6]:128282 + 282821 = 411103
[7]:411103 + 301114 = 712217
ShengChengLe HuiWenShu!
```

例 6-10 将 main 函数写在了程序的开始，而将自定义的两个函数写在了后面。在 main 函数中，分别调用了两个自定义函数。请注意查看 main 函数和前面的例子的 main 函数有什么不同。

【提示】 在编写程序时，一般都把 main 函数写在最前面，这样做的好处是使整个程序的结构和功能开门见山地呈现在读者面前，方便阅读。

在例 6-10 的 main 函数的开始位置，增加了两行内容，从书写形式上看，就是两个自定义函数的函数头部分，只是在每行的结尾都增加了一个分号，这种情况就是"函数声明"。

在定义变量的时候，必须要遵循"先定义，后使用"的原则，如果没有定义在先，就无法知道使用是否正确。在实际的编程过程中，保证变量可以正常使用的一个基本原则是：保证从每个使用点向前看，都能看到该变量定义的完整信息。

同样，在每个函数的调用点，也需要知道该函数的类型特征，包括：函数名、参数的个数及类型、函数的返回值类型。调用该函数时，需要检查参数的个数是否正确，各参数的数据类型是否与函数定义一致，如果不一致能否自动进行数据类型的转换。由于通常函数的返回值在一个表达式中，也要判断函数的返回值是否能满足该表达式的要求。如果看不到函数的类型特征，是不可能正确地完成这些检查和处理的。

在例 6-10 的 PanDuanHuiWen 函数中调用了 FanXuShu 函数，因为 FanXuShu 函数的定义在 PanDuanHuiWen 函数前面，所以在 PanDuanHuiWen 函数中不需要对 FanXuShu 进行声明就可以直接调用。

函数声明在形式上与函数头基本一致，只是在最后多了一个分号。对于函数声明，参数表里的参数名可以省略（也就是只写参数的数据类型），因此下面的函数说明也是正确的：

```
long FanXuShu(long, int);
```

即使和本程序一样写上参数名，也不需要和函数头中定义的参数名相同。函数说明中的参数名可以在函数调用过程中起到提示的作用，所以我们仍然提倡使用有意义的名字，这样会有利于函数的正确使用。另外,在对程序添加注释的过程中,有参数名时也会更容易描述。

函数定义和函数声明是两个完全不同的概念。在函数定义时,函数头部分定义了函数调用的"接口标准",函数体部分给出了实现函数功能的语句,而函数说明只是指定了调用程序和函数之间传递的值的类型。从函数说明中看不出定义函数的真正语句,甚至看不出函数要干什么。例如,如果要使用数学库中的 sqrt 函数,则必须知道返回值是它的参数的平方根,此外,我们还必须知道 sqrt 取一个 double 类型的值,并且返回一个 double 类型的值。

函数定义只能有一个,但根据程序的需要,可以在程序的多个地方对已经定义的函数进行说明。

6.5.2 在函数外部进行函数声明

例 6-7 取任意一个十进制整数,将其倒过来后与原来的数相加,得到一个新的数后重复上述的过程,最终将获得一个回文数(数字正向读和反向读数值相同)。请编写程序验证上述结论。

```
#include <stdio.h>
#define ZUIDASHU 2147483647
long FanXuShu(long int nYuanShi);
int PanDuanHuiWen(long int nShuJu);
void main()
{
    long int nShuJu,nFanXu;
    int nCiShu = 0;
    【以下和例 6-10 相同】
}
int PanDuanHuiWen(long int nShuJu)
{
    if(FanXuShu(nShuJu) == nShuJu)
        return 1;
    return 0;
}
long FanXuShu(long int nYuanShi)
{
    long int nLinShi;
    for(nLinShi = 0;nYuanShi>0;nYuanShi/ = 10)
        nLinShi = nLinShi * 10 + nYuanShi % 10;
    return nLinShi;
}
```

比较例 6-6 和例 6-7,在例 6-7 中有两处变化。

变化 1:例 6-7 将例 6-6 的 main 函数中对两个自定义函数的说明写在了 main 函数的前面。

变化 2:两个例子中的自定义函数的书写顺序不同。

函数说明的书写位置并没有明确的规定,只要能满足我们前面提到的在函数调用处向上看可以看到被调用函数的类型特征就可以了。在例 6-7 中，在文件的开头对函数进行了说明，则从说明处开始，对本文件中可以直接使用已经说明过的函数，而不需要在每个主调函数里再对被调函数进行说明了。

在 main 函数中没有再次对两个自定义函数进行说明，但可以直接调用这两个函数。虽然 FanXuShu 函数定义在 PanDuanHuiWen 函数后面，但因为在 PanDuanHuiWen 函数中也可以看到程序最开始对 FanXuShu 函数的声明，所以在 PanDuanHuiWen 函数中也可以直接调用 FanXuShu 函数，而不需要在 PanDuanHuiWen 函数内进行声明了。

这种对函数说明的方法是一种最好的方法，因为在程序的开头对所有的自定义函数都进行了说明，不仅可以省去了在每个函数中对被调函数进行说明，而且使程序员一看就知道各个程序中有哪些函数。

打开 C 语言编译系统提供的头文件(.h 文件)可以看到，这些文件是对 C 库函数的说明。当使用 include 指令时，实际上就是写出了库函数的说明，因此只要我们在程序中包含了某函数库的头文件，就可以直接使用库函数了。

6.5.3　省略函数说明

例 6-8　编写函数求一个整数的反序数。

```
#include <stdio.h>
void main()
{
      int nShuJu,nFanXu;
      printf("Qing ShuRu YiGe ChuShiShu:\n");
      scanf("%d",&nShuJu);
      nFanXu = FanXuShu(nShuJu);
      printf("ShuRu De ShuJu Shi: %d,Ta De FanXuShu Shi: %d\n",nShuJu,nFanXu);
}
FanXuShu(int nYuanShi)
{
      int nLinShi;
      for(nLinShi = 0;nYuanShi>0;nYuanShi/ = 10)
            nLinShi = nLinShi * 10 + nYuanShi % 10;
      return nLinShi;
}
```

在例 6-8 中，main 函数中调用了 FanXuShu 函数，对比前面的程序可以看到，虽然没有对 FanXuShu 函数进行说明，但 main 函数中调用该函数也是允许的。

【思考】 FanXuShu 函数没有定义数据类型，它的数据类型是什么呢？

如果被调函数的定义在主调函数的前面，由于在函数调用处可以看到函数的定义，因此在主调函数中可以省略对被调函数的声明。

如果被调函数的数据类型为整型，C 语言允许在调用该函数前不必进行声明。

【提示】 虽然 C 语言在某些情况下允许不声明函数而直接调用函数，但对函数运行声明是一个非常好的习惯，建议大家不要省略函数声明。

6.6 函数的参数传递

6.6.1 参数传递

例 6-9 编写一个函数,求两个实数的平均值。

```
#include <stdio.h>
float PingJunZhi(float fShuZhi1,float fShuZhi2 ,float fPingJunZhi)
{
fPingJunZhi = (fShuZhi1 + fShuZhi2)/2.0;
printf("PingJunZhi HanShu: fShuZhi1 = % f,fShuZhi2 = % f,fPingJunZhi = % f\n",fShuZhi1,fShuZhi2,
fPingJunZhi);
return fPingJunZhi;
}
void main()
{
float fShu1 = 1.8,fShu2 = 2.6,fPingJun = 3;
PingJunZhi (fShu1,fShu2,fPingJun);
printf("main: fShu1 = % f,fShu2 = % f,fPingJun = % f\n",fShu1,fShu2,fPingJun);
}
```

程序运行的结果是:

```
PingJunZhi HanShu: fShuZhi1 = 1.800000,fShuZhi2 = 2.600000,fPingJunZhi = 2.200000
main: fShu1 = 1.800000,fShu2 = 2.600000,fPingJun = 3.000000
```

这个程序的运行结果表明,在 main 函数和 PingJunZhi 函数中,输出的结果是不相同的。让我们看看程序的运行过程和参数传递的情况。

请在 PingJunZhi 函数的函数体首行设置一个断点,添加 main 函数和 PingJunZhi 函数中定义的所有变量到查看变量列表里,然后用单步运行方式执行该程序,如图 6-2 所示。

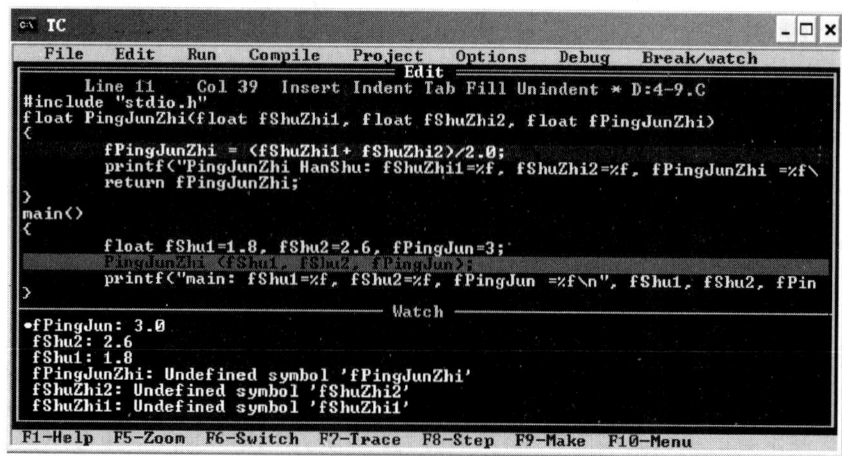

图 6-2 程序运行在 main 函数

从图 6-2 可以看出，当程序运行 main 函数范围内，main 函数中定义的三个变量都有了自己的数值。

在 PingJunZhi 函数中设置了断点，所以继续运行程序将停留在 PingJunZhi 函数的断点所在的行，如图 6-3 所示。

```
TC
 File  Edit  Run  Compile  Project  Options  Debug  Break/watch
                              Edit
      Line 4     Col 39  Insert Indent Tab Fill Unindent * D:4-9.C
#include "stdio.h"
float PingJunZhi(float fShuZhi1, float fShuZhi2, float fPingJunZhi)
{
        fPingJunZhi = (fShuZhi1+ fShuZhi2)/2.0;
        printf("PingJunZhi HanShu: fShuZhi1=%f, fShuZhi2=%f, fPingJunZhi =%f\
        return fPingJunZhi;
}
main()
{
        float fShu1=1.8, fShu2=2.6, fPingJun=3;
        PingJunZhi (fShu1, fShu2, fPingJun);
        printf("main: fShu1=%f, fShu2=%f, fPingJun =%f\n", fShu1, fShu2, fPin
}
                              Watch
•fPingJun: Undefined symbol 'fPingJun'
 fShu2: Undefined symbol 'fShu2'
 fShu1: Undefined symbol 'fShu1'
 fPingJunZhi: 3.0
 fShuZhi2: 2.6
 fShuZhi1: 1.8
F1-Help  F5-Zoom  F6-Switch  F7-Trace  F8-Step  F9-Make  F10-Menu
```

图 6-3 程序运行在 PingJunZhi 函数

从图 6-3 中可以看出，当程序运行在 PingJunZhi 函数中时，PingJunZhi 函数的三个形参都已经分配了存储单元，并且有了初值，如图 6-4 所示。

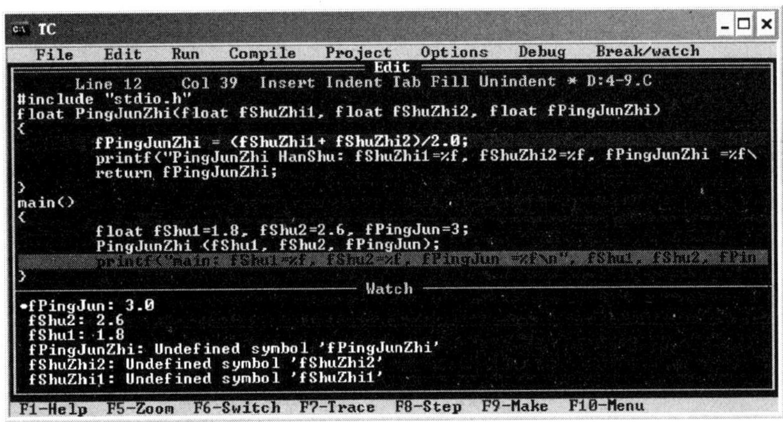

图 6-4 PingJunZhi 函数调用结束，返回 main 函数

从图 6-4 可以看出，当 PingJunZhi 函数调用结束，返回 main 函数后，在 PingJunZhi 函数执行过程中定义的形参已经释放了存储空间。

综合考查例 6-9 的运行过程可以看出，函数 PingJunZhi 中的形参变量只有在该函数被调用时才临时建立，一旦该函数运行结束，形参变量所占用的存储空间将被释放。实参向形参传递数值的过程可以作如下概括：实参向形参传递数值的过程，只是在发生函数调用的时候执行一次。

【提示】 如果实参是表达式或函数的形式，那么一定要先完成表达式的运算，将该运算结果传递给形参。

单向：实参向形参传递数值的过程是单向的，也就是说，只能是实参把数值传递给形参，而形参是不可能把数值传递给实参的。

【提示】 调用函数的时候，先给形参分配存储单元，然后用实参对形参进行初始化。

例 6-9 的程序我们可以看出，在 main 函数里调用 PingJunZhi 函数时，实参变量 fPingJun 把数值传递给形参变量 fPingJunZhi，在 PingJunZhi 函数中，变量 fPingJunZhi 的运算结果是 2.2，但这个运算结果是不能影响到主调函数中变量 fPingJun 的数值的，所以函数调用结束后，函数 main 中的变量 fPingJun 的数值仍然保持原来的数值。

让我们来看一下程序运行过程中系统内存里变量存储的情况。

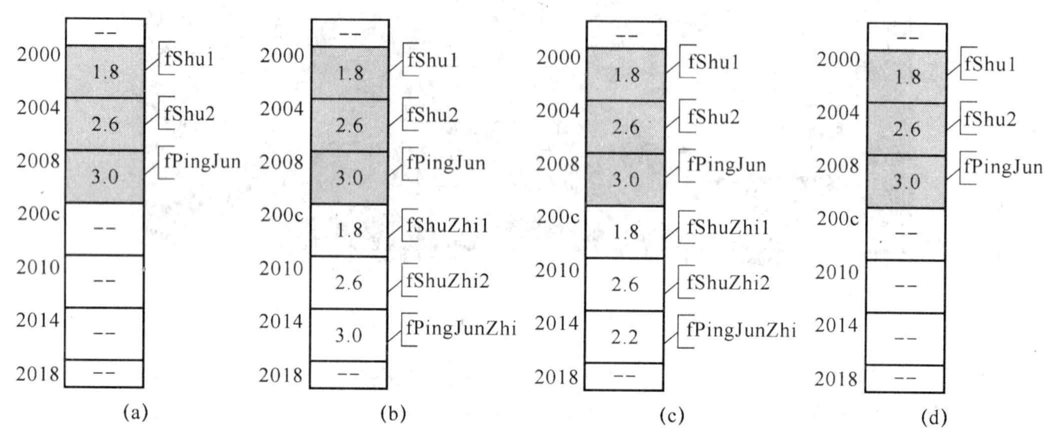

图 6-5　例 6-9 内存分配示意图

图 6-5(a)中是 main 函数开始运行后的内存状态，可以看到给 main 函数里的 3 个变量分配了存储空间，并进行了初始化；图 6-5(b)是发生函数调用后，程序进入 PingJunZhi 函数后的内存状态，可以看到，PingJunZhi 函数的 3 个形参都获得了自己的存储空间，并且用实参对这 3 个形参进行了初始化；图 6-5(c)是 PingJunZhi 函数运行结束的状态，在图上可以看到，变量 fPingJunZhi 的数值已经发生了变化，但 main 函数中定义的 3 个变量的数值没有任何改变；图 6-5(d)是结束 PingJunZhi 函数的运行，返回 main 函数后的内存状态，可以看到，在调用 PingJunZhi 函数时分配的 3 个形参的存储空间又被重新标记为“空”。

6.6.2　实参和形参数据类型不同

例 6-10　编写一个函数，求两个实数的平均值。

```
#include <stdio.h>
float PingJunZhi(int nfShuZhi1,int nShuZhi2)
{
    float fPingJunZhi;
    fPingJunZhi = (fShuZhi1 + fShuZhi2)/2.0;
    printf("PingJunZhi HanShu: nShuZhi1 =%d,nShuZhi2 =%d,fPingJunZhi =%f\n",nShuZhi1,
nShuZhi2,fPingJunZhi);
    return fPingJunZhi;
}
void main()
```

```
{
    float fShu1 = 1.8,fShu2 = 2.6,fPingJun = 3;
    fPingJun = PingJunZhi (fShu1,fShu2);
    printf("main: fShu1 = %f,fShu2 = %f,fPingJun = %f\n",fShu1,fShu2,fPingJun);
}
```

程序运行的结果是：

```
PingJunZhi HanShu: nShuZhi1 = 1,nShuZhi2 = 2,fPingJunZhi = 1.500000
main: fShu1 = 1.800000,fShu2 = 2.600000,fPingJun = 1.500000
```

从程序的运行结果中可以看到，在例 6-10 中，PingJunZhi 函数是求整数平均值的函数，它的两个形参的数据类型都是 int 型。在 main 函数中调用 PingJunZhi 函数的时候，两个实参都是 float 型的。

我们已经讨论过，在函数调用的时候，首先要建立形参的存储单元，然后用实参对形参进行初始化。显然，用一个 float 型数据对一个 int 型变量进行初始化，系统将把 float 型数据自动转换为 int 型数据，然后再对变量赋值。从程序运行的结果可以看出，在 PingJunZhi 函数中输出的两个形参的数值都只有了整数部分，而小数部分已经被系统自动舍弃了。

【提示】 如果实参运算结果的数据类型和形参的数据类型之间不能运行自动数据类型替换，则函数调用是错误的。

例 6-10 在运行过程中系统内存存储的情况如图 6-6 所示。

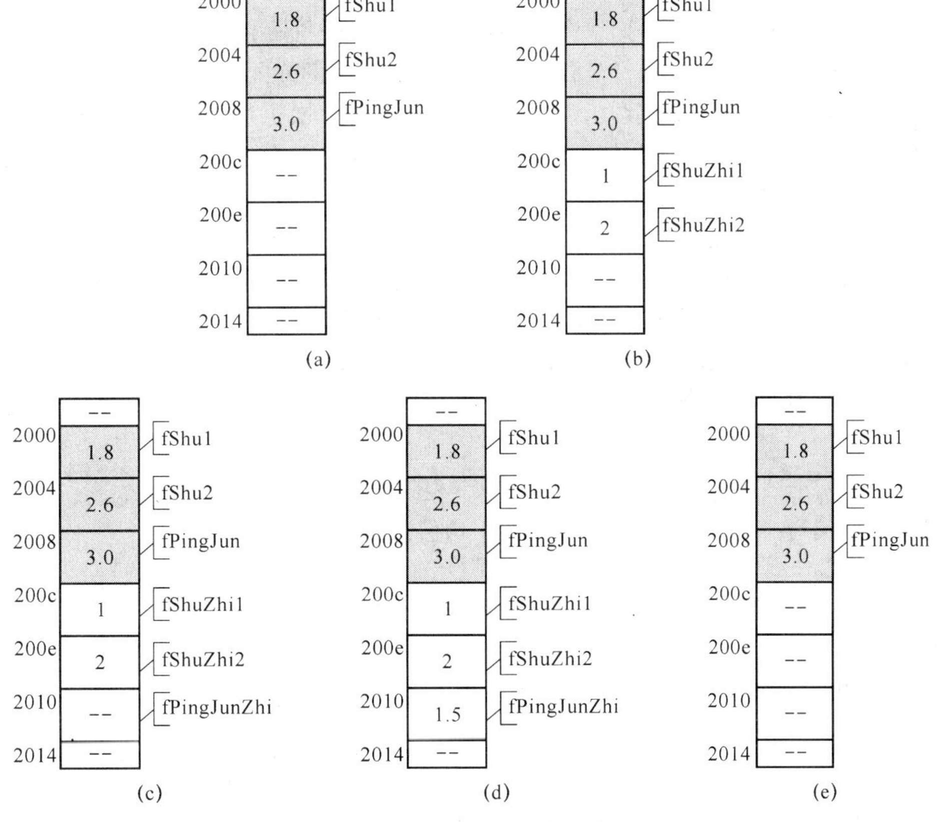

图 6-6　例 6-10 内存分配示意图

在图 6-6 中,图 6-6(a)是 main 函数开始运行后,给 main 函数中 3 个变量分配存储单元并进行初始化后的情况;图 6-6(b)是在 main 函数中调用 PingJunZhi 函数,建立形参的存储单元并用实参对形参进行初始化后的情况,可以看出,由于 PingJunZhi 函数的 2 个形参都是 int 型数据,所以用 float 型实参对它们进行赋值的时候,传递的数值的小数部分被截去了,只保留了整数部分;图 6-6(c)是开始执行 PingJunZhi 函数的函数体语句后,又定义了一个 float 型变量 fPingJunZhi,由于没有对 fPingJunZhi 进行初始化,所以它的数值是不确定的;图 6-6(d)是 PingJunZhi 函数的函数体语句执行完后的情况,其中变量 fPingJunZhi 的数值已经变成了 1.5;图 6-6(e)是结束 PingJunZhi 函数的执行,返回 main 函数的情况,PingJunZhi 函数的 return 语句将 PingJunZhi 函数中变量 fPingJunZhi 的值传递给 main 函数中的变量 fPingJun。

6.7 函数的返回值

6.7.1 函数返回

一个函数被调用后,将转去执行该函数的函数体语句。当函数体语句执行完毕后,就要结束被调函数的运行,转而回到主调函数的调用处继续执行主调函数。也就是说函数执行的最后一个操作是返回。

在调用一个函数的过程中,如果有形参,需要给形参分配存储单元,通常情况下函数体中也有变量定义,在被调函数执行过程中同样要给这些变量分配存储空间。在执行函数返回操作时,使程序流程返回到主调函数,宣告被调函数的一次执行终结,同时也会撤消在函数调用期间所分配的形参和函数体中的变量的存储单元。对有返回值的函数而言,还要送函数值到调用表达式中,但这一点并非是必须的。

函数可以用两种方法停止运行并返回到调用程序。一种是在执行完函数的最后一个语句之后,从概念上讲,是遇到了函数的结束符“}”后就会自动结束被调函数的运行,执行函数返回操作;另外一种函数返回的方法是执行了 return 语句,这种方法更是经常用到的。

在一个函数体内可以有一条或多条 return 语句,被调函数在执行的过程中,遇到任何一条 return 语句都将执行返回操作。

6.7.2 返回值

例 6-11 编写一个函数,求两个实数的平均值。

```
#include <stdio.h>
float PingJunZhi(float fShuZhi1,float fShuZhi2)
{
float fPingJunZhi;
fPingJunZhi = (fShuZhi1 + fShuZhi2)/2.0;
printf("PingJunZhi HanShu: fShuZhi1 = %f,fShuZhi2 = %f,fPingJunZhi = %f\n",fShuZhi1,fShuZhi2,
fPingJunZhi);
return fPingJunZhi;
```

```
}
void main()
{
float fShu1 = 1.8,fShu2 = 2.6,fPingJun = 3;
fPingJun = PingJunZhi (fShu1,fShu2);
printf("main: fShu1 = % f,fShu2 = % f,fPingJun = % f\n",fShu1,fShu2,fPingJun);
}
```

程序运行的结果是：

```
PingJunZhi HanShu: fShuZhi1 = 1.800000,fShuZhi2 = 2.600000,fPingJunZhi = 2.200000
main: fShu1 = 1.800000,fShu2 = 2.600000,fPingJun = 2.200000
```

在例 6-6 中，定义了求平均值函数 PingJunZhi，该函数有两个形参，函数体中完成了求平均值的运算。和我们前面见到的自定义函数不同，该函数的数据类型是 float 型，并且在函数的最后一行的语句是 return fPingJunZhi。

在例 6-11 中，函数调用出现在一个表达式中。

函数体里通常有一个 return 语句，该语句返回函数运算的结果。return 语句通常有以下的几种形式：

```
return 表达式;或 return (表达式);
return;
```

函数返回语句的基本作用是结束它所在的函数的执行，返回调用的位置。第一种形式的函数返回语句在函数结束前首先计算表达式的值，然后把这个表达式求出的值作为本次函数调用的返回值。

函数的返回值是主调函数和被调函数之间进行数据交换的一个通道。

【提示】 如果一个函数的数据类型不是 void 类型，在某些 C 语言的编译系统中要求必须有 return 语句。

在例 6-11 中，renturn 语句中的表述式是一个变量 fPingJun，所以 PingJunZhi 函数会将 fPingJun 的数值传递给主调函数。

在例 6-5 中，函数调用是一条独立的语句，而在例 6-11 中，函数调用出现在一个赋值表达式中，用函数的返回值给变量赋值。

【思考】 请将 main 函数中变量 fPingJun 的数据类型变成 int 型，请修改程序并查看程序的运算结果。

6.7.3 void 类型的函数

例 6-2 的两个自定义函数的数据类型都标记为 void 类型，在前面章节的介绍中我们可以知道，C 语言的数据类型里并没有 void 类型，所以将一个函数标记为 void 类型并不代表该函数的运行结果的数据类型是 void 类型。在实际编写程序的时候，并不是所有的函数都必须有返回值的，也就是说，有时调用一个函数并不是为了得到它的返回值，而是要它产生某些作用。这类确实没有返回值的函数，我们通常将它定义为空类型(void)的函数。

【提示】 如果主调函数试图使用一个 void 类型函数的返回值，系统在编译过程中会给出错误提示。

一旦将一个函数定义为空类型的函数，那么该函数中的 return 语句仅仅起到结束函数

运行的功能,它是不返回任何值给主调函数的。返回语句只能写成如下的形式:

```
return;
```

【规则 6-1】 void 类型的函数中的 return 语句后面不能有任何的表达式,只能直接写上一个分号。

6.7.4 函数返回值的数据类型

例 6-12 编写一个函数,求两个实数的平均值。

```
#include <stdio.h>
PingJunZhi(float fShuZhi1,float fShuZhi2)
{
        float fPingJunZhi;
        fPingJunZhi = (fShuZhi1 + fShuZhi2)/2.0;
        printf("PingJunZhi HanShu: fShuZhi1 = % f, fShuZhi2 = % f, fPingJunZhi = % f\n", fShuZhi1,
fShuZhi2,fPingJunZhi);
        return fPingJunZhi;
}
void main()
{
        float fShu1 = 1.8,fShu2 = 2.6,fPingJun = 3;
        fPingJun = PingJunZhi (fShu1,fShu2);
        printf("main: fShu1 = % f,fShu2 = % f,fPingJun = % f\n",fShu1,fShu2,fPingJun);
}
```

程序运行的结果是:

```
PingJunZhi HanShu: fShuZhi1 = 1.800000,fShuZhi2 = 2.600000,fPingJunZhi = 2.200000
main: fShu1 = 1.800000,fShu2 = 2.600000,fPingJun = 2.000000
```

例 6-11 的运行结果和例 6-12 不同,对比一下两个程序,可以发现两个程序的不同点只有一处:在例 6-11 中,PingJunZhi 的数据类型明确定义为 float 型,而在例 6-12 中,没有定义 PingJunZhi 函数的数据类型。

在函数定义时,如果没有指定函数的数据类型,则默认函数为 int 型。所以例 6-12 中 PingJunZhi 函数的数据类型是 int 型。

【提示】 虽然函数定义时有默认的数据类型,但我们仍然建议读者在定义函数的时候,一定要明确写清楚函数的数据类型,而不要默认定义,哪怕该函数的数据类型就是 int 型。

在例 6-12 的 PingJunZhi 函数中,renturn 语句中的返回值 fPingJunZhi 的数据类型是 float 型,而函数的数据类型是 int 型,这两个数据类型是不一致的,从程序的运行结果可以得到如下的结论:如果 renturn 语句中表达式的数据类型和函数的数据类型不一致,则函数的数据类型是真正的函数返回值的数据类型,return 语句中表达式的运算结果要转换为函数的数据类型。

【提示】 如果 return 语句中表达式运算结果的数据类型和函数的数据类型之间不能进行自动数据类型转换,则函数定义是错误的。

6.8　C语言程序的执行过程

C语言程序是由函数构成的，所以执行一个C语言程序的过程就是函数调用的过程。

1. main函数

所有的C语言程序中都一定会有一个main函数，在讲述本章内容前，看到的所有的程序也仅仅只有一个main函数。在本章给出的例程中，无论有多少个函数，其中也总有一个是main函数。

无论main函数写在什么位置，当程序启动后，计算机操作系统会将控制权交给该程序的main函数，程序开始执行。

2. 函数调用

在程序执行的过程中，会有函数调用，执行被调函数的过程如图6-7所示。

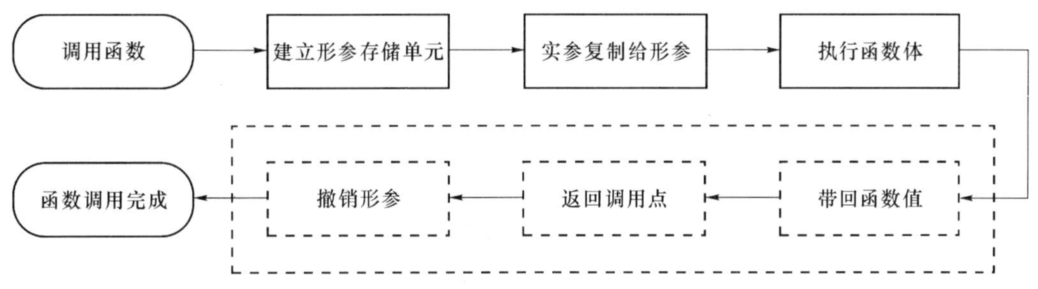

图6-7　函数调用的执行过程

从图6-7中可以看出，被调函数的整个执行过程分成4步。

(1) 创建形参变量：为每个形参变量分配相应的存储空间。

(2) 值传递：即将实参的值复制到对应的形参变量中。

(3) 执行函数体：执行函数体中的语句。

(4) 返回：返回函数值、返回调用点、撤销形参变量。

函数调用的整个执行过程按上述四步依次完成。其中第2步是完成把实参的值传给形参。虽然函数调用时，都是实参的值复制给形参变量，但不同的实参数据对主调函数、被调函数的影响不尽相同。在后面的章节中可以看到，C语言中函数间的参数传递有两种：一种是传数值(即传递基本类型的数据、结构体类型数据等，而非地址数据)；另一种是传地址(即传递存储单元的地址)。

【提示】 在定义一个函数时，函数的形参并不占用实际的存储单元，也没有实际值。只有当函数被调用时，系统才为形参分配存储单元，并完成实参与形参的数据传递，函数的形参才有了确定的值。

3. 运行结束

在C语言的程序执行过程中，无论发生多少次函数调用，最终都会返回到main函数中。当main函数的所有函数体语句都执行完后，会退出main函数返回计算机操作系统。

一个C语言的程序，一定是从main函数进入，最后又从main函数退出的。main函数是整个程序的主控程序。

6.9 函数的嵌套调用

例6-13 求1到10的阶乘和。

```
#include <stdio.h>
#define ZUIDASHU 2147483647
float QiuHe (int n);
float JieCheng (int n);
void main()
{
     float QiuHe(int nShuJu) ;
     printf("\ns=%-12.5le",QiuHe (N) );
}
float QiuHe (int n)
{
     float  JieCheng() ,fLeiJiaHe=0;
     int i;
     for (i=1;i<=n;++i)
          fLeiJiaHe=fLeiJiaHe+JieCheng (i) ;
     return fLeiJiaHe;
}
float JieCheng (int n)
{
     int i;float fLeiJi=1;
     for (i=2;i<=n;++i)
          fLeiJi *=i ;
     return fLeiJi;
}
```

程序运行的结果是

```
s=4.0379e+06
```

在上述的程序中，构造了三个函数，除了main函数外，函数sum实现了求和功能，函数float实现了求阶乘功能。和前面我们看到的程序是不同的，函数main只是调用了函数sum，在函数sum中又多次调用了float函数，如图6-8所示。

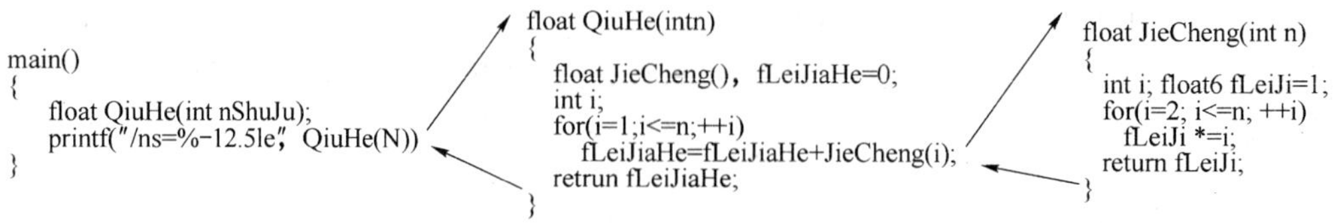

```
main()
{
    float QiuHe(int nShuJu);
    printf("/ns=%-12.5le", QiuHe(N))
}

float QiuHe(intn)
{
    float JieCheng(), fLeiJiaHe=0;
    int i;
    for(i=1;i<=n;++i)
        fLeiJiaHe=fLeiJiaHe+JieCheng(i);
    retrun fLeiJiaHe;
}

float JieCheng(int n)
{
    int i; float6 fLeiJi=1;
    for(i=2; i<=n; ++i)
        fLeiJi *=i;
    return fLeiJi;
}
```

图6-8 函数的嵌套调用

C 语言规定，一个函数可以调用另一个函数，这个被调用函数还可以调用其他函数，可以形成任何深度的调用层次。事实上，C 程序全部都是由函数组成的，每个函数之间都是平等和独立的。函数之间层层调用，最终完成复杂的程序功能。在一个函数被调用执行的过程中又调用了另外一个函数，这种调用被称为“函数的嵌套调用”。

一个程序中所有的函数之间是平等关系，每个函数都必须独立定义，不允许函数嵌套定义。但允许函数之间存在嵌套调用，也就是每一个函数都可以调用其他任何函数或被其他任何函数调用。但在这些函数里，函数 main 是一个有些特殊的函数，所有的 C 程序都从 main 函数开始执行，也就是说计算机将从 main 函数的第一句开始执行，所以 main 函数不能被其他函数调用。

6.10 局部变量和全局变量

从变量的作用域（即从空间）角度可以将变量分为局部变量和全局变量。

6.10.1 局部变量

在一个函数内部定义的变量，它的作用范围是从定义处开始到本函数的结束为止，由于这种方式定义变量只是在整个程序的某一个小的范围内起作用，我们称之为局部变量。局部变量只能在定义它的函数内使用，在此函数外是不能使用这些变量的。

6.10.2 全局变量

1. 全局变量

与局部变量相对应，如果在函数外面定义的变量，则我们称之为外部变量。外部变量是全局变量。全局变量可以被本程序中的多个函数使用，其有效范围是从定义处开始直到程序结束为止。

【提示】 在 Windows 程序设计中，通常将全局变量的变量名加上前缀“m_”，以区分局部变量。

2. 全局变量的应用

使用全局变量会给编程带来一些便利。由于从全局变量定义处开始向后的所有函数都可以看到该变量的定义，因此都能使用该变量，在其中一个函数中如果修改了某一个全局变量的数值，那么在另外一个函数中再次使用该变量时，获取的将是已经修改后的数据。实际上，全局变量提供了另外的函数间进行数据联系的渠道，这种方式有效地解决了函数只能通过 return 语句带给主调函数一个运算结果的情况。

通常情况下，函数的形参数量是有限的，如果一个函数的形参数量过多，给书写和阅读都会带来一些麻烦。通过全局变量在不同函数间传递数据，可以有效地减少形参个数，使函数的书写更加简洁。

与函数调用时实参向形参传递数据的数据交互方式相比，通过全局变量进行各函数之间的数据交互有一些优势。由于全局变量在开始运行程序时就已经分配了存储空间，并且在程序运行过程中并不释放这些存储单元,因此通过全局变量传递数据时在函数调用过程中没有分配和释放形参的存储单元的过程,可以减少参数传递时的时间开销。

3. 全局变量的弊端

虽然全局变量给程序编写可以带来一些方便,但在实际的程序设计过程中,应该限制全局变量的使用。使用全局变量带来的弊端包括以下几个方面。

(1) 内存开销大

和局部变量"用之则建,用完即撤"的方式不同,全局变量从程序开始运行的时候就占据了内存单元,直到程序运行结束才会释放这些存储空间。显然,如果大量使用全局变量将会造成计算机内存开销增加。显然不如局部变量仅在需要时才占有存储单元的方式。

(2) 通用性差

编写函数的目的一方面是使程序符合模块化设计的原则,另一个方面是希望能得到更多的通用模块,这些具有良好通用性的模块不但可以在当前程序中使用,而且今后可以很方便地移植到其他程序中,因此希望每个函数都有明确的"输入/输出界面"。如果在函数中使用了全局变量,实际上该函数已经不具有独立性了,在其他需要使用该函数的程序中,也要提供这些全局变量,否则会出现编译错误。全局变量的使用使不同函数之间的"耦合性"增强,每个函数的"独立性"降低。

(3) 可读性差

过多的使用全局变量,在不同函数中遇到全局变量时难以判断当前该变量的取值,因为各个函数执行时都可能改变全局变量的数值,这给程序的调试带来麻烦。而且使用过多全局变量的程序是难以阅读的,这同时给程序维护设置了障碍。

6.10.3 内部变量和外部变量

全局变量和局部变量的区分是比较清晰的,但在C语言中会经常提到另外一组概念:内部变量和外部变量。从上面的论述可以看出,全局变量和局部变量的区分是以函数为界面的,在函数外面定义的变量是全局变量,当然是外部变量;在函数内部定义的变量是局部变量。在函数内部经常会有复合语句,在复合语句内也会定义变量,这种变量当然是局部变量,这种情况下还要做内部变量和外部变量的区分。在一个复合语句内定义的变量称为内部变量,在复合语句外定义的变量对这个复合语句而言就是外部变量了。

内部变量和外部变量的区分不是绝对的,和当前程序运行到达的位置有关。例如,函数的形参是局部变量,也是函数体的内部变量,但函数的形参对函数体内的复合语句就是外部变量了。

内部变量和外部变量可以使用同一个标识符,它们之间是不会发生冲突的。在内部变量的作用域内,外部变量不起作用。也就是说,确定当前正在使用的某个变量的值是取外部变量的值还是取内部变量的值的原则也是从当前使用的变量向上看,能看到的距离它最近的一个定义,就是正在使用的这个变量的定义。

例 6-14 读程序,写结果。

```
#include <stdio.h>
void main()
{
```

```
    int nShuJu = 10;{                //a
        int nShuJu = 20;             //b
        printf ("%d,",nShuJu);
    }
    printf("%d\n",nShuJu);           //c
}
```

程序运行的结果是

20,10

从上面的程序可以看出:内部和外部的概念并不是绝对的,而是相对的。复合语句是在一对花括号内书写的多条语句,之所以把多条语句用一对花括号扩起来,因为从复合语句外面看,实际上复合语句是看作一条语句的,因此也就无法看到复合语句的内容了。在复合语句中定义的变量,也算作是局部变量,它只能在复合语句内部被使用,在复合语句外面是无法使用该变量的,因此对这个复合语句它又是内部变量。本程序中,第 5 行到第 8 行是一个复合语句,在此符合语句内定义的变量 nShuJu 只在本语句内有效,所以第 7 行的输出语句输出了当前变量 nShuJu 的值为 10。当程序运行到第 9 行的输出语句时,这个输出语句中定义的变量 nShuJu 使用的是程序第 4 行定义的变量,因为从第 9 行程序向上看,是不能看到上面的复合语句中的内容的,也就是说无法看到第 6 行的变量定义。从本程序可以看出,第 4 行定义的变量 nShuJu 定义在 main 函数的内部,因此它是一个属于 main 函数的局部变量,而该变量对复合语句而言,由于它定义在复合语句的外面,因此对复合语句它是一个外部变量。

下面用一个内存分配的示意图来说明这个问题,如图 6-9 所示。

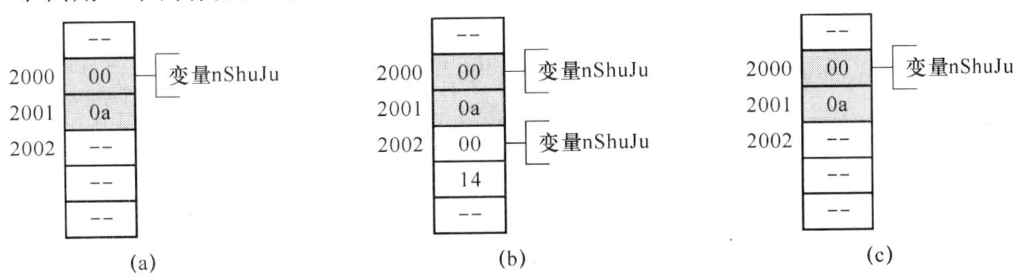

图 6-9 内存分配示意图

当例 6-14 运行到第 4 行时在内存中给变量 nShuJu 分配了 2 个字节的存储空间,并且将这个变量初始化赋值为 10;当程序运行到第 6 行时,可以看到内存中又给这条语句定义的变量 nShuJu 分配了存储单元,并将该变量初始化赋值为 20。这时候在内存中同时存在两个名字为 nShuJu 的变量,但因为它们有各自的存储空间,所以并不会发生冲突。当程序运行到第 9 行,退出复合语句,那么在复合语句内部定义的变量 nShuJu 所占用的存储空间被释放,内存中只有第 4 行定义的变量 nShuJu 了。

6.11 变量的存储类别

回顾一下前面讲过的变量定义,在定义变量的时候不但要用标识符表示变量名,而且要给出变量的数据类型。实际上,程序中的每个变量还有存储期属性(storage duration)和存储类别属性(storage class)。

6.11.1 存储期属性

1. 变量的生命期

变量的生存期(storage durations),也就是变量的生命周期(life time),可以理解为:程序运行期间,变量从分配到存储空间开始一直到存储空间被释放这一过程。

生命期指在程序执行期间,一个标识符实际占有分配给它的存储单元的时间。我们说过对于局部变量的存储单元是在控制进入函数的瞬时建立的。当函数在执行时,变量是"活的",当函数最终退出时,存储单元被释放,相比较,一个全局变量是与整个程序的生命期是相同的,当程序开始执行时,存储单元只分配一次,只有当整个程序中断时才释放。

变量的存储期是该变量在内存中的存在期。某些变量的存在是短暂的,有些变量会被反复地建立和撤销,而另外一些变量存在于程序的整个执行期间。

2. 变量存储方式

根据变量存在期的不同,可以将变量的存储方式分为静态存储方式和动态存储方式。

系统分配的供用户使用的内存空间可以分为三部分:

(1) 程序区。

(2) 静态存储区。

(3) 动态存储区。

程序运行过程中使用的变量分别存放在静态存储区和动态存储区中。

静态存储区中存放了在整个程序执行过程中都存在的变量,例如全局变量。这类变量在程序开始运行时就获得了存储空间,直到程序运行结束才释放存储空间,在程序运行的过程中,这类变量都占有固定的存储单元,而不是动态地进行分配和释放。

动态存储区中存放的变量是根据程序运行的需要而建立和释放的。通常情况下,存储在动态存储区中的变量包括:

(1) 函数的形式参数。

(2) 自动变量。

(3) 函数调用时的现场保护和返回地址等。

上述的这些类型的变量,在函数开始调用的时候才分配存储空间,函数调用结束时释放这些空间。因此,两次调用同一个函数,这些变量获取的存储空间地址可能是不同的。

3. 变量的作用域

在程序中出现的各种标识符,它们的作用域是不同的。一般而言,在一个作用域内声明的局部变量对于在该作用域外定义的代码不可见。因此,当在作用域中声明变量时,可以防止变量被作用域外的代码访问或修改。

C语言中用得最多的应当算是局部变量了,而局部变量的作用域一般认为在函数体内有效。局部变量的内存分配管理和销毁是由编译器来实现的,程序编写者不用考虑其实现细节。当函数执行完成返回时,局部变量将全部被销毁,这决定了其生存周期,如图6-10所示。

不同作用域的变量允许同名。如果两个同名变量的作用域互不相交(譬如分处两个源文件的的两个外部静态变量)，那当然互不搭界。如果一个作用域包含另一个作用域，则在程序运行时，会发生屏蔽现象。当进入内层时，外层的变量被内层的同名变量屏蔽。即这时实际访问的是内层变量。当内层终止时，外层变量便又显露出来。

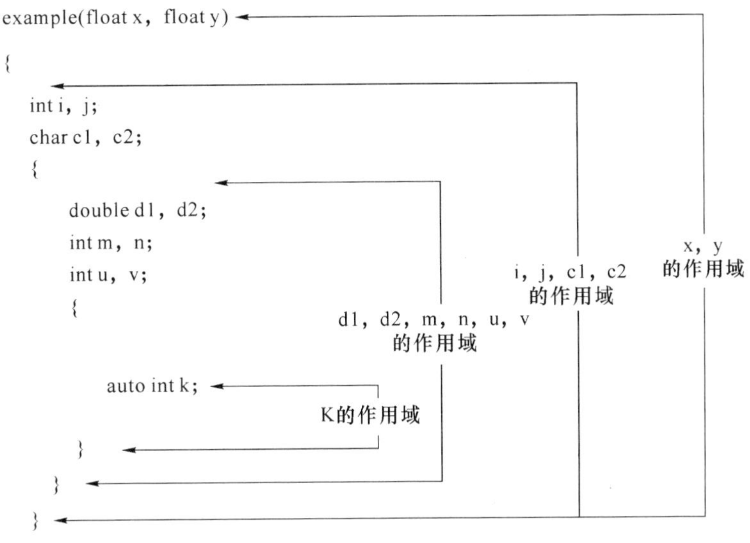

图 6-10　变量作用域示意图

6.11.2　存储类别属性

一个变量除了要定义数据类型和变量名之外，还应该定义该变量的存储属性。C语言支持的存储类别分为四类：自动的(auto)、静态的(static)、寄存器的(register)和外部的(extern)。

1. 自动变量

关键字 auto 类型定义的变量为自动类型的变量，系统默认的变量属性就是自动类型，所以通常情况下很少使用关键字 auto。在此前我们定义变量时没有定义变量的存储类型，实际上这些变量都是 auto 型的变量。

自动变量只是在需要的时候存在，所以自动存储是节省内存的一种方法。自动变量在进入声明该变量的函数时建立，退出该函数时撤销。局部变量都是 auto 型变量。

2. 寄存器变量

如果一个变量的数据类型定义为寄存器变量，实际上是建议编译器把该变量装载到计算机的一个高速硬件寄存器中。如果频繁地使用例如计数器和累加器等变量，放入寄存器中可以避免过度频繁地把变量从内存装载到寄存器中并把结果返回到内存中，可以提高运行速度。

不是所有的定义为寄存器类型的变量都可以存放在寄存器中的。

(1) 只有局部自动变量和形式参数可以作为寄存器变量，其他变量不行。

(2) 由于计算机系统中寄存器数目是有限的，不能定义任意多个寄存器变量。有的系统对寄存器变量当作自动变量处理，有的系统只允许将 int、char 和指针型变量定义为寄存器变量。

(3) 局部静态变量不能定义为寄存器变量。

3. 静态变量

例 6-15 读程序,写结果。

```
#include <stdio.h>
HanShu(int a)                          //3
{
      int b = 0;
      static int c = 3;                //4
      b++;
      c++;
      return(a + b + c);               //5
}
void main()
{
      int j = 2,i;                     //1
      for(i = 0;i<3;i++)
           printf("%4d",HanShu(j));    //2
}
```

程序运行的结果是:

7 8 9

让我们看看程序运行过程中各变量的数值,如表 6-1 所示。

表 6-1 例 6-15 变量状态表

运行位置	main 函数变量		HanShu 函数变量			说明
	j	i	a	b	c	
	--	--	--	--	3	程序开始运行,首先为静态变量 c 分配了存储空间并进行了初始化
1	2	不定	--	--	3	变量 i 和 j 分配了存储空间并对 j 进行了初始化
	2	0	--	--	3	开始执行循环
2	2	0	--	--	3	调用函数 HanShu
3	2	0	2	--	3	进入 HanShu 函数,建立了形参 a 的存储空间并将实参数值传递给形参
4	2	0	2	0	3	static 定义行不再执行了,分配了变量 b 的存储空间并进行了初始化
5	2	0	2	1	4	执行返回语句,函数的返回值为 7
	2	1	--	--	4	再次执行循环判断
2	2	1	--	--	4	再次调用 HanShu 函数

续 表

运行位置	main 函数变量		HanShu 函数变量			说明
	j	i	a	b	c	
4	2	1	2	--	4	同上
	2	1	2	0	4	
5	2	1	2	1	5	函数返回值为 8
	2	2	--	--	5	再次执行循环判断
2	2	2	--	--	5	再次调用 HanShu 函数
4	2	2	2	--	5	同上
	2	2	2	0	5	
5	2	2	2	1	6	函数返回值为 9
	2	3	--	--	6	再次执行循环判断,循环终止
	2	3	--	--	6	程序运行结束

具有静态变量类型的变量从程序开始执行起就一直存在。对具有静态变量存储期的变量而言,存储空间是程序开始运行时就一次性分配和初始化的。HanShu 函数中定义的形参变量和进入函数体后定义的变量都是局部变量。从表 6-1 中可以看出,虽然都是局部变量,但变量 a、b 和 c 的特性是完全不同的。程序开始运行时就为变量 c 分配了存储单元,并且该存储单元在程序运行的过程中是一直存在的。在调用 HanShu 函数时,首先为形参 a 分配存储单元,进入 HanShu 函数后才为变量 b 分配存储单元。当 HanShu 函数函数调用结束时,变量 a 和 b 所分配的存储单元将被释放,但变量 c 却一直占据着固定的存储单元,函数调用结束后该变量的占用的存储单元也不释放。

用关键字 static 声明的局部变量只能被定义该变量的函数识别,但是不同于自动变量,用 static 关键字声明的局部变量也是在程序开始运行的时候就获取了相应的存储空间,并且在退出函数时,仍然保留其值。下次调用该函数时,该变量拥有最近一次退出该函数时所拥有的值。在三次调用 HanShu 函数的过程中,由于变量 c 的存储单元一直存在,因此它的数值就是上次调用函数过程中运行的结果。

让我们看下面一个程序。

例 6-16 读程序,写结果。

```
#include <stdio.h>
HanShu(int a)
{
    int b = 0;
    static int c;
    b++;
    c++;
    return(a + b + c);
}
void main()
{
```

```
    int j = 2,i;
    for(i = 0;i<3;i ++ )
        printf(" % 4d",HanShu(j));
}
```

程序运行的结果是：

```
4  5  6
```

从上面两个程序的运行结果做对比可以看出：静态变量的初始化只执行一次。虽然两个程序都三次调用 HanShu 函数，但该函数中变量 c 的定义语句只执行一次，并且是在程序开始运行的时候就执行的，并不是在调用函数的时候才执行该语句。

如果静态变量不明确进行初始化，那么这些变量都将被初始化为 0。

让我们来分析一个更为复杂的例子。

例 6-17 读程序，写结果。

```
#include <stdio.h>
int a = 2;                  //2
int HanShu(int n)
{
    static int a = 3;       //5
    int t = 0;
    if(n % 2)
    {
        static int a = 4;   //9
        t += a ++ ;
    }
    else {
        static int a = 5;   //13
        t += a ++ ;
    }
    return t + a ++ ;
}

main()                      //18
{
    int s = a,i;            //20
    for(i = 0;i<3;i ++ )
        s += HanShu (i);    //22
    printf("s = % d\n",s);
}
```

程序运行的结果是：

```
s = 29
```

下面我们还是通过列表的方式分析程序运行过程中各变量存储的数值的变化情况来分析程序运行的结果，如表 6-2 所示。(变量名后面的括号内的数字表示该变量定义的行编号，单元格标记“--”表示该变量不存在。)

表 6-2　例 6-17 变量状态表

运行位置	main					HanShu 函数			说明
	a(2)	s	i	n	t	a(5)	a(9)	a(13)	
	2	--	--	--	--	3	4	5	第 2 行的全局变量，其他行的局部静态变量
20	2	2	不定	--	--	3	4	5	程序从 main 函数开始运行
22	2	2	0	--	--	3	4	5	调用函数 function
3	2	2	0	0	--	3	4	5	实参传递数值给形参
7	2	2	0	0	0	3	4	5	
15	2	2	0	0	5	3	4	6	
16	2	2	0	0	5	4	4	6	
22	2	10	0	--	--	4	4	6	函数的返回值为 8
21	2	10	1	--	--	4	4	6	
22	2	10	1	--	--	4	4	6	调用函数 function
3	2	10	1	1	--	4	4	6	实参传递数值给形参
7	2	10	1	1	0	4	4	6	
11	2	10	1	1	4	4	5	6	
16	2	10	1	1	4	5	5	6	
22	2	18	1	--	--	5	5	6	函数的返回值为 8
21	2	18	2	--	--	5	5	6	
22	2	18	2	--	--	5	5	6	调用函数 function
3	2	18	2	2	--	5	5	6	实参传递数值给形参
7	2	18	2	2	0	5	5	6	
15	2	18	2	2	6	5	6	6	
16	2	18	2	2	6	6	6	6	
22	2	29	2	--	--	6	6	6	函数的返回值为 11
21	2	29	3	--	--	6	6	6	
23	2	29	3	--	--	6	6	6	程序运行结束

从上述的运行过程分析可以看出，在局部变量的作用范围内，具有相同变量名的全局变量不起作用。

请自己阅读下面的程序，并写出程序运行结果。

例 6-18　读程序，写结果。

```
#include <stdio.h>
HanShu(int a,int b)
{
    static int m,i - 2;
    i += m + 1;
    m = i + a + b;
    return(m);
```

```
}
main()
{
      int k = 4,m = 1,p;
      p = HanShu(k,m);
      printf("%d",p);
      p = HanShu(k,m);
      printf("%d\n",p);
}
```

【提示】 虽然静态变量的使用会给我们带来一定的方便,但是过多使用静态变量,将多占用内存(因为静态变量占用的的内存直到程序运行结束才会释放),而且降低了程序的可读性,当多次调用带有静态变量的函数时,有可能会混淆当前使用的局部静态变量的数值,并给今后程序的维护带来了麻烦。因此,如果有必要,应该尽可能少用局部静态变量。

4. 外部变量

用 extern 声明的变量是外部变量。这里说的外部变量是表示变量的存储属性,和前面提到的"内部变量和外部变量"不是同一个概念。

(1) 在一个文件内声明外部变量

例 6-19 读程序,写结果。

```
#include <stdio.h>
void num()
{
      extern int x,y;
      int a = 15,b = 10;
      x = a - b;
      y = a + b;
}
int x,y;
main()
{
      int a = 7,b = 5;
      x = a - b;
      y = a + b;
      printf("%d,%d\n",x,y);
      num();
      printf("%d,%d\n",x,y);
}
```

程序运行的结果是:

```
2,12
5,25
```

当程序运行到第 15 行的时候,变量 x 和 y 中存储的数值分别为 2 和 12,接着 main 函数调用了 num 函数。看程序的第 9 行,这里定义了全局变量 x 和 y,由于这个定义在 num 函数后面,因此在 num 函数中应该是无法使用这两个变量的。请注意第 4 行在 num 函数中定义了外部变量 x 和 y,这个定义使得 num 函数开始去查找在它后面定义的同名变量,也就是说这个定义使得 num 函数中可以使用第 9 行定义的这两个整型变量了。

在一个文件内部定义的外部变量，其作用范围从定义处开始，直到文件结束为止。如果外部变量的定义处并不在文件开头，那么在定义位置前是不能使用该变量的，在这种情况下如果需要使用这个外部变量，必须在使用前用 extern 对该变量进行重新声明方可使用。

【提示】 用 extern 定义属性的全局变量和定义其他存储类型的变量是有本质上的不同的。用 extern 定义变量，实质上是对“外部变量的声明”而不是定义变量，也就是说，定义这种类型的变量时并不建立该对象的存储空间，而是从已经定义过的变量里找到与这个变量名相同的变量，实际使用的是在其他位置定义的变量。

在上述的程序中，运行程序第 9 行时分配了变量 x 和 y 的存储单元，在程序第 4 行根本没有建立变量 x 和 y 的存储空间，而是通知系统这里要使用的是第 9 行已经分配好的变量 x 和 y。

(2) 在多文件的程序中声明外部变量

一个 C 程序可以由一个文件组成，也可以由多个文件组成。当由多个文件组成的时候，如果在其中一个文件中需要引用在另外一个文件中已经定义的外部变量，这时需要在本文件中用 extern 做“外部变量声明”，声明后就可以使用这个变量了。

(3) 静态的外部变量

如果一个程序只有一个源文件，那么定义的外部变量是在程序运行开始时就分配了存储空间，直到程序运行结束才释放所占用的存储单元。

在一个 C 程序由多个文件组成的时候，如果其中一个文件将某一个外部变量定义为 static 类型，这时候称这个变量定义为“静态的外部变量”。静态外部变量只能在本文件中使用，而不能在其他文件中使用，也就是说，这时候不能通过在其他文件中用 extern 定义的方式来声明并使用这个变量。

5. 作用域与生命期的关系

对变量进行存储类型定义，是 C 语言的一个特点，也是一个难点。在进行程序设计的过程中，尤其是在进行较大规模的程序设计时，务必要弄清楚变量的作用域和生存期。表 6-3 是对 4 种不同的存储类型的数据的作用域和生存期的汇总。

表 6-3　变量作用域与生命期对应表

变量的存储类型		函数内		函数外		文件外		说明
		作用域	生存期	作用域	生存期	作用域	生存期	
自动类型	局部变量	√	√	×	×	×	×	一致
寄存器变量	局部变量	√	√	×	×	×	×	一致
静态变量	局部变量	√	√	×	√	×	√	不一致
	全局变量	√	√	√	√	×	×	一致
外部类型	全局变量	√	√	√	√	√	√	一致

其中，“√”表示有效或存在，“×”表示无效或不存在。由表中的内容可以看出，除了静态局部变量以外，其余变量在各种情况下作用域和生存期完全一致，即在变量的作用域内，其值存在并可以引用；在作用域外，其值不存在，当然也就不可能引用。至于静态局部变量，在函数内部，其作用域和生存期是一致的；而在函数外和文件外，其作用域和生存期是不一致的，即虽然变量的值存在，但不可以引用。

第7章 指　针

【本章要点】

- 变量、内存单元、变量地址和变量值之间有什么关系？
- 和普通变量相比，指针变量的定义、存储、初始化、运算有什么不同？
- 什么是“野指针”？如何避免出现“野指针”？
- 指针作为函数的参数有什么特点？

有一项体育运动叫“定向越野”，在这种比赛中参与者依靠地图、指北针等物品寻找组织者在大自然中预先设置的一定数量的检查点，以速度最快者为优胜的一种户外体育运动。定向越野是一种“体力＋智力＋团队合作精神”的活动，在大自然中每寻找到一个目标点都会有成功的喜悦，既有趣味性又具挑战性。

进行定向越野比赛的时候，参赛人员每次找到的并不是最终的目标，而是下一个目标的指示信息，直到最后一个目标才是真正的目的地。

7.1 变量的指针与指针变量

7.1.1 变量的指针与取地址运算符

例 7-1 输出变量的数值和存储地址。

```
#include<stdio.h>
void main()
{
int nZhengShu=5;
double fShiShu=3.14159;
    printf("BianLiang nZhengShu De ShuZhi Shi %d,CunChu DiZhi Shi %X\n",nZhengShu,&nZhengShu);
    printf("BianLiang fShiShu De ShuZhi Shi %f,CunChu DiZhi Shi %X\n",fShiShu,&fShiShu);
}
```

程序运行的结果是(可能输出的地址有所不同)：

```
BianLiang nZhengShu De ShuZhi Shi 5,CunChu DiZhi Shi FFD8
BianLiang fShiShu De ShuZhi Shi 3.141590,CunChu DiZhi Shi FFDA
```

例 7-1 在定义变量 nZhengShu 和 fShiShu 的时候，系统给这两个变量分配了存储空间，其中变量 nZhengShu 占 2 个字节，变量 fShiShu 占 8 个字节，并建立变量名到内存地址的一一对应关系。我们给出了例 7-1 的两个变量的在内存空间中的存储示意图，如图 7-1 所示。

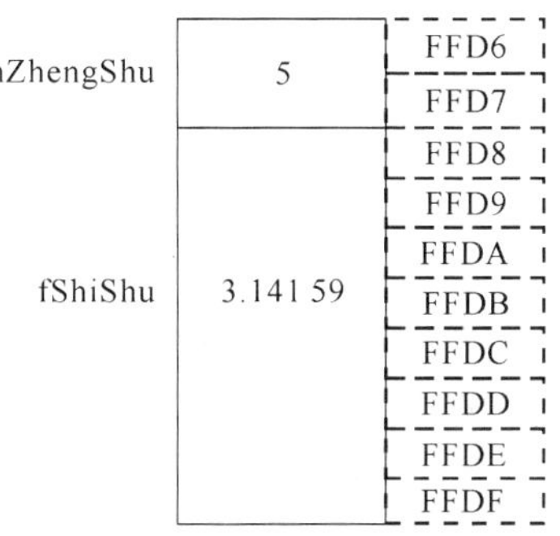

图 7-1 变量存储

【提示】 %X 是什么输出格式？%x 是什么输出格式？

1. 变量的地址

操作系统的一个重要功能就是内存管理，内存是按字节(8 位)排列的存储空间，每个字节有一个编号，称之为内存地址，就像一个大楼里每个房间有一个编号一样。在程序运行时，所有需要的运行数据都存放在内存储器中，操作系统为内存储器中的存储单元编上号码，该号码也称为内存储单元的编号。这样做的目的是为了让操作系统在工作时可以根据内存储单元的编号准确地找到该内存储单元。

在前面讲述变量定义的时候，我们知道了在程序中使用的变量都要遵循“先定义，后使用”的原则。在变量定义的过程中，给变量分配了存储单元并确定了存储形式。根据变量的数据类型不同，每个变量所占用的存储单元的数量是不同的(例如，int 型变量占 2 个字节，double 型变量占 8 个字节)，变量的存储方式也是不同的(例如，int 型变量采用定点存储方式而 double 型变量用浮点存储方式)。

前面我们提到的变量的存储单元的首字节的编号定义为该变量的地址。从上面的叙述可以看出，无论存储该变量需要多大的存储空间，但该变量的地址只有一个。

除了变量，在内存中还存储了程序和常量，与变量相同，程序中的每个函数和常量也有自己的存储地址。

【提示】 存储单元的地址与存储单元中存储的内容是两个完全不同的概念，请注意区分。

2. 变量的指针

变量的指针就是变量的地址。

如果知道了一个变量的指针，并且知道这个指针所存放的变量的数据类型，就可以获取这个变量的数值。

不同的数据类型所占用的字节数不同。例如 int 型变量占有两个连续的存储单元，虽然这两个存储单元都有各自的编号，但给这个 int 型变量的存储单元编号只要取第一个单元的编号就可以了。因为如果我们知道这个单元开始存储的是一个 int 型的变量，显然我们不能只读取这一个存储单元的数据，而是要读取从这个存储单元开始的连续 2 个存储单元的数据,在读取存储单元数据的时候按照定点存储的方式读出。

对一个 double 型的变量,占据了内存中连续的 8 个存储单元,虽然这 8 个存储单元都有自己的编号,但这个 double 型变量的存储单元编号同样也是取第一个存储单元的编号就可以了。知道了一个存储单元的编号,又知道这个存储单元里存放了一个 double 类型的变量,所以按照浮点存储格式从这个单元开始连续读出 8 个存储单元的数据,自然就获得了存储在该单元的变量数值。

3. 取地址运算符

变量存放在内存中,我们可以通过取地址运算符 & 来获取一个变量的地址。在一个变量前加 & 运算符,表示该变量的指针。

在介绍 scanf 函数时,我们曾经使用过取地址运算符来获取一个变量的地址。

【提示】 虽然在内存中也给常量有存储空间,但常量的存储空间是不能用取地址运算符获得的。

7.1.2 指针变量

例 7-2 用指针变量输出数据。

```
#include<stdio.h>
void main()
{
    int nZhengShu = 5, * npZhiZhen = &nZhengShu;
    printf("BianLiang nZhengShu De ShuZhi Shi %d,CunChu DiZhi Shi %X\n",nZhengShu,& nZhengShu);
    printf("BianLiang npZhiZhen De ShuZhi Shi %X,CunChu DiZhi Shi %X\n",npZhiZhen,& npZhiZhen);
}
```

程序运行的结果是(可能输出的地址有所不同):

```
BianLiang nZhengShu De ShuZhi Shi 5,CunChu DiZhi Shi FFDC
BianLiang npZhiZhen De ShuZhi Shi FFDC,CunChu DiZhi Shi FFDE
```

在例 7-2 中,定义了一个整型指针变量 npZhiZhen,该指针变量在获取了整型变量 nZhengShu 的地址后,就可以通过指针变量访问数据了。变量 nZhengShu 的数值为 5,存储在 FFDC 和 FFDD 单元,变量 npZhiZhen 的数值为 FFDC,存储在 FFDE 和 FFDF 单元,如图 7-2 所示。

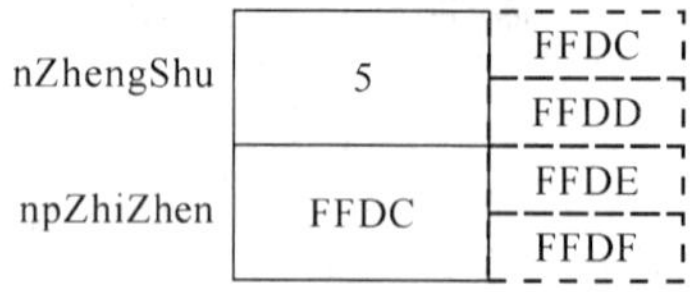

nZhengShu	5	FFDC
		FFDD
npZhiZhen	FFDC	FFDE
		FFDF

图 7-2 变量存储

1. 指针变量的定义

例 7-2 中指定的变量 npZhiZhen 称为指针变量。指针变量是一种特殊的变量,该变量用来保存一个指针值。定义一个指针变量的格式为:

```
数据类型符 *指针变量名称;
```

和普通变量相同，指针变量也要遵循“先定义，后使用”的原则。

(1) 数据类型

指针变量必须指定一种数据类型，数据类型可以是C语言支持的基本数据类型，也可以是用户自定义的数据类型。和前面变量的定义相同，指针变量的数据类型一旦在定义时指定后，在使用的过程中不能被改变。

(2) 指针声明符

在这里，* 是指针声明符，指针声明符表示它后面的一个变量是指针型变量。在定义指针变量时需要在变量名前加上指针声明符，但指针声明符并不是指针变量的组成部分。

【规则 7-1】 可以一次定义一个变量。例如：

```
int *p1; /*定义了一个指针变量p1,p1用来保存int型变量的指针*/
float *p2; /*定义了一个指针变量p2,p2用来保存float型变量的指针*/
```

【规则 7-2】 一次可以定义数据类型相同的多个指针变量，变量之后用逗号隔开。例如：

```
int *pn1, *pn2;      //定义了两个int型指针pn1和pn2
char *pc1, *pc2;     //定义了两个char型指针pc1和pc2
```

【规则 7-3】 如果一次定义数据类型相同的多个指针变量，每个指针变量前面都要加上*。例如：

```
int *pn1,pn2;  //定义了一个int型指针pn1和一个int型变量pn2,而不是定义两个指针变量
```

(3) 变量名

指针变量名是一个标识符，请按照标识符的命名规则命名。

【提示】 对指针变量命名时，建议用其类型名的首字母作为指针名的首字符，用p或ptr标表这是一个指针变量，以使程序有较好的可读性。例如，将float类型的指针的开头字符命名为fp、fptr或f_ptr等。

2. 指针变量的数据类型

在定义指针变量的时候，必须指定该指针变量的数据类型。和第2章中讲到的定义普通变量的数据类型不同，定义指针变量时指定的数据类型符说明该指针变量可以用来保存相同数据类型变量的指针。

在例7-2中，指针变量npZhiZhen的数据类型是int型，所以该变量在今后使用的过程中只能存储另外一个int型变量的地址，如果存储了非int型变量的地址，再使用这个指针变量的时候可以会带来错误，甚至可能会造成系统的崩溃。

3. 指针变量的存储

事实上，指针变量既然是一个变量，它就具有变量的特点。定义了一个指针变量后，在内存中就要分配一块存储单元与之对应，变量的数值也可以被改变。指针变量保存的是指针的值，其实就是一个内存地址值。在Turbo C中，它属于unsigned int类型，不论它保存一个int型变量的指针还是float型变量的指针，指针变量本身都占用2个字节。

在例7-2中，输出了指针变量npZhiZhen的存储地址。

【提示】 和普通的变量不同,指针变量的数据类型和指针变量的存储单元的数量、存储格式无关。

4. 指针变量的初始化

当我们定义了一个变量后,系统为该变量分配了存储空间,确定了该变量的存储格式,那么该变量就有了自己的数值。这种情况下,该指针变量的数值是不确定的,为了让该变量有一个确定的数值,我们可以在定义变量的时候就给变量赋值,这种方式叫做变量的初始化。

【提示】 还记得普通变量的初始化有几种不同形式吗?

在例 7-2 中,在定义指针变量 npZhiZhen 的时候,用变量 nZhengShu 的地址对它进行了赋值,这种方式我们称之为对指针变量进行初始化。

【规则 7-4】 可以取与指针变量数据类型相同的一个变量的地址对指针变量进行初始化。

【规则 7-5】 可以用已经有数值的同类型的指针变量进行初始化。

【规则 7-6】 在定义指针变量的时候,如果没有确定的指向,将指针变量的初始值设置为 NULL。这并不表示指针变量指向内存的 0 单元,而是表示这个指针没有指向任何目标。

7.2 用指针访问数据

例 7-3 用指针变量输出数据。

```
#include<stdio.h>
void main()
{
int nZhengShu = 5, * npZhiZhen = &nZhengShu;
      printf("& nZhengShu = %X,npZhiZhen = %X,npZhiZhen = %X \n",& nZhengShu,&npZhiZhen,npZhiZhen);
      printf("nZhengShu = %d, * npZhiZhen = %d\n",nZhengShu, * npZhiZhen);
}
```

程序运行的结果是(可能输出的地址有所不同):

```
& nZhengShu = FFDC,npZhiZhen = FFDE,npZhiZhen = FFDC
nZhengShu = 5, * npZhiZhen = 5
```

1. 指针变量的指向

一个指针变量存储了另外一个同类型变量的(指针)地址后,我们称该指针变量指向该变量,该变量就是指针变量的目标变量。

在例 7-3 中,用 int 型变量 nZhengShu 对指针变量 npZhiZhen 进行了初始化,指针变量 npZhiZhen 中存储了 int 型变量 ZhengShu 的地址,这时候我们就说:指针变量 npZhiZhen 指向变量 nZhengShu,变量 nZhengShu 是指针变量 npZhiZhen 的目标变量。

【提示】 如果一个指针变量没有存储同类型变量的指针，这时候这个指针变量是没有指向的，也就是说这个指针变量是没有目标变量的。我们称这种指针变量为“野指针”。

使用“野指针”将可能造成重大错误，甚至可能造成系统的崩溃。

2. 指针运算符

“ * ”运算符称为指针运算符，在一个指针变量前加“ * ”，表示该指针所指向的内存单元的值。也就是说，指针变量保存的是一个内存的起始地址值，指针变量加 * 后表示该地址对应的存储单元的值。

在例 7-3 中，指针变量 npZhiZhen 指向变量 nZhengShu，在 printf 输出语句中，通过两种不同的方式输出了变量 nZhengShu 的数值。其中的一种输出方法就是应用了指针运算符 * ，在指针变量前面加上指针运算符 * 后就获得了该指针变量所指向的目标变量的数值。

我们来详细分析一下，通过指针运算符是如何获取一个指针变量的目标变量的数值的。

从例 7-3 的运行结果我们可以看出，变量 nZhengShu 占用了 2 个存储单元，开始的存储单元是 FFDC 单元，在这两个存储单元中存放的数值是该变量的值 5；指针变量 npZhiZhen 也占用了 2 个字节的存储单元，开始的存储单元是 FFDE，经过初始化后，其中存放的数值是 FFDC。

在程序执行到 * npZhiZhen 的时候，首先在指针变量 npZhiZhen 的存储单元中找到该变量的数值，在本例中获取的数值是 FFDC，根据这个数值找到了编号为 FFDC 的存储单元。

在定义指针变量 npZhiZhen 的时候，我们已经指定了该指针变量是一个 int 型的指针变量。根据该指针变量的数值找到了 FFDC 单元后，按照整型变量占用 2 个字节的存储空间、按定点格式存储的规则，所以我们从这个单元开始，按照整型数据的存储格式连续读出 2 个字节的数据，显然我们读取的是变量 nZhengShu 的数值。

3. 直接访问与间接访问

下面我们看一个对指针运算符应用。

例 7-4 用指针变量输出数据。

```
#include<stdio.h>
void main()
{
float fShuJu = 0.5, * fpZhiZhen = &fShuJu;
printf("\nfShuJu = %f, * fpZhiZhen = %f",fShuJu, * fpZhiZhen);
* fpZhiZhen = 5.5;
printf("\nfShuJu = %f, * fpZhiZhen = %f",fShuJu, * fpZhiZhen);
* fpZhiZhen = * fpZhiZhen + 1.0;
printf("\nfShuJu = %f, * fpZhiZhen = %f",fShuJu, * fpZhiZhen);
}
```

程序运行的结果是：

```
fShuJu = 0.500000, * fpZhiZhen = 0.500000
fShuJu = 5.500000, * fpZhiZhen = 5.500000
fShuJu = 6.500000, * fpZhiZhen = 6.500000
```

在例 7-4 中，fpZhiZhen 是一个指针变量，在定义该变量的时候用变量 fShuJu 的指针

(也就是变量 fShuJu 的内存地址)进行了初始化,因此指针变量 fpZhiZhen 指向变量 fShuJu,变量 fShuJu 是指针变量 fpZhiZhen 的目标变量。* fpZhiZhen 表示指针所对应的内存单元的值,实际上就是变量 fShuJu 的值。因此,对 * fpZhiZhen 的赋值会直接改变变量 fShuJu 的值。

"*"运算符的优先级比算术运算符高,因此 * fpZhiZhen+1.0 等价于(* fpZhiZhen)+1.0。

在例 7-4 中,我们分析一下系统如何使用 * 运算符存取变量 fpZhiZhen 的内存单元。指针变量 fpZhiZhen 是一个变量,它保存的是 fpZhiZhen 的指针值,或者说是变量 fpZhiZhen 的内存起始地址。系统可以根据指针变量 fpZhiZhen 保存的内存地址,定位变量 fpZhiZhen 的内存单元起始位置。

那么,系统如何知道从该位置起的 4 个字节是要存取的单元呢?这是因为指针变量 fpZhiZhen 在定义时,数据类型是 float,系统按照 float 型的字节个数进行存取。这也进一步说明,如果想把一个指针变量指向一个变量,二者的类型一定要相同,否则系统在使用 * 运算符时就会发生错误。

在例 7-4 中对变量 fShuJu 进行了初始化,实际上是对该变量进行了赋值操作,这里对变量的赋值和后面输出语句中对变量 fShuJu 的引用都是通过引用变量名称来进行的。再看在前面的章节中经常出现的例子:

```
int m,n;
m = 1;
n = m;
```

语句 m=1 表示将常量 1 赋给变量 m 所在的内存单元;语句 n=m 表示将变量 m 所在内存单元的值复制到变量 n 所在内存单元。这种通过变量名称引用变量内存单元的方式称为直接访问。

在例 7-4 中,定义了指针变量 fpZhiZhen 并且让该指针变量指向变量 fShuJu,然后利用了指针变量,通过变量的指针(即变量的内存地址)来引用内存单元的值,这种方式称为间接访问。

我们看一个生活中的例子。为了打开一个 A 抽屉,有两种办法,一种是将 A 抽屉的钥匙带在身上,需要时直接找出该钥匙打开抽屉,取出所需的东西,这种方式就类似于我们讨论的对变量的"直接访问"方式。另一种办法是,为安全起见,将该 A 抽屉的钥匙放在另一个抽屉 B 中锁起来。如果需要打开 A 抽屉,就需要先找出 B 抽屉中的钥匙,打开 B 抽屉,取出 A 抽屉的钥匙,再打开 A 抽屉,取出 A 抽屉中之物,这就是"间接访问"。指针变量相当于 B 抽屉,B 抽屉中的东西相当于地址(如果把钥匙比喻成地址,不甚确切),A 抽屉中的东西相当于存储单元的内容。

让我们再看一个指针变量访问数据的例子。

例 7-5 用指针交换两个数据。

```
#include<stdio.h>
void main()
{
int nShuJu1 = 2,nShuJu2 = 3, * nZhiZhen1, * nZhiZhen2,nLinShi;
nZhiZhen1 = &nShuJu1;
nZhiZhen2 = &nShuJu2;
printf(" nShuJu1 =% d, nShuJu2 =% d, nZhiZhen1 =% d, nZhiZhen2 =% d\n", nShuJu1, nShuJu2, *
```

```
nZhiZhen1, * nZhiZhen2);
    nLinShi = * nZhiZhen1;
    * nZhiZhen1 = * nZhiZhen2;
    * nZhiZhen2 = nLinShi;
    printf(" nShuJu1 =% d, nShuJu2 =% d, nZhiZhen1 =% d, nZhiZhen2 =% d\n", nShuJu1, nShuJu2, *
nZhiZhen1, * nZhiZhen2);
    }
```

程序运行的结果是：

```
nShuJu1 = 2,nShuJu2 = 3,nZhiZhen1 = 2,nZhiZhen2 = 3
nShuJu1 = 3,nShuJu2 = 2,nZhiZhen1 = 3,nZhiZhen2 = 2
```

在例 7-5 中，由于指针变量 nZhiZhen1 和 nZhiZhen2 分别指向变量 nShuJu1 和 nShuJu2，所以 * nZhiZhen1 就是 nShuJu1 的值，* nZhiZhen2 就是 nShuJu2 的值。程序中交换了 * nZhiZhen1 和 * nZhiZhen2 的值，就是交换了变量 nShuJu1 和 nShuJu2 的值，即改变了指针变量 nZhiZhen1 和 nZhiZhen2 所指向的变量的值。在完成数据交换的过程中，指针变量 nZhiZhen1 和 nZhiZhen2 的值没有任何改变，所以他们仍然分别指向变量 nShuJu1 和 nShuJu2，因此完成数据交换后，用指针变量 nZhiZhen1 和 nZhiZhen2 访问它们的目标变量，仍然是获得变量 nShuJu1 和 nShuJu2 的值，如图 7-3 所示。

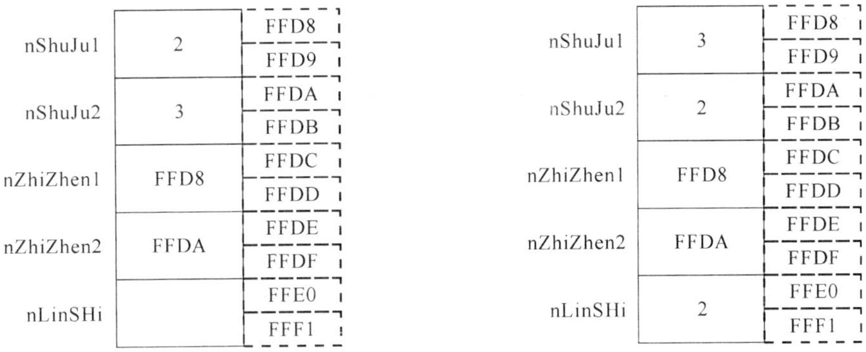

变量	值	地址
nShuJu1	2	FFD8 FFD9
nShuJu2	3	FFDA FFDB
nZhiZhen1	FFD8	FFDC FFDD
nZhiZhen2	FFDA	FFDE FFDF
nLinSHi		FFE0 FFF1

(a) 进行交换操作前

变量	值	地址
nShuJu1	3	FFD8 FFD9
nShuJu2	2	FFDA FFDB
nZhiZhen1	FFD8	FFDC FFDD
nZhiZhen2	FFDA	FFDE FFDF
nLinSHi	2	FFE0 FFF1

(b) 进行交换操作后

图 7-3 例 7-5 内存分配示意图

例 7-6 直接访问和间接访问示例。

```
#include <stdio.h>
void main()
{
    int nShuJu, * npZhiZhen = &nShuJu;
    printf("Qing ShuRu YiGe ZhengShu:");
    scanf(" % d", npZhiZhen);
    printf("ShuRu de Shu Shi: % d\n", nShuJu);
    * npZhiZhen * = 2;
    printf("JiaBei hou Shi: % d\n", nShuJu);
}
```

程序运行的结果是：

```
Qing ShuRu YiGe ZhengShu:3
ShuRu de Shu Shi:3
JiaBei hou Shi:6
```

7.3 指针变量的运算

指针变量是一类特殊的变量，它也可以进行若干种运算，包括赋值运算、关系运算和算术运算。

7.3.1 指针的赋值运算

指针变量既然是一种变量，它的值就可以赋值和重新赋值，指针变量之间也可以互相赋值。

1. 用变量的指针为指针变量赋值

下面的例子两次输出 * cpZiFu 的值，但结果不同。

例 7-7 用变量的指针对指针变量进行赋值。

```
#include<stdio.h>
void main()
{
char cShuJu1 = 'A',cShuJu2 = 'V', * cpZiFu;
cpZiFu = &cShuJu1;
printf("\n cpZiFu = %X, * cpZiFu = %c",cpZiFu , * cpZiFu);
cpZiFu = &cShuJu2;
printf("\n cpZiFu = %X, * cpZiFu = %c",cpZiFu , * cpZiFu);
}
```

程序运行的结果是：

```
cpZiFu = FFDE, * cpZiFu = A
cpZiFu = FFDF, * cpZiFu = V
```

在例 7-6 中，第一次打印 * cpZiFu 时，指针变量 cpZiFu 中存储了变量 cShuJu1 的指针，指针变量 cpZiFu 指向变量 cShuJu1，变量 cShuJu1 是指针变量 cpZiFu 的目标变量，因此 * cpZiFu是 cShuJu1 的值；然后 cpZiFu 又被赋以变量 cShuJu2 的指针，这时候指针变量 cpZiFu 指向变量 cShuJu2，变量 cShuJu2 是指针变量 cpZiFu 的目标变量，因此第二次打印 * cpZiFu 时，显示的是 cShuJu2 的值。

2. 同类型指针变量之间相互赋值

一个已经获得目标变量地址的指针变量可以给另外一个同类型变量赋值。

例 7-8 同类型指针变量之间相互赋值。

```
#include<stdio.h>
void main()
{
```

```
double fShuJu = 3.14, * fpZhiZhen1, * fpZhiZhen2;
fpZhiZhen1 = &fShuJu;
fpZhiZhen2 = fpZhiZhen1;
printf("BianLiang DiZhi: fShuJu = %X, fpZhiZhen1 = %X, fpZhiZhen2 = %X\n", &fShuJu, &fpZhiZhen1,
&fpZhiZhen2);
printf("ZhiZhen BianLiang: fpZhiZhen1 = %X, fpZhiZhen2 = %X\n", fpZhiZhen1, fpZhiZhen2);
printf("FangWen ShuJu: fShuJu = %f, * fpZhiZhen1 = %f, * fpZhiZhen2 = %f\n", fShuJu, * fpZhiZhen1,
* fpZhiZhen2);
}
```

程序运行的结果是：

```
BianLiang DiZhi: fShuJu = FFD4, fpZhiZhen1 = FFDC, fpZhiZhen2 = FFDE
ZhiZhen BianLiang: fpZhiZhen1 = FFD4, fpZhiZhen2 = FFD4
FangWen ShuJu: fShuJu = 3.140000, * fpZhiZhen1 = 3.140000, * fpZhiZhen2 = 3.140000
```

从例 7-7 的运行结果可以看出，用变量 fShuJu 的指针（地址）对指针变量 fpZhiZhen1 进行了赋值操作，所以指针变量 fpZhiZhen1 指向变量 fShuJu，变量 fShuJu 是指针变量 fpZhiZhen1 的目标变量。随后，用指针变量 fpZhiZhen1 对指针变量 fpZhiZhen2 又进行了赋值操作，指针变量 fpZhiZhen2 中存储了和指针变量 fpZhiZhen1 相同的数值，也就是变量 fShuJu 的指针（地址），所以指针变量 fpZhiZhen2 也指向变量 fShuJu，变量 fShuJu 是指针变量 fpZhiZhen2 的目标变量。

在输出目标变量的语句中，用直接访问方法和间接访问方法获取的结果是一样的。

【提示】 只有同类型指针变量之间才可以相互赋值，不同类型指针变量之间相互赋值是错误的。例如：

```
float f;
int * np;
np = &f; /* 错误 */
```

这里，int 型指针变量 np 被定义为只能保存 int 型变量的指针，但赋值语句试图将一个 float 型变量的指针赋给 np。

我们再看一个同类型指针变量之间相互赋值的例子。

例 7-9 交换两个指针的指向。

```
#include<stdio.h>
void main()
{
int nShuJu1 = 2, nShuJu2 = 3, * nZhiZhen1, * nZhiZhen2, * npLinShi;
nZhiZhen1 = &nShuJu1;
nZhiZhen2 = &nShuJu2;
printf(" nShuJu1 = %d, nShuJu2 = %d, nZhiZhen1 = %d, nZhiZhen2 = %d\n", nShuJu1, nShuJu2, *
nZhiZhen1, * nZhiZhen2);
npLinShi = nZhiZhen1;
nZhiZhen1 = nZhiZhen2;
nZhiZhen2 = npLinShi;
printf(" nShuJu1 = %d, nShuJu2 = %d, nZhiZhen1 = %d, nZhiZhen2 = %d\n", nShuJu1, nShuJu2, *
```

```
nZhiZhen1, * nZhiZhen2);
    }
```

程序运行的结果是:

```
nShuJu1 = 2,nShuJu2 = 3,nZhiZhen1 = 2,nZhiZhen2 = 3
nShuJu1 = 2,nShuJu2 = 3,nZhiZhen1 = 3,nZhiZhen2 = 2
```

对比例 7-5 和例 7-9,可以看到它们的运行结果完全不同。

在例 7-9 中,由于指针变量 nZhiZhen1 和 nZhiZhen2 分别指向变量 nShuJu1 和 nShuJu2,所以 * nZhiZhen1 和 nShuJu1 的值相同,* nZhiZhen2 和 nShuJu2 的值相同。程序中交换了 nZhiZhen1 和 nZhiZhen2 的值,就是交换了指针变量 nZhiZhen1 和 nZhiZhen2 所指向的目标,但指针变量存储数值的交换对它们的目标变量没用任何影响。但交换完成后,指针变量 nZhiZhen1 和 nZhiZhen2 的指向的变量改变了,即指针变量 nZhiZhen1 指向了变量 nShuJu2,而指针变量 nZhiZhen2 指向了变量 nShuJu1,这时候再用 * nZhiZhen1 获取的就是变量 nShuJu2 的数值,用指针变量 * nZhiZhen2 获取的是 nShuJu1 的数值,如图7-4所示。

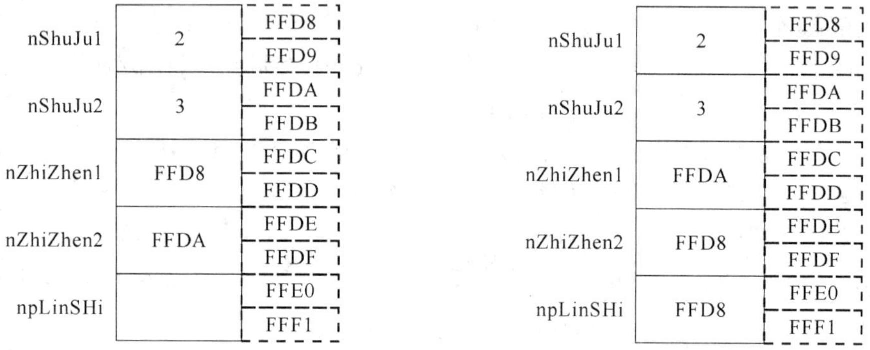

变量	值	地址
nShuJu1	2	FFD8 FFD9
nShuJu2	3	FFDA FFDB
nZhiZhen1	FFD8	FFDC FFDD
nZhiZhen2	FFDA	FFDE FFDF
npLinSHi		FFE0 FFF1

(a) 进行交换操作前

变量	值	地址
nShuJu1	2	FFD8 FFD9
nShuJu2	3	FFDA FFDB
nZhiZhen1	FFDA	FFDC FFDD
nZhiZhen2	FFD8	FFDE FFDF
npLinSHi	FFD8	FFE0 FFF1

(b) 进行交换操作后

图 7-4 例 7-9 内存分配示意图

通过这两个例子的对比,我们可以看到前面提到过的:指针变量和指针的目标变量是两个完全不同的概念。对指针变量自身的操作不会影响到它的目标变量,但会改变指针变量的指向。这种情况下尤其要防止这个指针变量变成一个"野指针"。

【思考】 对比例 7-5 和例 7-9,能自己分析出这两段程序运算过程中各变量取值的变化情况吗?

给指针变量赋值是使指针变量和它所指向的目标变量之间建立关联的必要过程。指针之间的相互赋值只能在相同类型的指针之间进行,可以在定义指针变量的时候通过对变量初始化的方式进行赋值,也可以在程序运行的过程中对指针变量重新赋值。这里再次提醒要特别注意:一个指针变量只有在正确赋值后才可以使用。

7.3.2 指针的关系运算

指针变量之间也可以进行关系运算。C 语言中支持的用于指针之间进行关系运算的运算符包括:大于(>)、小于(<)、相等(==)、不等(!=)、大于等于(>=)、小于等于(<=)。

两指针的关系运算表示两指针的先后位置关系,一般用于数组处理。

值得注意的是,指向不同类型数据的指针之间的比较是没有意义的,而指针与一般其他类型的常量或变量之间的关系运算也是没有意义的，除非变量中的内容表示的是地址量。但是，任何类型的指针变量都可以和零（NULL）进行相等或不等的关系运算。通常在程序中定义一个指针变量如果不用同类型的另外一个变量的地址对它进行初始化，则用“NULL”对它进行初始化，然后在使用该指针前先判断指针是否为“空指针”，再确定是否能使用该指针。这种方法尤其时候在后面讲到的动态内存分配中有广泛的应用。例如：

```
int * p = NULL;
……
if(NULL == p){
    //异常处理
}
```

除了 NULL 值外，指针变量和其他的数值进行比较的时候没有实际意义，是不允许的。

【提示】 定义一个指针是“空指针”，并不是说该指针指向地址为“0”的存储单元，而是标记该指针没用指向任何目标变量。

7.3.3 指针的算术运算

指针变量所存储的内容是另外一个同类型变量的内存地址值，实际上这个数值是一个无符号的整型数值，可以进行相关的运算。

1. 指针的加法运算

例 7-10 指针加法运算。

```
#include<stdio.h>
void main()
{
    char cZiFu, * cpZiFu = & cZiFu;
    int nZhengXing, * npZhengXing = & nZhengXing;
    double fShiXing, * fpShiXing = & fShiXing;
    printf("cpZiFu = % x,npZhengXing = % x,fpShiXing = % x\n",cpZiFu ,npZhengXing,fShiXing);
    cpZiFu += 2;
    npZhengXing += 2;
    fShiXing += 2;
    printf("cpZiFu = % x,npZhengXing = % x,fpShiXing = % x\n",cpZiFu ,npZhengXing,fShiXing);
}
```

程序运行的结果是：

```
cpZiFu = FFD3,npZhengXing = FFD4,fpShiXing = FFD6
cpZiFu = FFD5,npZhengXing = FFD8,fpShiXing = FFE6
```

在例 7-10 中，定义了三个不同类型的变量和三个不同类型的指针变量，指针变量获取了同类型变量的地址后，指针变量指向了同类型的变量。

【提示】 指针变量 cpZiFu 获取了变量 cZiFu 的地址，所以指针变量 cpZiFu 指向变量 cZiFu，变量 cZiFu 是指针变量 cpZiFu 的目标变量。其他两个与此相同，请自己分析。

指针变量进行算术加法的运算，并不是指针变量自身进行加法运算，而是让这个指针变量指向下一个同类型变量的内存单元。

在第一个 printf 语句，输出了三个指针变量所存储的数值，实际上就是这三个指针变量所指向的目标变量的地址。对三个指针变量都进行了加 2 的运算,然后再输出三个指针变量所存储的数值,可以看出,三个指针变量所存储的数值的变化情况是完全不同的。

经过加法运算后,指针 fpShiXing 的数值变化为 16,因为指针 fpShiXing 的指向 double 型变量,每个 double 型变量占 8 个字节,因此 fpShiXing+2 的内存地址为:fpShiXing 的内存地址+ 2 * sizeof(double)=FFD6+ 2 * 8=FFE6。

同理,npZhengXing 指向 int 型的变量,npZhengXing+2 执行后 npZhengXing 的内存地址为:FFD4+2 * sizeof(int)=FFD8; cpZiFu 指向 char 型变量,cpZiFu+2 的内存地址为:FFD3+2 * sizeof(char)=FFD5。

【提示】 这三个指针进行加法运算后,已经不再指向原来的目标变量了,在本例中,三个指针变量指向的内存地址没有存储变量,所以这三个指针已经不能再使用了,变成了"野指针"。

指针加法的一般计算公式是:如果指针变量的定义为 datatype * p;,p 初始地址值为 DS,那么 p+n=DS+ n * sizeof(datatype)。

2. 指针的减法运算

指针的减法运算比加法运算复杂一些。

(1) 指针变量与整型数据的减法运算

指针减法运算的规则和加法运算的规则是相同的。一般计算公式为:如果指针变量的定义为 datatype * p; ,p 初始地址值为 DS,那么 p-n=DS-n * sizeof(datatype)。

(2) 同类型指针变量间的减法运算

两个都有目标变量的同类型的指针变量,并且保证在这两个指针变量的目标变量之间所存储的数据都是和它们的目标变量同类型的数据,这种情况下也允许两个指针变量间进行减法运算。运算的结果不是两个指针变量的数值相减的差值,而是两个内存地址之间的元素的个数,比如 long 型指针 p1 指向内存地址 2008H,long 型指针 p2 内存地址 2000H,而整数占 4 个字节,所以 p1-p2 的结果就是(2008H-2000H)/4=2,也就是 p1 和 p2 之间相差 2 个 long 型的变量。

【提示】 两个指针进行加法运算或者两个指向不同变量的指针进行减法运算是没有意义的。

如果两个同类型指针变量标示的地址之间存储的不是同类型的数据,做减法运算也是没有意义的。就像你在排队买票,你的前面有一位女士抱着她心爱的宠物狗,然后要求工作人员把宠物狗也算进去,你同意吗?

7.4 指针作为函数的参数

例 7-11 用指针变量输出数据。

```
#include<stdio.h>
void JiaBei(float * fpCanShu)
{
    * fpCanShu = * fpCanShu * 2;
}
```

```
void JiaBei1(float fCanShu)
{
    fCanShu = fCanShu * 2;
}
void main()
{
    float fShuJu = 10.0;
    JiaBei1(fShuJu);
    printf("\n fShuJu = % f",fShuJu);
    JiaBei(&fShuJu);
    printf("\n fShuJu = % f",fShuJu);
}
```

程序运行的结果是：

```
fShuJu = 10.000000
fShuJu = 20.000000
```

在例 7-11 中函数 JiaBei 只有一个形式参数 fpCanShu，它是一个 float 型指针变量。根据 fpCanShu 的定义可以知道，在函数调用过程中，形式参数 fpCanShu 要接收一个 float 型的指针值。和其他类型的形式参数一样，fpCanShu 是一个局部变量，调用过程开始后为 fpCanShu 分配内存，函数返回后 fpCanShu 被释放，如图 7-5 所示。

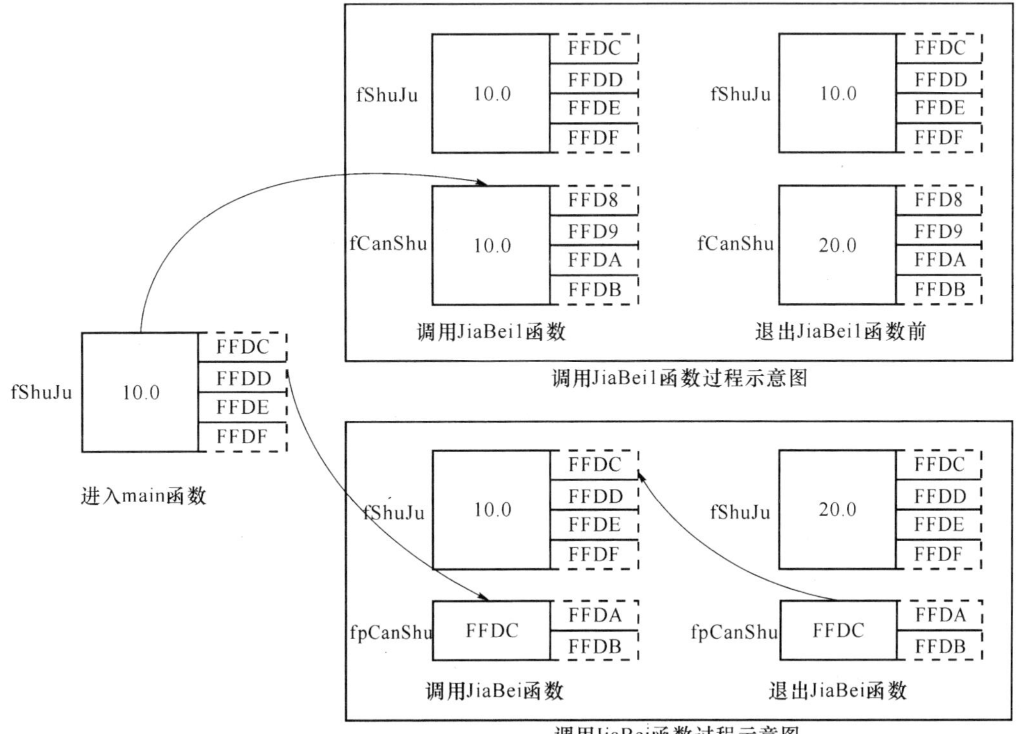

图 7-5 函数内存分配示意图

在例 7-11 中另外又定义了一个函数 JiaBei1，它只有一个形式参数 fCanShu，是一个 float 型变量。根据 fCanShu 的定义可以知道，在函数调用过程中，形式参数 fCanShu 要接收一个 float 型的数值。和其他类型的形式参数一样，fCanShu 是一个局部变量，调用过程开始后为 fCanShu 分配内存，函数返回后 fpCanShu 被释放。

主函数 main 中定义了 float 型变量 fShuJu 并初始化为 10.0。在调用函数 JiaBei1 时，实际参数为 fShuJu，调用过程开始后，fShuJu 的数值被传递给变量 fCanShu，这种函数调用和参数传递的方法在前面的章节中已经介绍过了。在调用函数 JiaBei 时，实际参数为 &fShuJu，也就是 fShuJu 的内存首地址，或者说是 fShuJu 的指针。调用过程开始后，fShuJu 的指针被传递给指针变量 fpCanShu。

【提示】 在例 7-11 的函数调用开始的时候，一定要将实参对形参的赋值理解为用实参对形参进行初始化。相当于执行了 float *fpCanShu=&fShuJu;语句。执行完该语句后，形参 fpCanShu 中存储了变量 fShuJu 的地址，所以 fpCanShu 指向变量 fShuJu，变量 fShuJu 是形参 fpCanShu 的目标变量。

前面所讲的参数传递是传递实际参数给形式参数，传递过程是值复制的单向过程，形式参数的变化不会影响到实际参数的值。传递指针的过程同这个过程类似，也是一个单向复制的过程。

程序运行至函数 JiaBei 后，指针变量 fpCanShu 为主函数 fShuJu 的内存首地址，根据 * 运算符的定义可以得知，*fpCanShu 表示指针 fpCanShu 所在内存单元的值，也就是 main 函数的局部变量 fShuJu 的值。语句 *fpCanShu= *fpCanShu*2，将 fShuJu 乘以 2，重新赋给 fShuJu。

为了更进一步理解这个过程，我们可以参照图 7-6，模拟跟踪程序的运行过程：

(1) 程序开始执行，进入 main 函数；

(2) 为局部变量 fShuJu 分配内存，假设是 FFDC 开始的 4 个字节；

(3) 开始调用 JiaBei1 函数，实际参数是 fShuJu，因此传递的数值是 10.0；

(4) 进入 JiaBei1 函数，为形式参数 fCanShu 分配内存；fCanShu 是一个 float 型变量，在 TurboC 下占用 4 个字节，假设是 FF08 开始的 4 个字节；将实际参数，即 main 函数中 fShuJu 的数值 10.0 传递给 fCanShu，所以变量 fCanShu 的数值也是 10.0；

(5) 执行 JiaBei1 函数的 fCanShu=fCanShu *2 语句，形参 fCanShu 的数值为 20.0；

(6) 释放局部变量 fCanShu，函数返回，调用过程结束，程序回到 main 函数；

(7) 开始调用 JiaBei 函数，实际参数是 &fShuJu，这里是 FFDC；

(8) 进入 JiaBei 函数，为形式参数 fpCanShu 分配内存；fpCanShu 是一个指针变量，在 TurboC 下占用 2 个字节，假设是 FFOA 开始的 2 个字节；将实际参数，即地址值 FFDC 传递给 fpCanShu；因为 fpCanShu 中存储了变量 fShuJu 的地址，所以指针变量 fpCanShu 指向变量 fShuJu，变量 fShuJu 是指针变量 fpCanShu 的目标变量；

(9) 执行 JiaBei 函数的 *fpCanShu= *fpCanShu *2 语句，因为 fpCanShu 是指向 float 型变量的指针变量，因此系统从 FFDC 开始的 4 个字节取出 10.0，乘以 2 后，修改从 FFDC 开始的 4 个字节，使其值为 20.0；

(10) 释放局部变量 fpCanShu，函数返回，调用过程结束，程序回到 main 函数；

(11) 执行 main 函数的下一条语句，打印 fShuJu 的值；

(12) 释放局部变量 fShuJu，main 函数结束，程序结束。

在这个例子中，main 函数的局部变量 fShuJu 的数值被函数 JiaBei 中的语句修改了。

但修改过程不是通过函数参数传递进行的，函数参数传递是单向过程，不可能影响到主控函数 main 里的变量。局部变量 fShuJu 是通过传入指针值的方式被函数间接修改的。这种方式使得函数可以非常灵活地处理多个输入/输出的情况。同时，还可以保证函数的可移植性能。

【思考】 在例 7-11 中，两次调用函数时，函数形参所占用的存储单元有重叠的情况，为什么？

例 7-12 输入年份和天数，计算日期。

```
#include<stdio.h>
void main()
{
    int nNian,nYue,nRi,nTian;
    void RiQi(int nNian,int nTianShu,int *npYue,int *npRi);
    printf("Qing ShuRu NianFen He TianShu:");
    scanf("%d,%d",&nNian,&nTian);
    RiQi(nNian,nTian,&nYue,&nRi);
    printf("%d-%d-%d\n",nNian,nYue,nRi);
}
void RiQi(int nNian,int nTianShu,int *npYue,int *npRi)
{
    int nYueFen;

    for(nYueFen=1; ; nYueFen++){
        int nLinShi=31;
        switch(nYueFen) {
        case 4: case 6: case 9: case 11:
            nLinShi=30;
            break;
        case 2:
            if ((nNian%4==0 && nNian%100!=0) || (nNian%400==0)) {
                nLinShi=29;
            }
            else{
                nLinShi=28;
            }
        }
        if (nTianShu<=nLinShi) {
            break;
        }
        nTianShu-=nLinShi;
    }

    *npYue=nYueFen;
```

```
        * npRi = nTianShu;
    }
```

程序运行的结果是：

```
Qing ShuRu NianFen He TianShu:2009,200<BR>
2009-7-19
```

函数的 return 语句是被调函数和主调函数之间进行数据交互的一条重要通道。如果是非 void 类型的函数，可以通过 return 语句将一个数值传递给被调函数，但在一次函数的调用过程中，无论在被调函数中有多少条 return 语句，只能有一条 return 语句被执行，并且只能传递一个数值给被调函数。

在例 7-12 中，函数 RiQi 不但要计算出指定的天数是当年的日期值，而且要同时将计算得到的月和日两个信息都告诉主调函数，显然通过一条 return 语句是不可能完成个功能的。在本例中，函数定义了两个指针型形参，通过这两个形参，在 RiQi 函数中获取 main 函数中相关变量的地址，从而可以在 RiQi 函数中改变 main 函数中变量的取值。

在程序运行中进入 RiQi 函数后，系统的内存空间分配情况如图 7-6 所示。

变量	值	单元
nNian	2009	FFC0
		FFC1
nYue		FFC2
		FFC3
nRi		FFC4
		FFC5
nTian	200	FFC6
		FFC7

变量	值	单元
nNian	2009	FF10
		FF11
nTianShu	200	FF10
		FF11
npYue	FFC2	FF10
		FF11
npRi	FFC4	FF10
		FF11
nYueFen	1	FF12
		FF13

图 7-6　进入 RiQi 函数后变量存储

在 main 函数中定义了 4 个 int 型变量，假设这四个变量占用了从 FFC0 单元开始的 8 个存储单元。

main 函数在执行 RiQi(nNian, nTian, &nYue, &nRi);语句时，首先创建该函数的 4 个形参所需要的存储空间，假设该部分的存储空间从 FF10 单元开始。这 4 个形参中，nNian 和 nTianShu 是 int 型变量，而 npYue 和 npRi 是 int 型指针变量。注意 main 函数给出的 4 个实参，前两个是在 main 函数中定义的变量，而后两个实参是 main 函数中定义的变量的地址。

用实参 nNian 和 nTian 对 RiQi 函数的形参 nNian 和 nTianShu 进行初始化，形参 nNian 的

数值是 2009,形参 nTianShu 的数值是 200。这种参数传递方式被称之为“传值调用”。在本例中,实参变量和形参变量 nNian 的变量名虽然相同,但它们占用了不同的存储单元,所以是两个不同的变量。

用 main 函数中 nYue 的地址对形参变量 npYue 进行初始化,等同于执行了 int * npYue=&nYue 的操作,指针变量 npYue 指向变量 nYue,变量 nYue 是指针变量 npYue 的目标变量。这种参数传递方式被称之为“传址调用”。同样的道理,指针变量 npRi 指向变量 nRi,变量 nRi 是指针变量 npRi 的目标变量。

进入 RiQi 函数后,又分配了该函数内部的局部变量的存储空间。

在 RiQi 函数中执行到 * npYue=i;语句时,将得到的月份数赋值给指针变量 npYue 的目标变量。在前面的分析中我们已经指出,指针变量 npYue 的目标变量是 main 函数中的变量 nYue,所以这里改变的变量 nYue 的数值。同样,RiQi 函数中 * npRi=nTianShu;语句改变了 main 函数中变量 nRi 的数值。

在例 7-12 中,虽然 RiQi 函数被定义为 void 类型,没有通过 return 语句传递数值给 main 函数,但是通过获取 main 函数中两个变量的指针的方式改变了 main 函数中两个变量的取值。

例 7-13 用指针做形参,编写一个将实数加倍的函数。

```
#include<stdio.h>
void JiaBei(float * fpCanShu)
{
* fpCanShu = * fpCanShu * 2;
}
void main()
{
float fShuJu = 10.0, * fpZhiZhen;
JiaBei (fpZhiZhen);
printf("\n fShuJu = % f",fShuJu);
}
```

例 7-13 可以顺利地编译、运行,但实际运行该程序后,却得到的是你无法预料的一个结果。对比例 7-11 的相关代码,找出这两个程序的不同点。例 7-13 的变量存储示意图如图 7-7 所示。

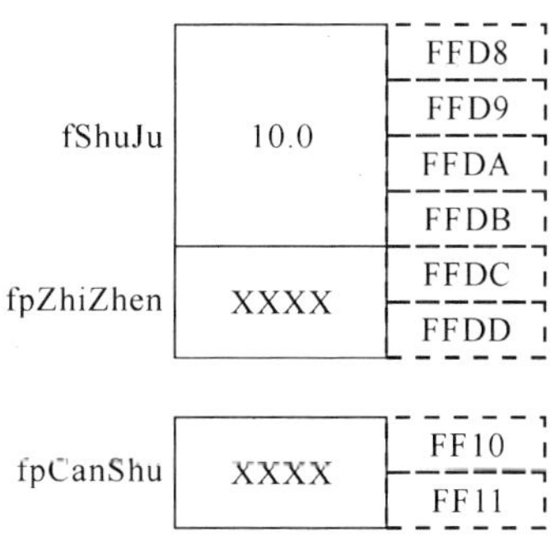

图 7-7 进入函数体后变量存储

在本例中,main 函数里定义了一个 float 型指针变量 fpZhiZhen,对该指针没有进行过赋值操作(它的数值是一个随机数,图 7-7 中用 XXXX 表示),所以该指针没有指向任何目标变量,指针变量 fpZhiZhen 是一个"野指针"。

在 main 函数中调用 JiaBei 函数的时候,实参变量是指针变量 fpZhiZhen,相当于执行了 float *fpCanShu=fpZhiZhen 的操作,虽然这种操作不违反"同类型指针变量之间可以相互赋值"的规则,但用一个"野指针"给形参变量 fpCanShu 赋值,则 fpCanShu 也变成了一个"野指针"。

在 JiaBei 函数体内,由于指针变量 fpCanShu 的数值是一个从实参传递过来的随机数,并不指向任何目标变量,因此当执行到 *fpCanShu= *fpCanShu *2;语句时必定会发生错误。

【思考】 请根据错误分析修改例 7-13,使程序运行后可以获得正确的结果。

例 7-14 用指针交换两个数据。

```
#include<stdio.h>
void JiaoHuan1(int nCanShu1,int nCanShu2);
voie JiaoHuan2(int *nfpCanShu1,int *nfpCanShu2);
void JiaoHuan3(int *nfpCanShu1,int *nfpCanShu2);
void main()
{
      int nShuJu1 = 1,nShuJu2 = 2;
      int *npZhiZhen1 = &nShuJu1, *npZhiZhen2 = &nShuJu2;
      /*程序段 1 */
      JiaoHuan1(nShuJu1,nShuJu2);
      printf("JiaoHuan1:nShuJu1 = %d,nShuJu2 = %d\n",nShuJu1,nShuJu2);
      /*程序段 2 */
      nShuJu1 = 1,nShuJu2 = 2;
      JiaoHuan2(npZhiZhen1,npZhiZhen2);
      printf("JiaoHuan2:nShuJu1 = %d,nShuJu2 = %d\n",nShuJu1,nShuJu2);
      /*程序段 3 */
      nShuJu1 = 1,nShuJu2 = 2;
      JiaoHuan3(npZhiZhen1,npZhiZhen2);
      printf("JiaoHuan3:nShuJu1 = %d,nShuJu2 = %d\n",nShuJu1,nShuJu2);
}

void JiaoHuan1(int nCanShu1,int nCanShu2)
{
      int nLinShi;
      nLinShi = nCanShu1;
      nCanShu1 = nCanShu2;
      nCanShu2 = nLinShi;
}
```

```
void JiaoHuan2(int *nfpCanShu1,int *nfpCanShu2)
{
      int nLinShi;
      nLinShi = *nfpCanShu1;
      *nfpCanShu1 = *nfpCanShu2;
      *nfpCanShu2 = nLinShi;
}

void JiaoHuan3(int *nfpCanShu1,int *nfpCanShu2)
{
      int *npLinShi;
      npLinShi = nfpCanShu1;
      nfpCanShu1 = nfpCanShu2;
      nfpCanShu2 = npLinShi;
}
```

程序运行的结果是:

```
JiaoHuan1:nShuJu1 = 1,nShuJu2 = 2
JiaoHuan2:nShuJu1 = 2,nShuJu2 = 1
JiaoHuan3:nShuJu1 = 1,nShuJu2 = 2
```

在例 7-14 中,给出了三个交换数据的函数,从程序的运行结果看,有的函数完成了要求的功能,而有的函数却没能完成要求的功能。

我们分析一下三个函数调用的过程,看一看三个函数分别实现了什么功能。

在调用 JiaoHuan1 函数的时候,系统中内存的分配情况如图 7-8 所示。

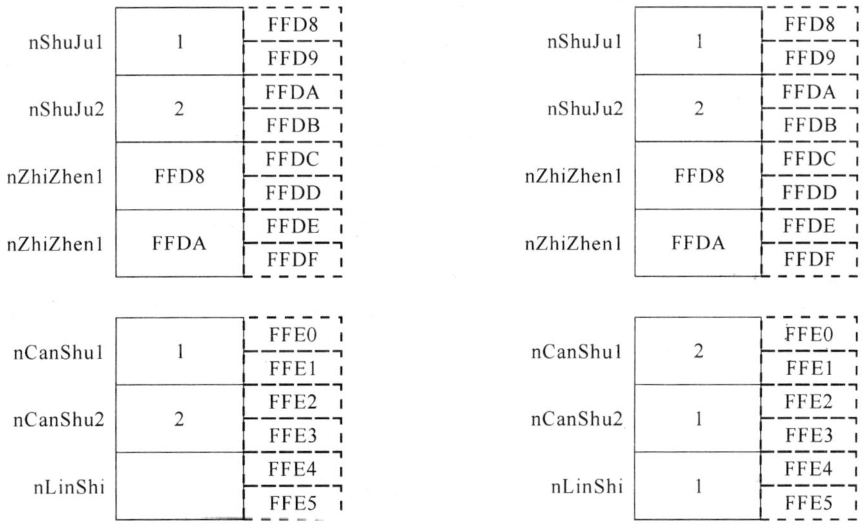

nShuJu1	1	FFD8 FFD9
nShuJu2	2	FFDA FFDB
nZhiZhen1	FFD8	FFDC FFDD
nZhiZhen1	FFDA	FFDE FFDF
nCanShu1	1	FFE0 FFE1
nCanShu2	2	FFE2 FFE3
nLinShi		FFE4 FFE5

(a) 进入JiaoHuan1函数

nShuJu1	1	FFD8 FFD9
nShuJu2	2	FFDA FFDB
nZhiZhen1	FFD8	FFDC FFDD
nZhiZhen1	FFDA	FFDE FFDF
nCanShu1	2	FFE0 FFE1
nCanShu2	1	FFE2 FFE3
nLinShi	1	FFE4 FFE5

(b) 退出JiaoHuan1函数

图 7-8 例 7-14 中调用 JiaoHuan1 的内存分配示意图

JiaoHuan1 函数的两个形参都是 int 型变量,所以是“传值调用”,实参 nShuJu1 和 nShuJu2 传递自己的数值给形参 nCanShu1 和 nCanShu2,实际上是用实参 nShuJu1 和 nShuJu2 对形参 nCanShu1 和 nCanShu2 进行初始化。

在 JiaoHuan1 函数的函数体里,通过变量 nLinShi 交换了形参 nCanShu1 和 nCanShu2 的数值。由于实参 nShuJu1 和 nShuJu2 是另外两个变量,所以 nCanShu1 和 nCanShu2 的数值改变对它们没有任何影响。

让我们再看一下调用 JiaoHuan2 函数的时候,系统中内存的分配情况(如图 7-9 所示)。

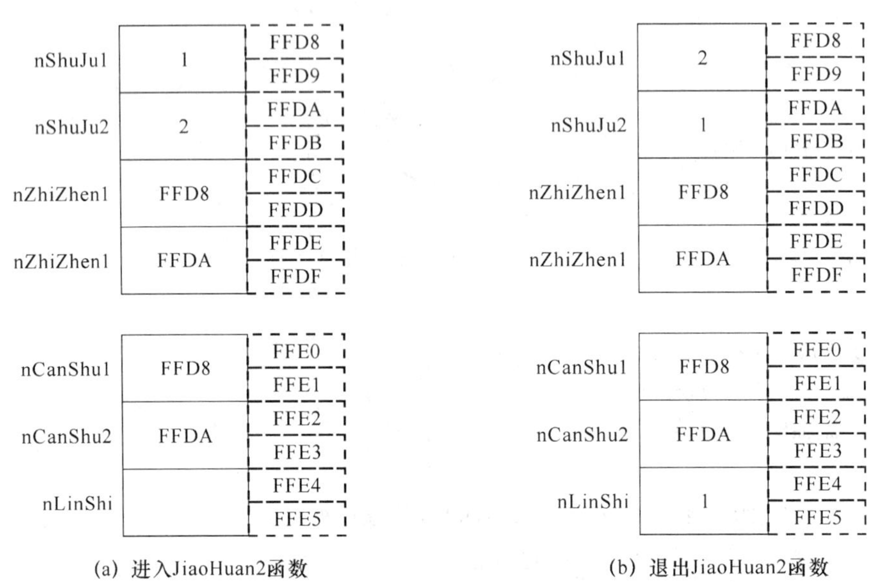

图 7-9 例 7-14 中调用 JiaoHuan2 的内存分配示意图

JiaoHuan2 函数的两个形参都是 int 型指针变量,所以是“传址调用”,实参 nZhiZhen1 和 nZhiZhen2 传递自己的数值给形参 nfpCanShu1 和 nfpCanShu2,实际上是用实参 nZhiZhen1 和 nZhiZhen2 的数值对形参 nfpCanShu1 和 nfpCanShu2 进行初始化。在 main 函数的开始,用变量 nShuJu1 的指针对指针变量 nZhiZhen1 进行了初始化,所以指针变量 nZhiZhen1 指向变量 nShuJu1,变量 nShuJu1 是指针变量 nZhiZhen1 的目标变量。当用指针变量 nZhiZhen1 对指针变量 nfpCanShu1 进行初始化后,指针变量 nfpCanShu1 指向变量 nShuJu1,变量 nShuJu1 是指针变量 nfpCanShu1 的目标变量。

在 JiaoHuan2 函数的函数体里,通过变量 nLinShi 交换了形参 nfpCanShu1 和 nfpCanShu2 所指向的目标变量的数值,形参 nfpCanShu1 和 nfpCanShu2 的目标变量分别是 main 函数里定义的变量 nShuJu1 和 nShuJu2,所以在这里交换的是 main 函数里变量 nShuJu1 和 nShuJu2 的数值。

JiaoHuan3 函数的调用时的情况和 JiaoHuan2 函数完全相同,但在函数体里所做的操作却是完全不同的,如图 7-10 所示。

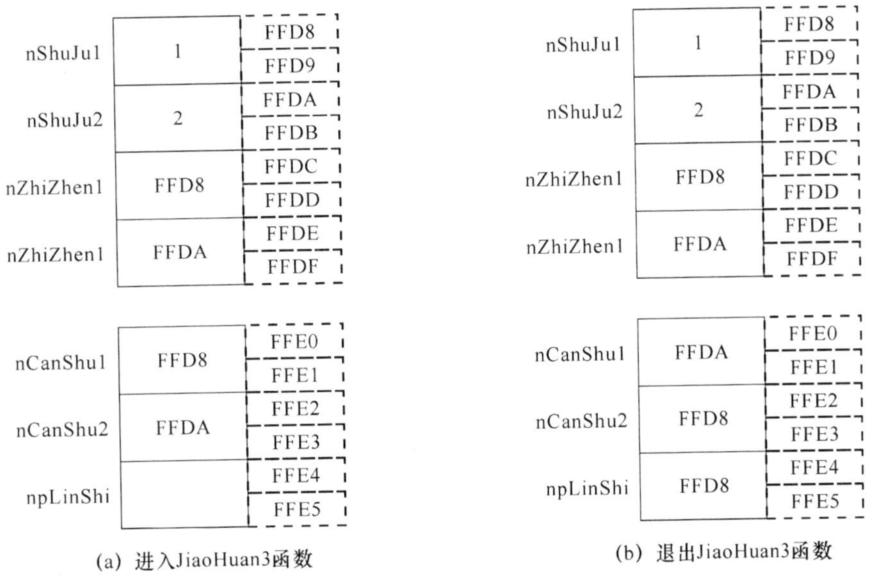

变量	数值	地址
nShuJu1	1	FFD8 FFD9
nShuJu2	2	FFDA FFDB
nZhiZhen1	FFD8	FFDC FFDD
nZhiZhen1	FFDA	FFDE FFDF

变量	数值	地址
nCanShu1	FFD8	FFE0 FFE1
nCanShu2	FFDA	FFE2 FFE3
npLinShi		FFE4 FFE5

(a) 进入JiaoHuan3函数

变量	数值	地址
nShuJu1	1	FFD8 FFD9
nShuJu2	2	FFDA FFDB
nZhiZhen1	FFD8	FFDC FFDD
nZhiZhen1	FFDA	FFDE FFDF

变量	数值	地址
nCanShu1	FFDA	FFE0 FFE1
nCanShu2	FFD8	FFE2 FFE3
npLinShi	FFD8	FFE4 FFE5

(b) 退出JiaoHuan3函数

图 7-10 例 7-14 中调用 JiaoHuan3 的内存分配示意图

在 JiaoHuan3 函数的函数体里，通过 int 型指针变量 npLinShi 交换了形参 nfpCanShu1 和 nfpCanShu2 的数值。完成交换操作后，指针变量 nfpCanShu1 里存储了 main 函数中 nShuJu2 的地址，而指针变量 nfpCanShu2 中存储了 main 函数中变量 nShuJu1 的地址。显然，main 函数中变量 nShuJu1 和 nShuJu2 的数值没有任何改变。

第8章 数　组

【本章要点】

- 什么是数组？如何定义数组？数组如何分配存储空间？
- 如何使用数组元素？
- 用指针如何访问数组元素？
- 二维数组如何分配存储空间？
- 什么是字符串？字符数组一定是字符串吗？用字符指针如何访问字符串？
- 为什么需要动态内存分配？如何实现？

每位读者都有自己的姓名，这就如同我们在前面章节讲到的定义单个变量。但当班级作为一个集体参加活动的时候，每个人是这个集体的组成部分，在这种情况下个体的姓名可能就被忽略了，而是说"某个班的某号同学"来找到某个人。

程序设计中，为了处理方便，把具有相同类型的若干变量按有序的形式组织起来。这些按序排列的同类数据元素的集合称为数组。在C语言中，数组属于构造数据类型。一个数组可以分解为多个数组元素，这些数组元素可以是基本数据类型或是构造类型。因此按数组元素的类型不同，数组又可分为数值数组、字符数组、指针数组、结构数组等各种类别。

8.1　一维数组的定义和引用

8.1.1　一维数组的定义和引用

例8-1　输入3个学生的成绩，并输出。

```
#include <stdio.h>
void main()
{
    int nChengJi1,nChengJi2,nChengJi3;
    printf("Qing ShuRu ChengJi1:\n");
    scanf("%d",&nChengJi1);
    printf("Qing ShuRu ChengJi2:\n");
    scanf("%d",&nChengJi2);
    printf("Qing ShuRu ChengJi3:\n");
```

```
    scanf("%d",&nChengJi3);
    printf("ChengJi1:%d\n",nChengJi1);
    printf("ChengJi2:%d\n",nChengJi2);
    printf("ChengJi3:%d\n",nChengJi3);
}
```

程序运行的结果是：

```
Qing ShuRu ChengJi 1:93
Qing ShuRu ChengJi 2:82
Qing ShuRu ChengJi 3:88
ChengJi 1:93
ChengJi 2:82
ChengJi 3:88
```

还是这个问题，让我们看一下程序的另外一种写法。

例 8-2 输入 3 个学生的成绩，并输出。

```
#include <stdio.h>
void main()
{
    int nChengJi[3],i;
    for(i=0;i<3;i++){
        printf("Qing ShuRu ChengJi %d:\n",i+1);
        scanf("%d",&nChengJi[i]);
    }
    for(i=0;i<3;i++)
        printf("ChengJi %d:%d\n",i+1,nChengJi[i]);
}
```

程序运行的结果是：

```
Qing ShuRu ChengJi 1:93
Qing ShuRu ChengJi 2:82
Qing ShuRu ChengJi 3:88
ChengJi 1:93
ChengJi 2:82
ChengJi 3:88
```

上述两段代码有很大的不同，但运行结果完全相同。由此我们可以看出，对于数列或一组相同属性的数据，使用数组进行处理会带来便利。例中我们使用了 nChengJi [3]这个一维数组，那么一维数组是怎样定义及引用的呢？

1. 一维数组的定义

一维数组的定义的形式是：

数据类型符 数组名称[整型常量表达式]；

【规则 8-1】 (1) 数组的数据类型可以是 int、float、char 等基本类型，也可以是指针或后续章节将要介绍的结构体等类型；
(2) 数组名称的命名规则和变量的命名规则完全相同；
(3) 数组定义中用常量表达式表示数组元素的个数；
(4) 最后用分号结尾。

例 8-1 中给出了 int nChengJi [3]的定义,表示定义了一个名称为 nChengJi 的数组,数组包括 3 个元素,每个数组元素的数据类型均为 int 型。

【提示】 在定义数组时,数组大小必须是常量,不能是变量或变量表达式。下面的代码试图动态定义数组的大小:

```
int n = 5;
int a[n];
```

该段代码将会导致编译出错,因为 n 是一个变量。

2. 一维数组的引用

C 语言规定,不能直接存取整个数组,对数组进行操作时需要引用数组的单个元素,引用的格式为:

数组名称[下标]

其中,下标可以是整型变量或整型表达式。C 语言规定,下标的最小值是 0,最大值为数组的大小减 1。也就是说,数组元素的编号是从 0 开始的。初学者在这一点上经常出错,要尤为注意。

【提示】 定义数组和引用数组元素一定要使用下标运算符[],不能使用圆括号。

在例 8-2 中定义数组 nChengJi 的时候指定了它的长度为 3,也就是这个数组中只有 3 个数组元素。因此在后面对数组 nChengJi 的元素进行存取时,第一个数组元素的引用为 nChengJi [0],最后一个为 nChengJi [2]而不是 nChengJi [3]。这就是为什么循环变量的范围要定为 0～2,而不是 1～3 的原因。

【规则 8-2】 引用数组元素时,C 语言不对数组进行边界检查。

如果使用者要强行对 nChengJi [3]进行操作,C 语言的编译系统并不会提出错误报告,从语法规则上是允许的。但显然这种用法使用了分配给数组的内存块外面的内存,很多情况下,这些内存可能分配给别的变量使用了,这样做就会改写了实际占用该内存的变量的数值,引起系统错误。

【提示】 如果定义数组的长度为 n,那么引用数组元素的下标最多到 n－1。例如上面的例子,数组 nChengJi 有 3 个元素,引用数组元素最多只能到 nChengJi [2]。超界引用数组元素可能导致异常。

引用数组元素时,数据元素本身相当于一个变量,因此,对该数组元素的操作类似于变量操作。如例 8-2 中,数组元素的赋值与其他变量赋值采用了相同的格式化输入语句。

【规则 8-3】 永远只能使用数组元素,而不能使用数组的整体。

8.1.2 一维数组的存储

1. 分配存储空间

前面的章节中讲过,定义一个变量后,系统为这个变量在内存中申请相应大小的内存空间,例如,定义了 int i;那么系统会为变量 i 申请 2 个字节的内存空间,用来存放变量 i 的值。

如果定义一个 n 个元素的数组,系统会为该数组申请一块连续的内存单元,用来存放 n 个数组元素,内存单元的大小取决于数组的类型。如本例:int nChengJi[3];。因为 int 型变量需要 2 个字节的内存(TurboC 环境),系统会为数组 a 申请 2 * 3 个字节的连续内存。假设系统为数组申请的内存块首地址为2C80，从2C80开始的2个字节就用于存放数组元素nChengJi[0]的值，紧接着从2C82开始的2个字节存放nChengJi[1]的值，依此类推。nChengJi[0]到nChengJi[2]这3个数组元素存放在从2C80开始的6个字节中，如图8-1所示。

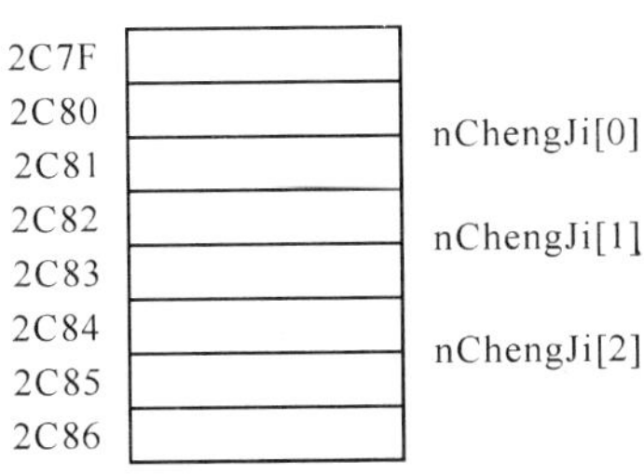

图8-1 数组内存分配示意图

其他类型数组的内存情况请读者自行推算。

2. 数组地址

在C语言中，定义数组的时候分配了一块连续的存储空间，数组元素按下标递增的次序存放在这个存储空间中，用取地址符"&"可以获取每个数组元素的地址。例如，在上面的例子中，&nChengJi[0]获取的地址是2C80。

定义了一个数组与前面讲过的定义单个变量还是有很大区别的，其中数组名是一个地址常量。对一维数组而言，数组名是数组所获得的存储空间的首字节的地址，当然也是数组中首元素的地址。因为在定义数组的时候数组所占用的存储空间就已经给定了，在程序运行的过程中不会发生改变，所以数组名是地址常量。

8.1.3 一维数组的初始化

1. 数组初始化

在C语言中，可以在定义数组的同时对数组元素赋初值，格式为：

```
数据类型符 数组名称[常量表达式]={表达式1,表达式2,…,表达式n};
```

该语法表示，在定义一个数组的同时，将各数组元素赋初值，规则是将第一个表达式的值赋给第一个数组元素，第二个表达式的值赋给第二个数组元素，依此类推。

例如：定义一个5个元素的整型数组，并分别赋值为1、2、3、4、5。

```
int a[5]={1,2,3,4,5};
```

初始化后的结果如下所示：

数组元素	a[0]	a[1]	a[2]	a[3]	a[4]
数值	1	2	3	4	5

在对数组元素进行初始化的时候要注意：

(1) 表达式列表要用大括号括起来，表达式列表为数组元素的初值列表；

(2) 表达式之间用逗号分割；

(3) 表达式的个数不能超过数组元素的个数。

2. 部分初始化

在对数组进行初始化的时候，允许表达式个数小于数组元素的个数，这时候只对数组的部分元素进行了初始化,则未指定初值的数组元素被赋值为0。

例如:int a[5]={1,2,3};

初始化后的结果如下所示:

数组元素	a[0]	a[1]	a[2]	a[3]	a[4]
数值	1	2	3	0	0

3. 省略下标定义

如果在定义数组的时候就给所有的数组元素都进行了初始化,也就是对数组进行了"完全初始化",这种情况下C语言允许省略定义数组的大小,系统自动根据给定的初始化元素个数确定数组的长度。例如,下面定义的数组f的大小为3:

```
float f[] = {1.5,2.5,5.0};
```

但是,数组如果没有给所有的元素都赋初值,在定义时则不能省略数组的大小。

8.1.4 一维数组程序举例

例 8-3 将10个整数存入数组,删除数组中的某个元素。例如,数组中有1、2、3、4、5、6、7、8、9、10,共10个元素,删除第5个元素后,数组中剩下9个元素1、2、3、4、6、7、8、9、10。

算法设计:首先定义一个长度为10的int型数组,用来存放10个整数。用循环输入数组的每个元素,以及要删除元素的序号(假设序号为n)。

使用循环,将数组中序号n后的所有元素向前移动一位,然后删除最后一个元素。这里要注意数组的下标是从0开始的,序号为n的数组元素,对应数组的下标应该是n－1。

```
#include <stdio.h>
void main()
{
    int nShuJu[10],i,nWeiZhi;
    printf("\nQing ShuRu 10 Ge ZhengShu: ");
    for(i = 0;i<10;i++)
        scanf("%d",&nShuJu[i]);
    printf("\nQing ZhiDing ShanChu De WeiZhi: ");
    scanf("%d",&nWeiZhi);
    for(i = nWeiZhi;i<10;i++)
        nShuJu [i - 1] = nShuJu[i];
    nShuJu [10] = 0;
    printf("\nShengYu De ShuJu: ");
    for(i = 0;i<9;i++)
        printf("%d ",nShuJu[i]);
}
```

程序运行的结果是:

```
Qing ShuRu 10 Ge ZhengShu:1 2 3 4 5 6 7 8 9 10
Qing ZhiDing ShanChu De WeiZhi: 5
ShengYu De ShuJu: 1 2 3 4 6 7 8 9 10
```

【思考】 如果本例是向数组插入一个元素,循环应该如何来写?数组应该定义为多大?

8.2 指针与一维数组

数组是一种数据单元的序列,数组元素类型都相同,每个数组元素所占用的内存单元字节数也相同。而且特别重要的是,在定义数组的时候必须指定数组的长度,系统按照指定的长度分配一个存储块给数组,数组中的每个数组元素在这个存储块中按下标连续存放。定义一个与数组的数据类型相同的指针变量,如果该指针变量指向数组中的某个元素,就可以通过这个指针变量访问数组元素了。

8.2.1 用数组名指针法访问数组元素

例 8-4 用数组名指针访问数组元素。

```
#include <stdio.h>
void main()
{
float fShuZu [3] = {1.0,2.0,3.0};
int i;
for(i = 0;i<3;i ++ )
{
      printf("&fShuZu[ %d] = %X,(fShuZu + %d) = %X,fShuZu[ %d] = %.2f, * (fShuZu + %d) = %.2f\n",i,&fShuZu[i],i,( fShuZu + i),i,fShuZu[i],i, * (fShuZu + i));
}
}
```

程序运行的结果是:

```
&fShuZu[0] = FFD6,(fShuZu + 0) = FFD6,fShuZu[0] = 1.00, * (fShuZu + 0) = 1.00
&fShuZu[1] = FFDA,(fShuZu + 1) = FFDA,fShuZu[1] = 2.00, * (fShuZu + 1) = 2.00
&fShuZu[2] = FFDE,(fShuZu + 2) = FFDE,fShuZu[2] = 3.00, * (fShuZu + 2) = 3.00
```

数组的所有数组元素存放在一块连续的存储空间里,并且是按照元素下标递增的顺序存放的,每个数组元素的存储方式等同于同类型的单个变量。一维数组的数组名是一个指针,它就是数组存储的首字节的地址,实际上就是数组的首元素的地址,因此数组名是一个地址常量。

在例 8-4 中,根据指针加法规则,fShuZu+i 正好是数组元素 fShuZu [i]的地址,所以 fShuZu+i 指向数组元素 fShuZu [i],数组元素 fShuZu [i]是 fShuZu+i 的目标变量。因此 *(fShuZu+i)的值就是数组元素 fShuZu [i]的值。

8.2.2 用指针访问数组元素

例 8-5 用指针变量访问数组元素。

```
#include <stdio.h>
void main()
```

```
{
int nShuZu[3] = {1,2,3}, * npZhiZhen;
npZhiZhen  = & nShuZu [2];
printf(" * npZhiZhen = % d", *  npZhiZhen);
}
```

程序运行的结果是：

```
* npZhiZhen  = 3
```

在例 8-5 中，指针变量 npZhiZhen 存放的是数组元素 nShuZu [2]的地址，完成对指针变量的赋值操作后，指针变量 npZhiZhen 指向了数组元素 nShuZu [2]，数组元素 nShuZu [2]是指针变量 npZhiZhen 的目标变量，所有用 * 操作符取指针变量 npZhiZhen 对应的内存内容时，得到整数 3。

例 8-6 指针变量访问数组元素。

```
# include <stdio.h>
void main()
{
int nShuZu[3] = {1,2,3}, * npZhiZhen  = nShuZu;
printf("\n nShuZu [0] = % X,nShuZu  = % X,p = % X ",& nShuZu [0],nShuZu,npZhiZhen);
printf("\n *  nShuZu  = % d, *  npZhiZhen  = % d", *  nShuZu, *  npZhiZhen);
}
```

程序运行的结果是：

```
nShuZu [0] = FFD0,nShuZu = FFD0,npZhiZhen = FFD0
*  nShuZu = 1, *  npZhiZhen = 1
```

和例 8-5 有一点区别，在例 8-6 中，用数组名对一个指针变量进行了初始化的操作。

定义数组时系统为该数组分配了一块连续的存储空间，数组名是这个连续空间的首字节的地址，显然，对于一维数组而言，数组名是数组的首元素的地址。

【提示】 在 C 语言中，数组名称不是代表数组元素的全部，而是代表数组在内存的首地址常量，数组名称不能被赋值。

在例 8-6 中，第一个 printf 语句输出了数组第一个元素 nShuZu [0]的指针、nShuZu 的值和指针变量 npZhiZhen 的值，这三个指针值是完全相同的。第二个 printf 语句输出了 * nShuZu和 * npZhiZhen的值。因为 nShuZu 和 npZhiZhen 所指的地址完全相同，所以 * nShuZu和 * npZhiZhen 的值对应同一块内存单元的内容，也是完全相同的。

在例 8-6 中，用数组名对指针变量 npZhiZhen 进行了赋值操作，实际上指针变量 npZhiZhen 存放的是数组元素 nShuZu [0]的地址，完成对指针变量的赋值操作后，指针变量 npZhiZhen 指向了数组元素 nShuZu [0]，数组元素 nShuZu [0]是指针变量 npZhiZhen 的目标，所有用 * 操作符取指针变量 npZhiZhen 对应的内存内容时，得到整数 1。

8.2.3 数组元素的指针访问法

1. 用指针访问数组元素

例 8-7 用指针变量访问数组元素。

```
# include <stdio.h>
```

```
void main()
{
float fShuZu[5] = {1.0,2.0,3.0,4.0,5.0}, * pfZhiZhen = fShuZu;
int i;
for(i = 0;i<5;i ++ )
{
    printf("pfZhiZhen + % d = % X,&fShuZu[ % d] = % X, * (pfZhiZhen + % d) = % .2f,fShuZu[ % d] = % .
2f\n",i,pfZhiZhen + i,i,&fShuZu[i],i, * ( pfZhiZhen + i),i,fShuZu[i]);
}
}
```

程序运行的结果是：

```
pfZhiZhen + 0 = FFCE,&fShuZu[0] = FFCE, * (pfZhiZhen + 0) = 1.00,fShuZu[0] = 1.00
pfZhiZhen + 1 = FFD2,&fShuZu[1] = FFD2, * (pfZhiZhen + 1) = 2.00,fShuZu[1] = 2.00
pfZhiZhen + 2 = FFD6,&fShuZu[2] = FFD6, * (pfZhiZhen + 2) = 3.00,fShuZu[2] = 3.00
pfZhiZhen + 3 = FFDA,&fShuZu[3] = FFDA, * (pfZhiZhen + 3) = 4.00,fShuZu[3] = 4.00
pfZhiZhen + 4 = FFDE,&fShuZu[4] = FFDE, * (pfZhiZhen + 4) = 5.00,fShuZu[4] = 5.00
```

在例 8-7 中,我们定义了指针变量 pfZhiZhen,并使 pfZhiZhen 指向数组 fShuZu 的首地址,这时候指针变量指向数组元素 fShuZu [0],数组元素 fShuZu [0]是指针变量 pfZhiZhen 的目标变量。那么根据指针加法规则,pfZhiZhen+i 正好是数组元素 fShuZu [i]的地址,所以 pfZhiZhen+i 指向数组元素 fShuZu [i],数组元素 fShuZu [i]是 pfZhiZhen+i 的目标变量。因此 * (pfZhiZhen+i)的值就是数组元素 fShuZu [i]的值。

2. 指针的算术运算

例 8-8 用指针变量访问数组元素。

```
# include <stdio.h>
void main()
{
float fShuZu[5] = {1.0,2.0,3.0,4.0,5.0}, * pfZhiZhen = fShuZu;
int i;
for(i = 0;i<5;i ++ )
{
    printf("pfZhiZhen = % X,&fShuZu[ % d] = % X, * pfZhiZhen = % .2f,fShuZu[ % d] = % .2f\n",
pfZhiZhen + i,i,&fShuZu[i], * pfZhiZhen,i,fShuZu[i]);
    pfZhiZhen += 1;
}
}
```

程序运行的结果是：

```
pfZhiZhen = FFCE,&fShuZu[0] = FFCE, * pfZhiZhen = 1.00,fShuZu[0] = 1.00
pfZhiZhen = FFD6,&fShuZu[1] = FFD2, * pfZhiZhen = 2.00,fShuZu[1] = 2.00
pfZhiZhen = FFDE,&fShuZu[2] = FFD6, * pfZhiZhen = 3.00,fShuZu[2] = 3.00
pfZhiZhen = FFE6,&fShuZu[3] = FFDA, * pfZhiZhen = 4.00,fShuZu[3] = 4.00
pfZhiZhen = FFEE,&fShuZu[4] = FFDE, * pfZhiZhen = 5.00,fShuZu[4] = 5.00
```

例 8-7 和例 8-8 的运行结果完全相同，但对比两个不同的程序，我们可以看到，这两个程序的内涵是完全不同的。

在例 8-9 中，指针变量 pfZhiZhen 获取的数组元素 fShuZu[0]的地址后，它的数值没有被改变过，始终指向数组元素 fShuZu[0]；而在例 8-10 中，指针变量 pfZhiZhen 获取的数组元素 fShuZu[0]的地址后，在每次执行循环体的过程中，指针变量 pfZhiZhen 都进行了加 1 的运算，运算后指针变量 pfZhiZhen 指向了下一个数组元素。

【思考】 当循环执行结束后，指针变量 pfZhiZhen 的目标变量是什么？这时候指针变量 pfZhiZhen 还可以继续使用吗？为什么？

【提示】 当循环执行结束后，指针变量 pfZhiZhen 已经变成一个“野指针”了。

我们在例 8-8 中看到了通过指针变量的算术运算，改变指针变量所指向的目标变量，从而获得目标变量的数值。数组名也是一个指针，是否也可以用相同的方法访问数组元素呢？

例 8-9 数组名访问数组元素。

```
#include <stdio.h>
void main()
{
float fShuZu[5] = {1.0,2.0,3.0,4.0,5.0};
int i;
for(i = 0;i<5;i++)
{
      printf("%.2f ", * fShuZu);
      fShuZu += 1;
}
}
```

例 8-9 在编译的过程中就会提示发生了错误，并且将错误的位置指示在 fShuZu+=1 语句上。因为数组名是一个常量，不能进行指针的算术运算。

3. 指针的自增、自减运算

例 8-10 指针的自增运算。

```
#include <stdio.h>
void main()
{
      int nShuZu[5] = {10,20,30,40,50}, * npZhiZhen;
      npZhiZhen = nShuZu;
      printf("\n%d", * (npZhiZhen++));/* 代码段 1 */
      printf("\n%d", * npZhiZhen);

      npZhiZhen = nShuZu;
      printf("\n%d", * (++npZhiZhen));/* 代码段 2 */
      printf("\n%d", * npZhiZhen);

      npZhiZhen = nShuZu;
      printf("\n%d", * npZhiZhen++);/* 代码段 3 */
```

```
        printf("\n%d", *npZhiZhen);

        npZhiZhen = nShuZu;
        printf("\n%d", ++ *npZhiZhen);/*代码段 4*/
        printf("\n%d", *npZhiZhen);

        npZhiZhen = nShuZu;
        printf("\n%d",(*npZhiZhen)++);/*代码段 5*/
        printf("\n%d", *npZhiZhen);
    }
```

程序运行的结果是：

```
10
20
20
20
10
20
11
11
11
```

指针运算符*和自增运算符++的优先级是相同的，例 8-10 演示了这两个运算符在一起使用的时候的各种情况。

在例 8-10 的 5 个代码段中，每个代码段前都使用了 npZhiZhen=nShuZu;这条语句，目的是将指针变量复位，指向数组首地址。

在代码段 1 中，*(npZhiZhen++)表达式等同于“*npZhiZhen;npZhiZhen++;”，这个表达式首先获取了指针目标变量的数值，然后指针 npZhiZhen 自加 1，指向下一个数组元素。在执行此段代码的第一个输出语句前，指针变量 npZhiZhen 获取的是数组的首元素的地址，所以指针变量 npZhiZhen 指向 nShuZu[0]，nShuZu[0]是指针变量 npZhiZhen 的目标变量，所以第一个 printf 输出 nShuZu[0]的值 10；在执行 npZhiZhen++操作后，指针变量 npZhiZhen 指向了 nShuZu[1]，nShuZu[1]是指针变量 npZhiZhen 的目标变量，所以第二个 printf 输出了 nShuZu[1]的值 20。

在代码段 2 中，*(++npZhiZhen)表达式等同于“++npZhiZhen; *npZhiZhen”，这个表达式首先完成指针 npZhiZhen 自加 1，npZhiZhen 指向了数组的下一个元素；然后表达式的值是 npZhiZhen 所指的内存单元的值，即 20。在执行此段代码的第一个输出语句前，指针变量 npZhiZhen 获取的是数组的首元素的地址，指针变量 npZhiZhen 指向 nShuZu[0]，nShuZu[0]是指针变量 npZhiZhen 的目标变量，进行了++npZhiZhen 的运算后，指针变量 npZhiZhen 指向了 nShuZu[1]，nShuZu[1]是指针变量 npZhiZhen 的目标变量，所以第一个 npZhiZhenrintf 输出 nShuZu[1]的值 20；在执行该段代码的第二个 npZhiZhenrintf 中 npZhiZhen 没有变化，仍然指向了 nShuZu[1]，所以仍然输出 nShuZu[1]的值 20。

在代码段 3 中，根据右结合的规则，表达式*npZhiZhen++等价于*(npZhiZhen++)，它的执行过程和代码段 1 是相同的。

在代码段 4 中，根据右结合的规则，表达式＋＋＊npZhiZhen 等价于＋＋(＊npZhiZhen)，自增运算符作用于＊npZhiZhen 对应的内存单元，而不是指针变量 npZhiZhen。在执行此段代码的第一个输出语句前，指针变量 npZhiZhen 获取的是数组的首元素的地址，指针变量 npZhiZhen 指向 nShuZu[0]，nShuZu[0]是指针变量 npZhiZhen 的目标变量，因此表达式的值为＊npZhiZhen＋1，即 11；同时，＊npZhiZhen 对应的内存单元(即 nShuZu[0])因为自增运算符的作用，它的值也变成了 11。但指针变量 npZhiZhen 本身的值没有任何变化，仍然指向 nShuZu[0]。结果两个 npZhiZhenrintf 均输出 11。

在代码段 5 中，(＊npZhiZhen)＋＋表达式的值就是＊npZhiZhen，即 nShuZu[0]。由于上一个代码段中已经将 nShuZu[0]变成了 11，因此这里表达式的值为 11；然后＊npZhiZhen(即 nShuZu[0])自加 1，＊npZhiZhen 的值由 11 变成 12。这个过程中指针变量 npZhiZhen 的值也没有变化。所以第一个 npZhiZhenrintf 输出 nShuZu[0]的值 11，第二个 npZhiZhenrintf 输出变化后的 nShuZu[0]值 12。

【提示】 在解读含有指针变量的表达式时，除了要确定指针变量当前指向的目标外，还要注意区分哪些运算符是对指针变量的操作，哪些运算符是对指针变量所指向的目标的操作。

8.2.4 数组元素的指针下标访问法

例 8-11 用指针变量访问数组元素。

```
#include <stdio.h>
void main()
{
      float fShuZu[5] = {1.0,2.0,3.0,4.0,5.0}, * pfZhiZhen = fShuZu;
      int i;
      for(i = 0;i<5;i ++ ){
            printf(" %.2f, %.2f\n ",pfZhiZhen [i], * ( pfZhiZhen + i));
      }
}
```

程序运行的结果是：

```
1.00,1.00
2.00,2.00
3.00,3.00
4.00,4.00
5.00,5.00
```

在例 8-11 中定义了 pfZhiZhen 为指针变量并使其指向数组 fShuZu 的首地址，然后使用表达式 pfZhiZhen [i]取数组的元素。虽然 pfZhiZhen 没有定义为数组类型，但也可以使用数组下标。数组下标是一种运算符，是一种计算地址和引用内存单元的方法，pfZhiZhen [i]和＊(pfZhiZhen＋i)是完全等价的。

通过指针引用数组元素时，一定要注意不要超界引用。如果发生了超界的情况，编译器并不能发现错误，程序将继续存取数组以外的内存单元，可能会导致异常出现。

【思考】 如果在变量定义的时候定义 float ＊pfZhiZhen＝&fShuZu[2]，那么后面的循环体语句该如何修改呢？

8.3 数组作为函数的参数

1. 数组元素作为函数的参数

例 8-12 读程序，写结果。

```
#include <stdio.h>
int QiuYu(int nCanShu)
{
    return nCanShu % 2;
}
void main()
{
    int nShuZu[8] = {1,3,5,2,4,6},i,nZongHe = 0;
    for (i = 0;QiuYu (nShuZu [i]);i ++ )
        nZongHe += nShuZu [i];
    printf("%d\n",nZongHe);
}
```

程序运行的结果是：

9

在例 8-12 中调用函数 QiuYu 的时候，实参是 int 型数组 nShuZu 的数组元素。

数组元素可以作为函数调用时的实参传递给被调函数，因为数组元素的使用等同于同类型的变量，这种情况下和单个变量作为实参的形式是一样的，遵循“传值调用”的原则，也就是在函数调用时进行一次数值的单向传递，将实参的数值传递给形参。在本例程执行到 QiuYu (nShuZu [i])语句的时候，根据 i 的取值的不同，每次将数组 nShuZu 中的一个元素作为实参传递给被调函数 QiuYu 的形参 nCanShu。函数的返回值作为循环终止判断条件，如果返回值为 1，则继续执行下一次循环；如果返回值为 0，则循环终止。

当数组元素作为函数的实参时，应该和被调函数所对应的形参数据类型一致。如果不一致，那么将按照数据自动转换的规则自动进行数据转换。如果不能进行自动数据转换，那么 C 语言的编译系统将提示错误。

在采用数值传递方式向形参传递数组元素的数值时，只能把需要的数组元素的数值传递给形参，不允许把数组作为一个整体传递给形参。在你上机调试该程序时，请尝试把例 8-12 中的相关语句修改为如下的形式看看编译的结果。

```
for(i = 0;QiuYu (nShuZu);i ++ )
```

系统编译会提示程序错误。

2. 数组元素的指针作为函数的实参

例 8-13 用指针做形参，编写一个将实数加倍的函数。

```
#include <stdio.h>
void JiaBei(float *fpCanShu)
```

```
{
    * fpCanShu = * fpCanShu * 2;
}
void main()
{
    float fShuZu[5] = {1.0,2.0,3.0,4.0,5.0};
    int i;
    for(i = 0;i<5;i ++ ){
        JiaBei (&fShuZu [i]);
        printf(" % f ",fShuZu [i]);
    }
}
```

程序运行的结果是：

```
2.000000 4.000000 6.000000 8.000000 10.000000
```

在例8-13的main函数的循环结构中，多次调用了JiaBei函数，每次调用该函数的时候，传递的实参的值也是不同的。

在main函数的循环结构体里，第i次调用JiaBei函数，形参变量是一个float型的指针变量，在完成实参向形参传递的过程中，实际上执行了float *fpCanShu=& fShuZu [i]的操作，形参变量fpCanShu中存储了数组元素fShuZu [i]的地址，所以指针变量fpCanShu指向数组元素fShuZu [i]，数组元素fShuZu [i]是指针变量fpCanShu的目标变量。这种情况就是我们上面提到的"指针作为函数的参数"的一种情况。

在JiaBei函数的函数体里，执行* fpCanShu= * fpCanShu *2;语句时，因为指针变量fpCanShu指向main函数中的数组元素fShuZu[i]，实际上是操作的指针变量fpCanShu的目标变量，相当于执行了fShuZu [i]=fShuZu [i] * 2;语句。

3. 数组名作为函数的参数

例8-14 用指针做形参，编写一个将实数加倍的函数。

```
# include <stdio.h>
void JiaBei(int n,float * fpCanShu)
{
    int i;
    for(i = 0;i<n;i ++ )
        * ( fpCanShu + i) = * ( fpCanShu + i) * 2;
}
void main()
{
    float fShuZu[5] = {1.0,2.0,3.0,4.0,5.0};
    int i;
    JiaBei (5,fShuZu);
    for(i = 0;i<5;i ++ )
        printf(" % f ",fShuZu [i]);
}
```

程序运行的结果是：

```
2.000000 4.000000 6.000000 8.000000 10.000000
```

在例 8-14 中 main 函数在调用 JiaBei 函数的时候，用数组名做实参，对形参进行了初始化的操作，因为数组名是一个地址常量，是数组的首元素的地址，所以指针变量 fpCanShu 获得了数组元素 fShuZu[0]的地址，指针变量 fpCanShu 指向数组元素 fShuZu[0]，数组元素 fShuZu[0]是指针变量 fpCanShu 的目标变量。

在执行 JiaBei 函数的循环结构时，因为指针变量 fpCanShu 指向数组元素 fShuZu[0]，所以(fpCanShu+i)指向数组元素 fShuZu[i]，数组元素 fShuZu[i]是(fpCanShu+i)的目标变量。这种使用数组元素的方法就是在前面的指针一章里介绍的数组元素的指针访问法。

当数组名作为函数的实参的时候，要求函数的形参应该也是数组名或者是相同数据类型的指针。

例 8-15 用指针做形参，编写一个将实数加倍的函数。

```
#include <stdio.h>
void JiaBei(int n,float * fpCanShu)
{
int i;
for(i = 0;i<n;i ++ )
fpCanShu[i] = fpCanShu[i] * 2;
}
void main()
{
float fShuZu[5] = {1.0,2.0,3.0,4.0,5.0};
int i;
JiaBei (5,fShuZu);
for(i = 0;i<5;i ++ )
printf(" % f ",fShuZu [i]);
}
```

程序运行的结果是：

```
2.000000 4.000000 6.000000 8.000000 10.000000
```

在例 8-15 中，函数 JiaBei 的函数体的循环结构中，访问数组元素的方法变成了“数组元素的指针下标访问法”。这种访问数组元素的方法请参看介绍指针章节的相关内容。

例 8-16 用指针做形参，编写一个将实数加倍的函数。

```
#include <stdio.h>
void JiaBei(int n,float fCanShu[5])
{
    int i;
    for(i = 0;i<n;i ++ )
        fCanShu [i] = fCanShu [i] * 2;
}
void main()
{
```

```
    float fShuZu[5] = {1.0,2.0,3.0,4.0,5.0};
    int i;
    JiaBei (5,fShuZu);
    for(i = 0;i<5;i ++ )
        printf(" %f ",fShuZu [i]);
}
```

程序运行的结果是：

```
2.000000 4.000000 6.000000 8.000000 10.000000
```

在例 8-16 中函数 JiaBei 的形参定义了一个数组。从表面上看，在函数的形参定义部分不但给出了数组名 fCanShu，同时还给出了数组长度的定义，但这个数组定义和 main 函数中数组 fShuZu[5]定义是完全不同的。在 main 函数里定义数组 fShuZu 时，根据给定的数组的数据类型和数组长度，分配了存储空间。而形参数组虽然也定义了数组 fCanShu 的数据类型和长度，但实际上是不为这个数组分配数组元素的存储空间的，也就是说，形参定义数组长度只是标明这是一个数组参数而已，只和数组的数据类型有关，而和数组的定义长度无关。这里给形参分配的并不是一个数组的存储空间，而是一个指针变量的存储空间。由于在数组名作为函数实参的时候，实参传递给形参的仅仅是该数组的起始地址，形参数组和实参数组具有相同的起始地址，它们共占同一块存储单元，在被调函数中按照该地址可以访问任何的数组元素。

由于在函数的形参中定义成数组的变量实际上是定义了一个指针变量，而不是开辟了数组的存储空间，因此在形参定义中可以不指定数组大小，在形参的数组定义后面跟一对空的方括号也是允许的。把 JiaBei 函数的函数头可以写成如下的形式：

```
void JiaBei(int n,float fCanShu[])
```

这种情况要和前面讲过的默认定义一维数组大小的内容严格区分。在定义一维数组时，如果对数组元素进行了完全初始化，则可以省略数组大小定义，数组大小定义为给定的初始化元素的个数。为了提高函数的通用性，在这种情况下，通常在函数的形参定义中另外增加一个关于数组长度的变量的定义。

8.4 二维数组的定义和引用

8.4.1 二维数组的定义和引用

1. 二维数组的定义

例 8-17 二维数组的定义和引用。

```
#include <stdio.h>
void main()
{
    int nShuJu[2][3],i,j;
    for (i = 0;i<2;i ++ )
        for (j = 0;j<3;j ++ )
```

```
            nShuJu[i][j] = i + j;
    for (i = 0;i<2;i++){
        for (j = 0;j<3;j++)
            printf("%d",nShuJu[i][j]);
        printf("\n");
    }
}
```

程序运行的结果是：

```
0 1 2
1 2 3
```

上面的例子引出了二维数组的概念，下面就来介绍二维数组的定义和引用。二维数组常用来表示一个矩阵。二维数组的定义形式为：

数据类型符　数组名称[整型常量表达式 1][整型常量表达式 2]

例如在例 8-17 中看到的 int nShuJu [2][3]就定义了一个 2 * 3(2 行 3 列)的数组，共 6 个数组元素，数组名称为 nShuJu，数组元素的类型为 int。

数据类型符、数组名称和整型常量表达式的用法和一维数组相同。尤其要注意的是两个下标都要分别用下标运算符“[]”括起来。

【提示】 错误的定义二维数组：

float a[3,4];/*试图定义一个 3 行 4 列的二维数组。语法错误*/

应该定义为 float a[3][4];

2. 二维数组的引用

对一个已经定义过的二维数组，引用其中的数组元素的格式为：

数组名称[下标 1][下标 2]

如果定义了一个 m * n 的二维数组，那么下标 1 的范围是 0～m－1，下标 2 的范围是 0～n－1。例如：在例 8-17 中 int nShuJu [2][3]定义了一个 2 行 3 列的数组，那么它的 6 个数组元素为：

nShuJu [0][0],nShuJu [0][1] ,nShuJu [0][2],nShuJu [1][0] ,nShuJu [1][1] ,nShuJu [1][2]

这 6 个数组元素相当于 6 个 int 型的变量，可以直接对它们进行操作：

```
nShuJu [0][0] = 1;
nShuJu [0][1] = nShuJu[0][0] * 2;
```

同一维数组元素的应用类似，二维数组引用的下标也可以是整型变量，在例 8-17 中看到 main 函数中第 2 行到第 4 行用一个双重循环对数组 nShuJu 的所有数组元素进行了赋值操作。

【提示】 在引用二维数组元素时，每一维的下标都不允许越界使用。

8.4.2　二维数组的存储

二维数组在形式上很像一个矩阵或者一个二维的表格，例如：

int nShuJu[2][3];

可以把二维数组 a 的所有元素放在一个二维表中：

```
nShuJu[0][0]  nShuJu[0][1]  nShuJu[0][2]
nShuJu[1][0]  nShuJu[1][1]  nShuJu[1][2]
```

二维数组在定义后,同样系统会为它申请内存。如果是一个 m＊n 的二维数组,需要申请 m＊n 的内存单元,每个内存单元所需的字节数取决于二维数组的类型。例如上述的二维数组 nShuJu,因为 int 型变量占用 2 个字节(Turbo C 环境),那么 nShuJu 数组需要 2＊3＊2＝12 个字节的内存。

C 语言规定:二维数组元素在内存中顺序排放,排列顺序是按行存放。即先顺序存放第一行的数组元素,然后存放第二行的数组元素,依此类推。

上述的二维数组 nShuJu 在内存中映像(假设系统为 nShuJu 分配内存的首地址为 2C80)如图 8-2 所示。

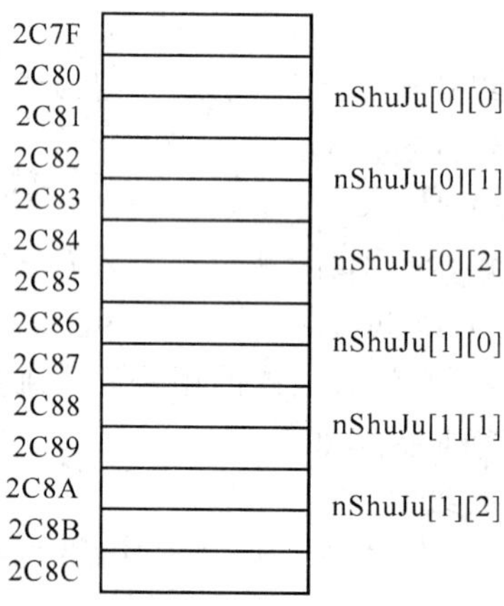

图 8-2　二维数组内存分配示意图

C 语言中还可以使用超过 2 维的多维数组。例如可以定义一个三维的数组:

```
int nShuJu[2][3][4];
```

这个 3 维数组可以认为是 2 个二维数组的组合。多维数组元素在内存中的排列规则是:最左面的下标变化得最慢,最右面的下标变化得最快。

8.4.3　二维数组的初始化

在定义二维数组时,可以对数组元素赋初值,具体形式有如下几种。

1. 按行分段赋值

这种初始化方法是把二维数组拆分成若干个一维数组,然后对一维数组的数组元素进行初始化。例如:

```
int nShuJu[2][4] = {{1,2,3,4},{5,6,7,8}};
```

初始化的结果用二维表格表示如下:

```
nShuJu[0][0]: 1  nShuJu[0][1]: 2  nShuJu[0][2]: 3  nShuJu[0][3]: 4
nShuJu[1][0]: 5  nShuJu[1][1]: 6  nShuJu[1][2]: 7  nShuJu[1][3]: 8
```

其中单元格中冒号前表示对应的数组元素,冒号后的值表示初始化后的值。

2. 按行连续赋值

按照二维数组在内存中存储的顺序为数组元素赋初值,未指定的单元赋 0。例如:

```
int nShuJu[2][4] = {1,2,3,4};
```

初始化的结果用二维表格表示如下:

nShuJu[0][0]：1 nShuJu[0][1]：2 nShuJu[0][2]：3 nShuJu[0][3]：4

nShuJu[1][0]：0 nShuJu[1][1]：0 nShuJu[1][2]：0 nShuJu[1][3]：0

3. 部分初始化

在上面已经看到了在按存储顺序初始化过程中，用于初始化的表达式的个数可以少于数组元素的个数，这时候只对数组中部分元素进行了初始化，没用初始化的数组元素会自动清零。同样在按行对二维数组进行初始化的时候，也可以对每一行的部分数组元素进行初始化。例如：

```
int nShuJu[2][4] = {{1,2},{3,4}};
```

初始化的结果用二维表格表示如下：

nShuJu[0][0]：1 nShuJu[0][1]：2 nShuJu[0][2]：0 nShuJu[0][3]：0

nShuJu[1][0]：3 nShuJu[1][1]：4 nShuJu[1][2]：0 nShuJu[1][3]：0

4. 省略第一维长度定义

例如：int nShuJu[][4] = {1,2,3,4,5,6,7,8};

在C语言中，一个二维数组如果进行了完全初始化，则系统会根据初值数据的个数和第二维长度自动计算二维数组的第一维长度，因此在这种情况下可以省略第一维长度的定义。但是，在C语言中，即使在完全初始化的情况下，系统不能根据第一维的长度自动计算第二维的长度，因此不能省略第二维的长度定义，否则系统会提示错误。下面的初始化代码会导致编译出错：

```
int nShuJu[2][] = {1,2,3,4,5,6,7,8};
```

8.4.4 二维数组程序举例

例 8-18 把某年某月的第几天转换成该年的第几天。

```
#include <stdio.h>
int JisuanTianShu(int nNian,int nYue,int nRi)
{
    int nTianShu[2][13] = {
        {0,31,28,31,30,31,30,31,31,30,31,30,31},
        {0,31,29,31,30,31,30,31,31,30,31,30,31}
    };
    int nZongShu,nRunNian,i;
    nRunNian = ((nNian % 4 == 0)&&(nNian % 100 != 0)||(nNian % 400 == 0));
    nZongShu = nRi;
    for(i = 1;i<nYue;i++)
        nZongShu += nTianShu[nRunNian][i];
    return nZongShu;
}
int PanduanShuru(int nNian,int nYue,int nRi)
{
    if (nRi < 1) {
        return 0;
```

```
        }
        switch(nYue) {
        case 1:  case 3:  case 5:  case 7:  case 8:  case 10:  case 12:
              if (nRi>31) {
                    return 0;
              }
              break;
        case 4:  case 6:  case 9:  case 11:
              if (nRi>30) {
                    return 0;
              }
              break;
        case 2:
              if ((nNian % 4 == 0)&&(nNian % 100! = 0)||(nNian % 400 == 0)) {
                    if (nRi>29) {
                          return 0;
                    }
              }
              else{
                    if (nRi>28) {
                          return 0;
                    }
              }
              break;
        default:
              return 0;
        }
        return 1;
}
void main()
{
        int nNian,nYue,nRi;
        printf("\nQing ShuRu Nian Yue Ri:");
        scanf("%d %d %d",&nNian,&nYue,&nRi);
        if (PanduanShuru(nNian,nYue,nRi)) {
              printf("Zont TianShu Shi: %d\n",JisuanTianShu(nNian,nYue,nRi));
        }
        else{
              printf("ShuRu de RiQi CuoWu\n");
        }
}
```

程序运行的结果是：

```
Qing ShuRu Nian Yue Ri:2008 8 8
```

```
Zont TianShu Shi:221
```

在例 8-18 中编写了 3 个函数，其中 PanduanShuRu 函数检查用户输入的是否为合理的数据，JiSuanTianShu 完成题目要求的计算功能。

请注意 main 函数中对这两个函数的调用方式。PanDuanShuRu 函数作为 if 选择结构的判断表达式，而 JiSuanTianShu 作为了 printf 函数的参数。

例 8-19 考查 4 个学生的 3 门课程的成绩，计算每个学生的平均分和没门课程的平均分。

```
#include <stdio.h>
void main()
{
    float fChengJi[4][3] = {{89,78,56},{88,99,100},{72,80,61},{60,70,75}};
    int i,j;
    for(i = 0;i<4;i++)
    {
        float fZongFen = 0;
        for(j = 0;j<3;j++)
            fZongFen += fChengJi[i][j];
        printf("Di %d Ge XueSheng de PingJunFen Shi %4.2f.\n",i+1,fZongFen/3);
    }
    for(i = 0;i<3;i++)
    {
        float fZongFen = 0;
        for(j = 0;j<4;j++)
            fZongFen += fChengJi[j][i];
        printf("Di %d Men KeCheng de PingJunFen Shi %4.2f.\n",i+1,fZongFen/4);
    }
    }
}
```

程序运行的结果是：

```
Di 1 Ge XueSheng de PingJunFen Shi 74.33.
Di 2 Ge XueSheng de PingJunFen Shi 95.67.
Di 3 Ge XueSheng de PingJunFen Shi 71.00.
Di 4 Ge XueSheng de PingJunFen Shi 68.33.
Di 1 Men KeCheng de PingJunFen Shi 77.25.
Di 2 Men KeCheng de PingJunFen Shi 81.75.
Di 3 Men KeCheng de PingJunFen Shi 73.00.
```

例 8-19 的第一个 i 循环里定义了一个 float fZongFen 变量，这个变量在复合语句内，所以都是内部变量，在复合语句执行完毕，这个变量占用的存储空间将被释放，所以进入第二个 i 循环后，又一次定义了 float fZongFen 变量。这两个循环例的变量名字虽然相同，但它们是两个不同的变量。

例 8-20 输入 m * n 整数矩阵，将矩阵中最大元素所在的行和最小元素所在的行对调后输出(m、n 小于 10)。

```
#include <stdio.h>
void main()
{
    long lShuJu[10][10],lZuiXiao,lZuiDa;
    int i,j,nHang,nLie,nZuidaHang = 0,nZuixiaoHang = 0;

    /* 输入矩阵的 m 和 n */
    printf("\nQing ShuRu HangShu:\n");
    scanf("%d",&nHang);
    printf("Qing ShuRu LieShu:\n");
    scanf("%d",&nLie);

    /* 输入矩阵的每个元素 */
    printf("\nShuRu JuZhen YuanSu(%d*%d):\n",nHang,nLie);
    for(i = 0;i<nHang;i++)
        for(j = 0;j<nLie;j++)
            scanf("%ld",&lShuJu[i][j]);

    /* 遍历二维数组的每个元素,记录最大元素所在的行号和最小元素所在的行号 */
    lZuiXiao = lZuiDa = lShuJu[0][0];
    for(i = 0;i<nHang;i++)
        for(j = 0;j<nLie;j++){
            if(lShuJu[i][j]>lZuiDa){
                lZuiDa = lShuJu[i][j];
                nZuidaHang = i;
            }
            if(lShuJu[i][j]<lZuiXiao){
                lZuiXiao = lShuJu[i][j];
                nZuixiaoHang = i;
            }
        }

    /* 用循环将最大行和最小行的所有元素互换 */
    for(j = 0;j<nLie;j++){
        long lLinShi = lShuJu[nZuidaHang][j];
        lShuJu[nZuidaHang][j] = lShuJu[nZuixiaoHang][j];
        lShuJu[nZuixiaoHang][j] = lLinShi;
    }

    /* 打印输出结果 */
    printf("\nJiaoHuan Hou: \n");
    for(i = 0;i<nHang;i++){
        for(j = 0;j<nLie;j++)
```

```
            printf(" %5ld ",lShuJu[i][j]);
        printf("\n");
    }
}
```

8.5　字符数组

例 8-21　数制转换：按照给定的数制对输入的数值进行转换。

```
#include <stdio.h>
void main()
{
    int i = 0,nJiShu,nShu;
    char cJieGuo[20];
    printf("请输入基数:");
    scanf(" %d",&nJiShu);
    printf("请输入数值:");
    scanf(" %d",&nShu);
    printf(" %d 转换为 %d 进制后是:",nShu,nJiShu);
    if (nShu < 0) {
        printf(" - ");
        nShu = - nShu;
    }
    do{
        int nWei = nShu % nJiShu;
        nShu = nShu/nJiShu;
        if (nWei>9){
            cJieGuo[i] = nWei - 10 + 'a';
        }
        else if (nWei<= 9){
            cJieGuo[i] = nWei + '0';
        }
        i++;
    } while (nShu>0);
    for (i--;i>= 0;i--)
        printf(" %c",cJieGuo[i]);
}
```

程序运行结果是：

```
请输入基数:12
请输入数值:-47
-47 转换为 12 进制后是:-3b
```

在例 8-21 中，用字符数组 cJieGuo 保存了数制转换后的结果。考虑到超过十进制的数据的表达问题,用a开始的字母来表达。

8.5.1 字符数组的定义

一个数组的数据类型如果是char型,那么这个数组用来存放字符型数据,我们称为字符数组。字符数组的每个数组元素存放一个字符。作为数组的其中一个类型,字符数组的定义、初始化和引用的规则和前面章节中所述的数组规则完全相同。

在例8-21中,定义了字符数组:char cJieGuo[20],这个数组中有20个数组元素,每个数组元素的数据类型都是char型。

8.5.2 字符数组的初始化

1. 用字符常量初始化

例8-22 一维数组的初始化。

```
#include <stdio.h>
void main()
{
    int i;
    char cZiFu1[9] = {'c',' ','p','r','o','g','r','a','m'};
    char cZiFu2[10] = {'c',' ','p','r','o','g','r','a','m'};
    for (i = 0;i<9;i++) {
        printf(" %d ",cZiFu1[i]);
    }
    printf("\n");
    for (i = 0;i<10;i++) {
        printf(" %d ",cZiFu2[i]);
    }
}
```

程序运行的结果是:

```
99 32 112 114 111 103 114 97 109
99 32 112 114 111 103 114 97 109 0
```

在例8-22中,定义了2个字符数组,都用同样的字符常量对它们进行了初始化。对字符数组cZiFu1而言,用9个字符常量对它进行了完全初始化,字符数组cZiFu1的每个数组元素都指定了初始值;而对字符数组cZiFu2,用9个字符常量对它进行了部分初始化,字符数组cZiFu2的前9个数组元素都指定了初始值,但数组元素cZiFu2[9]没用指定初始值,被自动清零。

例8-23 二维数组的初始化。

```
#include <stdio.h>
void main()
{
    int i,j;
    char cZiFu[][8] = {{'S','h','a','n','g','H','a','i'},{'B','e','i','J','i','n','g','\0'}};
```

```
    for (i = 0;i<2;i++) {
        for (j = 0;j<8;j++) {
            printf(" %d ",cZiFu[i][j]);
        }
        printf("\n");
    }
}
```

程序运行的结果是：

```
83 104 97 110 103 72 97 105
66 101 105 74 105 110 103 0
```

例 8-23 中对二维字符数组进行了完全初始化，所以省略了数组第一个下标的定义。本例的二维字符数组由于在初始化时全部元素都赋以初值，因此一维下标的长度可以不加以说明。

2. 用字符串常量初始化

例 8-24 一维数组的初始化。

```
#include <stdio.h>
void main()
{
    int i;
    char cZiFu[] = {"c program"};
    printf("ChangDu = %d\n",sizeof(cZiFu));
    for (i = 0;i<10;i++) {
        printf(" %d ",cZiFu[i]);
    }
}
```

程序运行的结果是：

```
ChangDu = 10
99 32 112 114 111 103 114 97 109 0
```

用字符串常量可以初始化一个字符数组。在 C 语言中，对一维数组用字符串常量进行初始化的时候允许省略字符串常量外面的一对花括号。从程序输出可以看到，字符数组 cZiFu 有 10 个数组元素，这是因为对它进行初始化的字符数组中有 9 个字符，还有一个字符串结束标记。

【提示】 如果初始化的字符串长度超过字符数组定义的长度，则是越界使用，会带来错误。

对比例 8-22 的字符数组 cZiFu2 的数组元素 cZiFu2[9]和例 8-24 中字符数组 cZiFu 的数组元素 cZiFu[9]，从输出结果中可以看到它们的数值都是 0，但这两个数组元素的值的来源是完全不同的。数组元素 cZiFu2[9]是缺省初始化的时候自动清零得到的值，而数组元素 cZiFu[9]是字符串常量的字符串结束标记对它进行赋值得到的数值。

例 8-25 二维字符数组的初始化。

```
#include <stdio.h>
void main()
{
    int i,j;
```

```
    char cZiFu[][9] = {"ShangHai","BeiJing"};
    for (i = 0;i<2;i ++ ) {
        for (j = 0;j<9;j ++ ) {
            printf(" %d ",cZiFu[i][j]);
        }
        printf("\n");
    }
}
```

程序运行的结果是：

```
83 104 97 110 103 72 97 105 0
66 101 105 74 105 110 103 0 0
```

例 8-25 演示了用多个字符串对二维字符数组进行初始化。这种初始化的方法还是遵循了前面提到的"对二维数组进行分行初始化"的方法，字符串常量间用逗号隔开，不需要在每个字符串常量外面都加花括号了。

请对比例 8-23 和例 8-25 中数组的第二维下标的定义。在例 8-23 中，数组的两个数组元素都用了 8 个字符常量进行初始化，所以第二维下标的长度为 8，而在例 8-25 中，用第一个字符串常量对二维数组中第一行的数组元素进行初始化的时候，字符串常量有 9 个字符，所以字符数组的第二维下标要设置为 9。在例 8-23 中，对二维数组的第二行只进行了部分初始化，因为用于初始化的字符串常量只有 8 个字符。从程序的输出可以看到，例 8-25 中数组元素 cZiFu[1][7]和 cZiFu[1][8]的数值都是 0，但这两个数值的来源也是不同的。

8.5.3 字符数组的输入/输出

1. 字符串的输出

例 8-26 二维数组的定义和引用。

```
#include <stdio.h>
void main()
{
    int i;
    char cShuZu1[] = "123456";
    char cShuZu2[] = "abcdef";
    for(i = 0;cShuZu1[i]! = '\0';i ++ )
        printf(" %c",cShuZu1[i]);
    printf("\nprintf,puts\n");
    printf(" %s",cShuZu1);
    puts(cShuZu2);
    printf("\nputs,printf\n");
    puts(cShuZu2);
    printf(" %s",cShuZu1);
}
```

程序运行的结果是：

```
123456
```

```
printf,puts
123456 abcdef

puts,printf
abcdef
123456
```

在例 8-26 中,演示了 3 种不同的方式输出数组里的字符串。

在 for 循环结构中,在 printf 语句中用了“%c”格式输出单个的字符。要注意判断字符串的结束标记,终止循环的执行。

从后面两个输出的对比结果中可以看出,在 printf 函数中用“%s”格式输出数组里的字符串的时候,要在输出格式字符串中增加换行标志“\n”,才会进行换行操作,否则就不换行;而在使用 puts 函数输出的时候,系统会在输出完指定的内容后自动进行换行的操作。

2. 字符串的输入

例 8-27 二维数组的定义和引用。

```
#include <stdio.h>
void main()
{
      int i = 0;
      char cXingMing[10];
      printf("\nQing ShuRu XingMing:");
      do {
            cXingMing[i] = getchar();
            if ('\n' == cXingMing[i]) {
                  cXingMing[i] = '\0';
                  break;
            }
            i++;
      } while(1);
      printf("1: %s\n",cXingMing);

      i = 0;
      printf("Qing Zai ShuRu YiCi:");
      do {
            scanf("%c",&cXingMing[i]);
            if ('\n' == cXingMing[i]) {
                  cXingMing[i] = '\0';
                  break;
            }
            i++;
      } while(1);
      printf("2: %s\n",cXingMing);
```

```
    printf("Qing Zai ShuRu YiCi:");
    gets(cXingMing);
    printf("3: % s\n",cXingMing);

    printf("Qing Zai ShuRu YiCi:");
    scanf(" % s",cXingMing);
    printf("4: % s\n",cXingMing);
}
```

程序运行的结果是:

```
Qing ShuRu XingMing:zhang san
1:zhang san
Qing Zai ShuRu YiCi:zhang san
2:zhang san
Qing Zai ShuRu YiCi:zhang san
3:zhang san
Qing Zai ShuRu YiCi:zhang san
4:zhang
```

在例 8-27 中演示了用 4 种不同的方法将一个字符串读入数组中。

在前面的章节已经提到,用 getchar 函数和 printf 的"%c"格式可以读入一个字符,将读入的字符存储在字符数组元素中,获得了键盘输入的字符串内容。但用这两种方法时候要注意,最后一个读取的是"回车符",要将这个"回车符"更换为"字符串结束标记"。

用 gets 函数和 scanf 函数的"%s"格式都可以一次读入一个完整的字符串,对比两次读入后的输出结果可以看出,gets 函数可以读入一个带空格的字符串,而 scanf 函数的"%s"格式会把空格作为"分隔符"处理,因此用 scanf 函数的"%s"格式不能读入带空格的字符串。

再对比两次用 scanf 函数读取字符串的方法,可以看到用"%c"格式的时候,所对应的输入项要采用取地址符"&"获取数组元素的地址,而用"%s"格式直接写数组名就可以了,因为数组名本身就是一个地址量,是数组存储单元的首地址。

【提示】 无论采用哪一种方法输入字符串,都要保证定义的字符数组有足够的长度存储输入的内容,否则都有可能出现越界使用数组元素的情况。

如有字符数组 char c[10],设数组 c 的首地址为 2000,这也就是说 c[0]单元地址为 2000,则数组名 c 就代表这个首地址。因此在 c 前面不能再加地址运算符 &。如写作 scanf ("%s",&c);则是错误的。在执行函数 printf("%s",c) 时,按数组名 c 找到首地址,然后逐个输出数组中各个字符直到遇到字符串终止标志'\0'为止。

8.5.4 字符数组与字符串

1. 字符串

在数据类型一章,我们曾经讲过字符串常量,即用双引号括起来的一个字符序列。例如,"Hello","How are you!"。

C 语言中,字符串被系统当做字符数组来处理。字符串常量在内存中是以字符数组的形式来保存的。特别需要注意的是，数组的最后一个单元的值被系统自动加上一个字符'\0'。换句话说，字符串是一种以字符'\0'为结尾的字符数组。这个'\0'的作用是标志字符串的结束。例如，字符串"hello"在内存中保存为：

h e l l o \0

除了可见字符外，字符串常量在保存的时候还要增加一个"字符串结束标记"位，所以字符串所占用的存储空间比可见字符数量要多一个字节。从上图中可以看出，实际上字符串"hello"占用了6个内存单元。

【规则 8-4】 '\0'是ASCII码等于0的字符，它是一个不可显示的字符，即"空操作符"，作用只是作为一个标志。

实际上，我们在调用printf("hello")这样的语句时，并不是把hello这几个字符传递给printf函数去处理，而是传递了字符串"hello"的字符数组首地址，printf函数内部在处理时，按照输出项指定的内存地址读取一个字符，如果不是字符串结束标记，则自动读取下一个字符，直到读取到字符串结束标记为止。

2. 字符数组存储字符串

字符数组中的每个数组元素都是char型的变量，从前面的知识我们可以知道，char型变量用来存储一个字符型变量，存储的是该字符对应的ASCII码值。因此，字符数组中的每个数组元素都用来存储char型变量，而且存储的是这些字符变量所对应的ASCII码值。

如果在字符数组中某个数组元素的值是'\0'，也就是说在字符数组中有字符串的结束标记，则从第一个数组元素开始，直到这个字符串结束标记所在的前一个数组元素为止，可以把它们看做一个字符串，这种情况下，也就是在字符数组中存储了一个字符串。

虽然在字符数组中可以存储字符串，但字符数组并不等同于字符串。一个字符数组中并没用要求一定要有字符串结束标记，没用字符串结束标记的字符数组也是正确的；但如果一个字符数组中没用字符串结束标记，我们就不能说这个字符数组中存储了一个字符串，对字符串操作的函数也不能用于这个字符数组中，否则就有可能引起数组的越界访问。

例 8-28 二维数组的定义和引用。

```
#include <stdio.h>
void main()
{
    char cZiFu1[] = {'a','b','c','d'};
    char cZiFu2[] = "1234";
    printf("ZiFu1 = %s\n",cZiFu1);
    printf("ZiFu2 = %s\n",cZiFu2);
}
```

程序运行的结果是：

```
abcd1234
1234
```

从例8-28的输出看，字符数组cZiFu1的输出和初始化的数据是不同的。在例8-28中定义两个字符数组的时候，都用了对数组进行完全初始化、省略数组长度定义的方式。字符数组cZiFu1的初始化采用了"用字符常量对数组元素进行初始化"的方式，给定了4个字符常量,因此 cZiFu1 的长度为 4;而字符数组 cZiFu2 采用了"用字符串常量对字符数组进行初始化"的方式,给定了一个长度为 4 的字符串常量,因此 cZiFu2 的长度为 5。这两个字符数组不但长度上不同,而且还有一个重要的区别,在 cZiFu2 中,数组元素 cZiFu2[4]中存储了字符串结束标记,所以字符数组 cZiFu2 中存储了一个字符串,而字符数组 cZiFu1 的 4 个数组元素都不是字符串结束标记,所以不能说字符数组 cZiFu1 中存储了字符串。

在第一条 printf 输出语句中,将字符数组 cZiFu1 作为一个字符串处理,发生了越界使用的情况,从数组元素 cZiFu1[0]开始输出,直到输出到数组元素 cZiFu2[4]才找到字符串结束标记,停止输出,所以输出了"abcd1234"。

在第二条 printf 输出语句中,从数组元素 cZiFu2[0]开始输出,到数组元素 cZiFu2[4]为止,所以输出了"1234"。因为数组 cZiFu2 的元素中有字符串结束标记,所以作为字符串处理是允许的。

【提示】 不要试图输出一个没有字符串结束符的字符数组。

由于字符数组没有字符串结束标记'\0',printf 和 puts 会在输出字符数组中的数组元素以后,继续遍历后续的内存单元,直到遇到'\0'为止。这样的代码会导致不确定的字符输出。

例 8-29 一维字符数组的定义和引用。

```
#include <stdio.h>
void main()
{
    int i;
    char cZiFu[] = "abcd1234";
    printf("ZiFu1 = %s\n",cZiFu);
    for (i = 0;i<9;i++) {
        printf(" %d ",cZiFu[i]);
    }
    printf("\n");

    cZiFu1[4] = '\0';
    printf("ZiFu2 = %s\n",cZiFu);
    for (i = 0;i<9;i++) {
        printf(" %d ",cZiFu[i]);
    }
}
```

程序运行的结果是:

```
ZiFu1 = abcd1234
97 98 99 100 49 50 51 52 0
ZiFu2 = abcd
97 98 99 100 0 50 51 52 0
```

从例 8-29 的执行结果可以看到,程序中用两个 printf 语句输出了数组 cZiFu 中的字符串,但输出结果时候是完全不同的,第二次输出字符串的时候只输出了字符数组 cZiFu 中部分内容。

从上面代码中两个 for 循环结构的输出结果可以看出,在第二次执行输出字符串之前,将数组元素 cZiFu[4]内容设置为了字符串结束标记，也就是说，在字符数组 cZiFu 中有 2 个字符串结束标记，分别在数组元素 cZiFu[4]和 cZiFu[8]中，这种情况下，再把字符数组 cZiFu 按字符串读取的时候只读取第一个字符串结束标记前的内容。

例 8-30 数制转换：按照给定的数制对输入的数值进行转换。

```
#include <stdio.h>
void main()
{
    int i = 0,nJiShu,nShu;
    char cJieGuo[20];
    printf("数制转换\n\n");
    printf("请输入基数:");
    scanf("%d",&nJiShu);
    printf("请输入数值:");
    scanf("%d",&nShu);
    printf("%d 转换为 %d 进制后是:",nShu,nJiShu);
    if (nShu < 0) {
        printf("-");
        nShu =- nShu;
    }
    do{
        for (int j = i;j>= 0;j--) {
            cJieGuo[j + 1] = cJieGuo[j];
        }
        int nWei = nShu % nJiShu;
        nShu = nShu/nJiShu;
        if (nWei>9){
            cJieGuo[0] = nWei - 10 + 'a';
        }
        else if (nWei <= 9){
            cJieGuo[0] = nWei + '0';
        }
        i++;
    } while (nShu>0);
    cJieGuo[i] = '\0';
    printf("%s",cJieGuo);
}
```

程序运行的结果是：

```
请输入基数:12
请输入数值:-47
-47 转换为 12 进制后是:-3b
```

对比例 8-21 和例 8-30，它们的输出结果是相同的。但在例 8-21 中，用“%c”格式输出转换后的结果，而在例 8-30 中用“%s”格式输出转换后的结果。

8.6 指针与字符串

8.6.1 指向字符数组的指针

如果一个字符数组中存储了字符串的结束标记'\0',那么我们说这个字符数组中存储了一个字符串。

例 8-31 读程序,写结果。

```
#include <stdio.h>
void main()
{
char cShuZu[] = "ABC", * cpZhiZhen = cShuZu;
int i;
printf("\n1:");
printf("%s",cpZhiZhen);                               /*代码段1*/
printf("\n2:");
puts(cpZhiZhen);                                      /*代码段2*/
printf("3:");
for(i = 0; *( cpZhiZhen + i)! = '\0';i ++ )           /*代码段3*/
{
     printf("%c", *( cpZhiZhen + i));
}
printf("\n4:");
for(i = 0; * cpZhiZhen! = '\0';i ++ ,cpZhiZhen ++ )   /*代码段4*/
{
     printf("%c", * cpZhiZhen);
}
}
```

程序运行的结果是:

```
1:ABC
2:ABC
3:ABC
4:ABC
```

在例 8-31 中,指针变量 cpZhiZhen 在定义时,被初始化指向字符数组 cShuZu 的首地址,实际上指针变量获取了数组元素 cShuZu[0]的地址,指针变量 cpZhiZhen 指向数组元素 cShuZu[0],数组元素 cShuZu[0]是指针变量 cpZhiZhen 的目标变量。

在代码段 1 中,cpZhiZhen 作为 printf 的实际参数,同输入数组名称的效果是一样的。代码段 2 使用了 puts 函数进行输出。代码段 3 利用了指针变量 cpZhiZhen 和字符串结束符'\0',逐个将字符串里的字符输出。代码段 4 和代码段 3 类似,不同的是指针变量 cpZhiZhen 的值在循环中变化,每次 * cpZhiZhen 指向不同的数组元素。在代码段 4 的循环结构运行结束后，指针变量 cpZhiZhen 就是一个“野指针”了。

【提示】 printf 函数在用%s 格式输出字符串时，对应的输出项是一个字符指针，输出时从该指针所指向的字符开始逐个字符输出，直到遇到字符串结束标识‘\0’为止。

8.6.2 指向字符串常量的指针

例 8-32 读程序，写结果。

```
#include <stdio.h>
void main()
{
    char *cpZhiZhen="ABC";
    printf("%s",cpZhiZhen);
}
```

程序运行的结果是：

```
ABC
```

C 语言中，字符常量是按照字符数组来处理的，也就是说，如果程序中有一个字符串常量，系统会自动在内存中创建一个字符数组，将字符串的内容保存在字符数组中，并加字符串结束符‘\0’。

上面程序中的 char * cpZhiZhen =“ABC”；不能理解为“将字符串赋给指针变量 cpZhiZhen”，应该理解为：

(1) 定义了一个指向 char 型变量的指针变量 cpZhiZhen；

(2) 系统自动在内存中创建一个 4 个字节的存储空间，前三个字节存放字符‘A’，‘B’，‘C’，最后一个字节存放字符串结束符‘\0’；

(3) 将字符串常量存储空间的首地址赋给指针变量 cpZhiZhen。

例 8-33 读程序，写结果。

```
#include <stdio.h>
void main()
{
    char *cpZhiZhen,cShuZu[10];
    cpZhiZhen="ABC";
    strcpy(cShuZu,"ABC");
    printf("%s,%s",cpZhiZhen,cShuZu);
}
```

程序运行的结果是：

```
ABC,ABC
```

在例 8-33 中，虽然都输出了相同的字符串，但两个输出的机制是完全不同的。用一个字符串常量对指针变量 cpZhiZhen 进行了赋值操作，在前面我们已经知道，指针变量获取的只是字符串常量的首字符的存储地址，而不是把字符串常量存储在指针变量中。

在例 8-33 中，对字符数组的赋值用了一个字符串拷贝函数，完成赋值操作后，字符数组 cShuZu 的前四个数组元素分别是 cShuZu[0]=‘A’，cShuZu[1]=‘B’，cShuZu[2]=‘C’，cShuZu[3]=‘\0’，所以在字符数组中也存储了一个字符串。

【提示】 对字符数组 char cShuZu[20]赋值可以用 cShuZu="ABC";吗? 为什么?

程序最后的输出语句的执行情况是这样的:第一个格式符%s 对应的输出项是指针变量 cpZhiZhen,按照该变量给出的地址找到了字符串常量的首字符'A',输出这个字符,然后再继续找后续的字符,直到找到字符串常量中的字符串结束为止;第二个格式符%s 对应的输出项是数组名,数组名是一个地址常量,按照这个地址找到的是数组 cShuZu 的首元素 cShuZu[0],输出这个字符,然后在继续找后续的数组元素,直到找到 cShuZu[3],它存储的内容是字符串结束标记'\0',输出执行结束。

【提示】 一旦执行完 strcpy(cShuZu,"ABC");的语句,今后再进行对字符数组元素的操作和这条语句中的字符串常量已经没有任何关系了。

例 8-34 输入一个句子,统计其中的单词个数。

```
#include <stdio.h>
void main()
{
char cZiFuChuan[100], * cpZhiZhen;
int i,nJiShu = 0;
cpZhiZhen = cZiFuChuan;

/* 输入句子 */
printf("\nQing ShuRu YiGe JuZi:");
gets(cpZhiZhen);

/* 统计单词的个数 */
while( * cpZhiZhen! = '\0')
{
      /* 用指针变量 p 遍历字符数组的每个元素 */
      if(' ' == * cpZhiZhen)
      {
            /* 如果该元素是空格则跳过,继续循环 */
            cpZhiZhen ++ ;
            continue;
      }
      else
      {
            /* 如果不是空格,单词数加一 */
            nJiShu ++ ;

            /* 如果后续还有字符,说明是一个单词;一并跳过 */
            i = 0;/* 不要忘记位置清零 */
            /* 某个位置为空格或字符串结束符时跳出循环 */
            while( * (cpZhiZhen + i)! = ' '&& * ( cpZhiZhen + i)! = '\0')
                  i ++ ;
            cpZhiZhen += i;
```

```
        }
    }
        /* 输出结果 */
        printf("JuZi Zhong You %d Ge DanCi。",nJiShu);
}
```

程序运行的结果是：

```
Qing ShuRu YiGe JuZi:Zao shang hao
JuZi Zhong You 3 Ge DanCi。
```

本题有多种解法。这里我们用拨动指针的方法实现。具体算法是：从头开始检查字符数组的每个字符，如果是空格则将指针拨到下一个字符，略过这个空格，继续上面的过程；如果不是空格，则探索下一个空格的位置（当前位置到下一个空格之间是一个单词），将指针拨到下一个空格处，同时单词数加 1，继续检查后续的字符。

请注意例 8-34 的 gets 语句，它的参数是 char 型指针变量 cpZhiZhen。回顾一下 gets 函数的说明："gets 函数用于从输入流中读取字符串，直到接收到换行符为止，把读入的结果保存在形参所指向的字符数组中。换行符不作为读取串的内容，读取的换行符被转换为 NULL 值，并由此来结束字符串。"在本例中，给定的实参是指向一个字符数组的指针，因此读取的内容保存在字符数组 cZiFuChuan 中。

实际上字符数组 cZiFuChuan 的数组名也是个指针，因此在例 8-34 中可以不定义 char 类型的指针变量 cpZhiZhen，直接用数组名这个常量也可以完成，但由于数组名作为指针使用的时候不能进行自增运算和复合的赋值运算，所以程序编写方式上有很大变化，请读者自己改写。

8.6.3 字符串作为函数参数

例 8-35 编写函数实现库函数 itoa 的功能，即输入一个整数，输出相应的字符串（如输入 239，输出"239"）。

```
#include <stdio.h>
#include <string.h>
void DaoXuZifuChuan(char *p);
void ZhengshuDaoZifu(int n,char *str);
main()
{
    int nShuZhi;
    char cJieGuo[20];

    /* 输入整数 */
    printf("\nQing ShuRu YiGe ZhengShu:");
    scanf("%d",&nShuZhi);

    /* 调用函数将整数转换为字符串 */
    ZhengshuDaoZifu(nShuZhi,cJieGuo);
```

```
    /* 打印输出结果 */
    printf("ZhuanHuan JieGuo Shi: %s",cJieGuo);
}
void ZhengshuDaoZifu(int nShuzhi,char *cZiFu)
{
    int i = 0;

    /* 从后向前,依次取整数的每个位,存入字符数组 */
    while(nShuzhi != 0){
        *(cZiFu + i) = nShuzhi % 10 + '0';/* n%10 + '0'就是 n%10 对应的 ASCII 码 */
        nShuzhi /= 10;
        i++;
    }
    *(cZiFu + i) = '\0';

    /* 颠倒字符数组中字符的顺序 */
    DaoXuZifuChuan(cZiFu);
}
void DaoXuZifuChuan(char *cpCanShu)
{
    int i,nChangDu;
    nChangDu = strlen(cpCanShu);
    for(i = 0;i<nChangDu/2;i++){
        /* 将第 i 的元素和第 nLen - 1 - i 个元素互换 */
        char cLinShi;
        cLinShi = *(cpCanShu + i);
        *(cpCanShu + i) = *(cpCanShu + nChangDu - 1 - i);
        *(cpCanShu + nChangDu - 1 - i) = cLinShi;
    }
}
```

程序运行的结果是:

```
Qing ShuRu YiGe Zhang Shu:239
Zhuan Huan JieGuo Shi:239
```

本函数的输入是一个整数,输出是一个字符串(字符数组),函数头可以定为 void ZhengshuDaoZifu (int n,char *str)。

ZhengshuDaoZifu 的算法可以参考前面例题中介绍的方法,用循环取出整数的每个位,依次存放在字符数组中,最后将字符数组里的字符串反序。

为了使程序的逻辑更加清晰,提高代码的复用性能,可以将字符串反序的功能提出来,形成一个函数 void DaoXuZifuChuan (char *p),在 ZhengshuDaoZifu 函数中调用该函数。

上面的例子使用了嵌套函数。DaoXuZifuChuan 函数负责将一个字符数组中的字符反序存放;ZhengshuDaoZifu 函数负责将一个整数转为相应的字符串。ZhengshuDaoZifu 中,利用循环和%运算符,依次取出整数中的位,放入字符数组。注意不要忘记加上字符串结束符'\0'。

循环中取位是从低位开始的，因此循环结束后，字符数组中的字符串的顺序和整数正好相反。ZhengshuDaoZifu 函数中又调用了 DaoXuZifuChuan 函数，将字符数组的顺序颠倒。

DaoXuZifuChuan 函数和 ZhengshuDaoZifu 函数的形式参数中都有一个指针变量，这是用来传递数组的指针。函数中可以利用该指针间接修改主控函数中数组的内容。

8.6.4 字符串处理库函数

要使用字符串处理库函数，程序开始时必须包含头文件 string.h，这个头文件中包含了字符串处理相关函数的声明和定义。

1. 字符串复制

例 8-36 将一个字符数组字符串复制到另一个字符数组。

```
#include <stdio.h>
#include <string.h>
int FuZhi(char *cpMuBiao,char *cpYuan)
{
    int i;
    for(i=0;;i++){
        cpMuBiao[i]=cpYuan[i];
        if('\0'==cpMuBiao[i])
            break;
    }
    return i;
}
void main()
{
    char cChuan1[50],cChuan2[50];
    char cChuan3[10]="word";
    FuZhi(cChuan1,cChuan3);
    printf("Chuan1=%s",cChuan1);

    strcpy(cChuan2,cChuan3);
    printf("\nChuan2=%s",cChuan2);
}
```

程序运行的结果是：

```
Chuan1 = word
Chuan2 = word
```

结果输出 word，说明 strcpy 已经将 cChuan2 的字符串复制到了 cChuan1 中。

在这里，字符串的复制使用 strcpy 函数。它的调用形式为：

```
strcpy(字符数组1,字符串2);
```

strcpy 函数的功能是将字符串 2 的内容复制到字符数组 1 中，包括结尾的字符串结束符'\0'。

在例 8-36 中字符数组 cChuan3 中存储了一个长度为 4 的字符串,所以前 5 个数组元素是“有效”的,因此在执行 strcpy 这个函数的时候,只是把这 5 个数组元素的值赋给了 cChuan1 的前 5 个数组元素,cChuan3 中后面的数组元素的值并没用给 cChuan1 的数组元素,当然 cChuan1 中其他的数组元素的值也没用任何变化。

【提示】 运行 strcpy 函数的时候只是将源字符串(可能是一个字符串常量,也可能是一个字符数组中的字符串)的内容赋值给了目标字符数组,目标字符数组中的其他数组元素的值没用任何变化。

在 C 语言中,strcpy 函数实际上执行了对目标字符数组的数组元素进行赋值的操作,所以要保证目标数组的长度是足够的,否则就会发生“越界使用”的情况。

【思考】 下面的错误代码比较隐蔽:

```
char cShuZu1[] = "ABC";
char cShuZu2[3];
strcpy(cShuZu1,cShuZu2);
printf(" % s",cShuZu1);
```

表面上看 cShuZu2 只有 3 个元素,cShuZu1 定义长度 3 就够了。但 strcpy 执行过程是将字符串结束符也一起复制过去的,因此 cShuZu1 的长度应该至少定义为 4。

在例 8-36 中已经给出了在定义字符数组的时候用一个字符串常量对它进行初始化的方法,但这种方法只能用于字符数组的初始化,不能用在对一个字符数组赋值中。不能试图用 cShuZu1＝cShuZu2 这种方式来复制字符串,必须使用 strcpy 函数进行。

【提示】 数组名是一个地址常量,是数组所占用的存储空间的首字节的地址。赋值语句要求等号的左侧必须是一个变量。显然不能出现 cShuZu1＝cShuZu2 这类的语句。

2. 字符串比较

例 8-37 输入两个字符串,比较它们的大小并输出结果。

```
# include <stdio.h>
# include <string.h>
int BiJiao(char * cpCanShu1,char * cpCanShu2)
{
      int i,nJieGuo;
      for(i = 0;;i++ ) {
            nJieGuo = cpCanShu1[i] - cpCanShu2[i];
            if(nJieGuo! = 0)
                  break;
            if('\0' == cpCanShu1[i])
                  break;
      }
      return nJieGuo;
}
void main()
{
      char cChuan1[100],cChuan2[100];
```

```
    int nJieGuo;

    printf("Qing ShuRu ZiFuChuan 1:\n");
    gets(cChuan1);
    printf("Qing ShuRu ZiFuChuan 2:\n");
    gets(cChuan2);

    printf("----BiJiao----\n");
    nJieGuo = BiJiao(cChuan1,cChuan2);
    if(0 == nJieGuo)
        printf("ZiFuChuan1 == ZiFuChuan2");
    else if(nJieGuo>0)
        printf("ZiFuChuan1>ZiFuChuan2");
    else
        printf("ZiFuChuan1< ZiFuChuan2");

    printf("\n----strcmp----\n");
    nJieGuo = strcmp(cChuan1,cChuan2);
    if(0 == nJieGuo)
        printf("ZiFuChuan1 == ZiFuChuan2");
    else if(nJieGuo>0)
        printf("ZiFuChuan1>ZiFuChuan2");
    else
        printf("ZiFuChuan1< ZiFuChuan2");
}
```

程序运行的结果是：

```
Qing ShuRu ZiFuChuan 1:ABC
Qing ShuRu ZiFuChuan 2:AADEF
----BiJiao----
ZiFuChuan1>ZiFuChuan2
----strcmp----
ZiFuChuan1>ZiFuChuan2
```

在前面的我们已经知道，两个字符是可以通过比较它们的 ASCII 码值确定大小关系的。从例 8-37 的 BiJiao 函数给出了比较两个字符串大小的方法。可以看出，字符串比较的规则是:将两个字符串从左至右逐个字符按照 ASCII 码进行比较，直到出现不相等的字符或遇到'\0'为止。如果所有字符都相等，则这两个字符串相等。如果出现了不相等的字符，以第一个不相等字符的比较结果为准。

在例 8-37 中还使用了字符串比较使用 strcmp 函数来比较两个字符串的大小。strcmp 函数的调用形式为：

```
strcmp(字符串 1,字符串 2);
```

请注意这个函数的返回值，它的返回值是一个整数。如果字符串 1 和字符串 2 完全相等，函数返回 0；如果字符串 1 大于字符串 2，函数返回一个正整数；如果字符串 1 小于字符串 2,函数返回一个负整数。

在例 8-37 中虽然 strcmp 的参数是两个字符数组的数组名,但实际上仍然是两个数组中的数组元素进行比较大小的工作,所以这里并没用违反我们前面提到的"永远只能使用数组元素,而不能使用数组整体"的原则。

【提示】 不能直接比较两个字符数组的名称来决定二者是否相等。以下是错误的代码:

```
char cChuan1[100],cChuan2[100];
scanf("%s%s",cChuan1,cChuan2);
if(cChuan1 == cChuan2)
    printf("相同!");
```

cChuan1 和 cChuan2 是数组名称,它们代表的是数组的首地址,永远不可能相等。

3. 字符串连接

例 8-38 从键盘输入两个字符串,将其首位相接后输出。

```
#include <stdio.h>
#include <string.h>
void LianJie(char *cpMuBiao,char *cpYuan)
{
    int i = 0,j = 0;
    while(cpMuBiao[i]! = '\0')
        i++;
    while((cpMuBiao[i++] = cpYuan[j++])! = '\0')
        ;
}
void main()
{
    char cZifuChuan1[50],cZifuChuan2[20],cZifuChuan3[50];
    printf("Qing ShuRu Di 1 Ge ZifuChuan:");
    scanf("%s",cZifuChuan1);
    strcpy(cZifuChuan2,cZifuChuan1);
    printf("Qing ShuRu Di 2 Ge ZifuChuan:");
    scanf("%s",cZifuChuan3);

    printf("----LianJie----\n");
    LianJie(cZifuChuan1,cZifuChuan3);
    printf("LianJie Hou--%s\n",cZifuChuan1);

    printf("----strcat----\n");
    strcat(cZifuChuan2,cZifuChuan3);
    printf("LianJie Hou--%s\n",cZifuChuan1);
}
```

程序运行的结果是:

```
Qing ShuRu Di 1 Ge ZifuChuan:1234
Qing ShuRu Di 2 Ge ZifuChuan:abcd
```

```
----LianJie----
LianJie Hou—1234abcd
----strcat----
LianJie Hou--1234abcd.
```

在例 8-38 的 LianJie 函数中编写了两个循环结构完成了字符串连接的功能。请仔细阅读该程序,并绘制该程序的流程图。

在读例 8-38 时尤其要注意 LianJie 函数体第二个 while 循环结构。分析其循环条件表达式的运算过程,并注意它的循环体是一条空语句。

在例 8-38 中还用 strcat 函数完成了两个字符串连接的功能。strcat 函数可以将两个字符串连接起来,形成一个新的字符串。strcat 函数的调用形式为:

```
strcat(字符数组 1,字符串 2);
```

这个函数的功能是将字符串 2 续接到字符数组 1 的字符串后面。使用这个函数时尤其要注意以下几个问题。

(1) 第一个参数必须是一个字符数组,而且这个字符数组中必须保存了一个字符串;第二个参数可以是一个字符串常量或者是一个保存了字符串的字符数组。

(2) 第一个参数给出的字符数组的长度要有足够长,以保证连接后得到的字符串不超出字符数组的存储空间,否则就会出现“越界使用”的问题。

4. 取字符串长度

例 8-39 输入一个字符串,求其长度。

```
#include <stdio.h>
#include <string.h>
int ChangDu(char * cpCanShu)
{
    int i = 0;
    while(cpCanShu[i]! = '\0')
        i++;
    return i;
}
void main()
{
    char cZifuChuan[30];
    printf("\nQing ShuRu YiGe ZifuChuan:");
    gets(cZifuChuan);
    printf("Ta De ChangDu Shi: %d\n",ChangDu(cZifuChuan));
    printf("Ta De ChangDu Shi: %d\n",strlen(cZifuChuan));
    printf("Ta ZhanYon CunChu KongJian: %d\n",sizeof(cZifuChuan));

}
```

程序运行的结果是:

```
Qing ShuRu YiGe ZifuChuan:c program
Ta De ChangDu Shi:9
```

```
Ta De ChangDu Shi:9
Ta ZhanYon CunChu KongJian:30
```

在例 8-39 中的 ChangDu 函数中求取了字符数组中一个字符串的长度,然后又调用 strlen 函数求取了同一个字符数组中存储的字符串的长度。strlen 函数的调用形式为:

```
strlen(字符串);
```

函数形参中的字符串可以是一个字符串常量,也可以是一个存储了字符串的字符数组。当然,如果该字符数组中没有存储字符串(数组中没有字符串结束标记),那么调用这个函数不能得到正确的结果。

在例 8-39 的最后两行,分别演示了 sizeof 和 strlen 的用法,从输出结果中我们可以看出:

(1) sizeof 是运算符,strlen 是函数。

(2) sizeof 返回变量所占用的存储空间的大小。在例 8-39 中,当我们定义了 char cZifuChuan[30] 时,就给这个数组分配了 30 个字节的存储空间。

(3) 函数 strlen 的结果要在运行的时候才能计算出来。调用它是用来计算字符串的长度,不是类型占内存的大小。在例 8-39 中,如果运行程序的时候输入了其他的内容,那么字符数组 cZifuChuan 中存储的字符串的长度就要发生变化了,但这个字符数组所占用的存储空间不会发生任何长度上的变化。

5. 大小写转换

例 8-40 将从键盘上输入的字符串的小写字符变成大写字符,然后输出。

```
#include <stdio.h>
#include <string.h>
void BianDaxie(char * cpCanShu)
{
    int i = 0;
    while(cpCanShu[i]! = '\0'){
        if(cpCanShu[i]>= 'a' && cpCanShu[i]<= 'z')
            cpCanShu[i] = cpCanShu[i] - 'a' + 'A';
        i++;
    }
}
void main()
{
    char cChuan[20];
    printf("\n Qing ShuRu YiGe ZifuChuan:");
    gets(cChuan);
    BianDaxie(cChuan);
    printf("ZhuanHuan Hou-- %s\n",cChuan);
    printf("Qing ZaiCi ShuRu ZifuChuan:");
    gets(cChuan);
    strupr(cChuan);
    printf("ZhuanHuan Hou-- %s\n",cChuan);
}
```

程序运行的结果是：

```
Qing ShuRu YiGe ZifuChuan:aBcD
ZhuanHuan Hou--ABCD
Qing ZaiCi ShuRu ZifuChuan:aBcD
ZhuanHuan Hou--ABCD
```

在例 8-40 中，给出了两种不同的实现一个字符串中小写字母变成大写字母的方法，其中调用了 strupr 函数。strupr 函数可以将字符数组中字符串的所有字符转换成大写字符。调用形式为：

```
strupr(字符数组名称);
```

同样，在 C 语言里还有另外一个与 strupr 函数功能相近的函数，就是小写字母转换函数 strlwr。strlwr 函数可以将字符数组中字符串的所有字符转换成小写字符。调用形式为：

```
strlwr(字符数组名称);
```

这两个函数的参数都必须是存储了一个字符串的字符数组，字母转换后的结果就保存在这个字符数组中。当然，如果一个字符数组中没有存储字符串，调用这个函数可能会发生数组越界使用的情况。

8.7 动态内存分配

8.7.1 void 类型的指针

在 C 语言的基本数据类型中，没用 void 型的数据，但 C 语言规定，指针变量也可以定义为 void 型，比如：

```
void *p;
```

这里 p 仍然是一个指针变量，有自己的内存空间，占用 2 个字节(Turbo C 环境)。由于在 C 语言里是没有 void 这种数据类型的，也就是说不可能有 void 类型的数据，所以一个 void 类型的指针是不能有目标变量的。可以理解为这种类型的指针仅仅提供了一个存储地址的存储空间而已。

【提示】 如果对 void 类型的指针变量运行加法或减法就会导致编译错误。

8.7.2 指针的强制类型转换

例 8-41 通过强制类型转换对指针变量进行赋值。

```
#include <stdio.h>
void main()
{
int nShuJu = 3, *npZhiZhen = &nShuJu, *nPLinShi;
void *pVoid = (*void)npZhiZhen;
nPLinShi = (*int)pVoid;
printf("npZhiZhen = %X,pVoid = %X,nPLinShi = %X\n",npZhiZhen,pVoid,nPLinShi);
printf("GeiDing De ShuJu Shi: %d, %d\n", *npZhiZhen, *nPLinShi);
}
```

程序运行的结果是：

```
YingYu
C YuYan
GaoShu
```

在例 8-41 中,指针变量 npZhiZhen 存储的是变量 nShuJu 的地址,将指针变量 npZhiZhen 的值赋值给指针变量 pVoid,然后又将 pVoid 的值赋值给指针变量 npLinShi,在这两个赋值操作的过程中,由于指针的数据类型不同,所以需要用强制类型转换才可以保证正常赋值。两次赋值操作完成后,三个指针变量里存储的都是变量 nShuJu 的地址,所以在 printf 语句中可以输出变量 nShuJu 的数值。

【提示】 虽然这三个指针变量里存储的都是变量 nShuJu 的地址,但我们只能说指针变量 npZhiZhen 和 npLinShi 指向变量 nShuJu,变量 nShuJu 是它们的目标变量,而不能说指针变量 pVoid 指向变量 nShuJu,因为 void 类型的指针是不能访问目标变量的。

【思考】 除了 void 类型的指针变量和其他类型的指针变量之间通过强制类型转换进行赋值操作外,不同数据类型的指针变量之间是否可以通过强制类型转换的方式进行赋值操作?为什么?

8.7.3 动态内存分配

例 8-42 求学生的平均成绩。

```
#include <stdio.h>
#include <stdlib.h>
void main()
{
      int iRenShu = 0;
      float fPingJun,fZongFen = 0.0, *fpFenShu;

      printf("ShuRu XueShe Shu:");
      scanf("%d",&iRenShu);

      fpFenShu = (float *)malloc(iRenShu * sizeof(float));
      if(NULL == fpFenShu){
            printf("NeiCun FenPei ShiBai.");
            exit(0);
      }
      for(int i = 0;i < iRenShu;i++){
            printf("ShuRu Di %d Ge XueSheng ChengJi:",i + 1);
            scanf("%f",&fpFenShu[i]);
            fZongFen += fpFenShu[i];
            printf("\n");
      }

      fPingJun = fZongFen / iRenShu;
      printf("PingJun ChengJi Shi: %f\n",fPingJun);

      free(fpFenShu);
```

```
    fpFenShu = NULL;
}
```

在例 8-42 中,没有使用数组来存储学生的成绩。如果定义数组来存储学生成绩,由于数组的大小在定义数组的时候必须固定下来,所以就可能出现数组长度大于学生人数的情况,造成存储空间的浪费。如果我们定义一个比较小的数组长度,又可能出现数组长度小于学生人数的情况,造成运行错误。在本例中使用了动态内存分配技术,根据程序运行的需要来指定存储学生成绩的存储空间的大小。

C 函数提供了两个函数 malloc 和 free 用于动态内存分配和释放,这些函数维护一个可用内存空间。当一个程序另外需要一些内存时,它就调用 malloc 函数,malloc 从内存空间中提取一块合适的内存并向这个程序返回一个指向这块内存的指针,当然这块内存在此时并没有以任何方式进行初始化,如果对这块内存初始化非常重要,我们可以自己动手对它进行初始化,或者使用 calloc 函数申请内存。当一块内存不再使用时,我们再调用 free 把它归还内存池,供其他和以后使用。

1. 分配内存 malloc 函数

使用 malloc 函数需要包含头文件:#include <stdlib.h>

函数声明(函数原型):void *malloc(int size);

说明:malloc 向系统申请分配指定 size 个字节的内存空间。返回类型是 void* 类型。void* 表示未确定类型的指针。

malloc 的参数就是需要分配的内存字节(字符)数,如果内存空间的可用内存可以满足这个需求,malloc 就返回一个指向分配的内存块起始位置的指针。malloc 分配的是一块连续的内存,例如,如果请求它分配 100 个字节的内存,那么它实际分配的内存就是 100 个连续的字节,并不会分开位于两块或者多块不同的内存。

当操作系统无法向 malloc 提供更多的内存,malloc 就返回一个 NULL 指针。

【提示】 对每个从 malloc 返回的指针需要进行检查,确保它并非 NULL。

从函数声明上可以看出 malloc 则必须由我们计算要字节数,并且在返回后强行转换为实际类型的指针。

使用 malloc 函数必须注意下面两个问题。

(1) malloc 函数返回的是 void * 类型,如果你写成:fpFenShu=malloc(iRenShu * sizeof(float));则程序无法通过编译,报错:"不能将 void* 赋值给 float * 类型变量"。所以必须通过 (float *) 来将强制转换。

(2) 函数的实参为 sizeof(int),用于指明一个整型数据需要的大小。如果写成:

```
int * p = (int *) malloc (1);
```

代码也能通过编译,但事实上只分配了 1 个字节大小的内存空间,当读者往里面存入一个整数,就会有 1 个字节无家可归,而直接"住进邻居家"! 造成的结果是后面的内存中原有数据内容全部被清空。

比如想分配 100 个 int 类型的空间:

```
int * p = (int *) malloc ( sizeof(int) * 100 );//分配可以放得下 100 个整数的内存空间。
```

另外有一点不能直接看出的区别是,malloc 只管分配内存,并不能对所得的内存进行初始化,所以得到的一片新内存中,其值将是随机的。

2. 释放内存 free 函数

使用 free 函数需要包含头文件(和 malloc 一样):#include <stdlib.h>

free 函数声明:void free(void *block);

即:void free(指针变量);

之所以把形参中的指针声明为 void* ,是因为 free 必须可以释放任意类型的指针,而任意类型的指针都可以转换为 void *。

当使用 free 的时候,传递给 free 的指针必须是从 malloc 函数返回的指针,并且 free 不允许释放内存的一部分,动态分配的内存必须整块的内存一起释放,但是可以用 realloc 缩小一块动态分配的内存,有效的释放它尾部的一部分内存。

在例 8-42 中,通过 free(fpFenShu);释放了用 malloc 函数获取的存储空间。

【提示】 用 free 指令,仅仅是将 malloc 函数分配的内存空间重新标记为“空”,但指针变量 fpFenShu 所存储的数值不会做任何改变。由于 fpFenShu 所存储的内存空间地址已经被标记为空了,这个指针变量已经变成了“野指针”,再使用这个指针变量可能会带来意想不到的错误。使用 free 函数释放内存后,建议将原来存储该片内存区的首地址的指针变量赋值为 NULL,防止后面的程序中错误地使用该指针变量。

【提示】 malloc 函数和 free 函数应该搭配使用,这是一个比较好的习惯。忘记释放应该释放的内存会导致程序“内存泄漏”,影响程序的效率。更严重的情况可能会耗尽计算机的内存资源,造成系统崩溃。

3. calloc、realloc 内存分配函数的区别

除了 malloc 函数外,另外还有两个动态内存分配函数:calloc 和 realloc。

```
void *calloc(size_t num_elements,size_t element_size);
void *realloc(void *prt,size_t new_size);
```

calloc 与 malloc 相似,使用该函数可以在内存的动态存储区中分配 num_elements 块长度为“element_size”字节的连续区域,返回首地址。如:

```
char* p;
p=(char*)calloc(20,sizeof(char));
```

malloc 和 calloc 的主要区别在于,后者会在返回指向那片内存的指针前初始化为 0,而且 calloc 和 malloc 的另外一个区别就是它们的请求内存数量的方式不一样,calloc 的参数包括所需元素的数量和每个元素的字节数,根据这些值,它能够计算出总共需要分配的内存。

realloc 是给一个已经分配了地址的指针重新分配空间,参数 ptr 为原有的空间地址,new_size 是重新申请的地址长度。

如:

```
char* p;
p=(char*)malloc(sizeof(char)*20);
p=(char*)realloc(p,sizeof(char)*40);
```

realloc 用于修改原先已经分配好的内存大小,如果它用于扩大一个内存块,那么这块内存原先的内容依然保留,新增加的内存添加在原先内存的后面;如果它用于缩小一个内存块,该内存块尾部部分内存便被拿掉,剩余部分内存在原先内存保留。如果原先内存块无法改变大小(比如说新增内存的时候由于原先内存后面的字节数不足),realloc 将分配另一块正确大小的内存,并把原先那块内存的内容复制到新的块上,因此使用了 realloc 后就不能再使用旧的内存的指针了,应该改用 realloc 所返回的新指针。如果 realloc 的第一个参数为 NULL,那么它的行为就和 malloc 一样了。

【提示】 用 malloc、calloc 和 realloc 函数分配的内存空间长度都是以字节为单位。

【提示】 用 calloc 和 realloc 函数分配的内存空间都必须用 free 函数释放。

8.8 综合实例

例 8-43 输入正整数,产生对应的英文字符串,并输出。

如:1=one,2=two,11=eleven,135=one hundred and thirty five,400=four hundred。

```
#include <stdio.h>
void main()
{
    char cGeWei[][11] = {"one","two","three","four","five","six","seven","eight","nine","ten","eleven","twelve","thirteen","fourteen","fifteen","sixteen","seventeen","eighteen","nineteen"};
    char cShiWei[][10] = {"twenty","thirty","forty","fifty","sixty","seventy","eighty","ninety"};
    char cBaiWei[][10] = {"hundred","and"};
    char cJieGuo[100],cLinShi[100];
    int nShuZi[3] = {0,0,0};
    int nShuZhi,nLinShi,i;

    printf("Qing ShuRu YiGe ZhengShu(1 - 999) :");
    scanf("%d",&nShuZhi);
    if (nShuZhi<1||nShuZhi>999){
        printf("\n\n======== ShuRu de ZhengShu YingGai Zai 1 He 999 ZhiJian========\n\n");
        return;
    }

    nLinShi = nShuZhi;
    for (i = 0;i<100;i++){
        cJieGuo[i] = '\0';
        cLinShi[i] = '\0';
    }
    for (i = 0;i<3;i++){
        nShuZi[i] = nLinShi % 10;
        nLinShi = nLinShi/10;
    }

    if (nShuZi[2]!= 0){
        strcpy(cJieGuo,cGeWei[nShuZi[2] - 1]);
        strcat(cJieGuo,cBaiWei[0]);
        if (nShuZi[0] + nShuZi[1]!= 0)
            strcat(cJieGuo,cBaiWei[1]);
    }

    if (nShuZi[0] + nShuZi[1]!= 0){
        if (nShuZhi % 100<20){
```

```
                strcpy(cLinShi,cGeWei[nShuZi[1] * 10 + nShuZi[0] - 1]);
            }
            else{
                nLinShi = (nShuZi[1] * 10 + nShuZi[0])/10 - 2;
                strcpy(cLinShi,cShiWei[nLinShi]);
                strcat(cLinShi,cGeWei[nShuZi[1] * 10 + nShuZi[0] - (nLinShi + 2) * 10 - 1]);
            }
        }
        strcat(cJieGuo,cLinShi);
        printf("\n\n**********%d=%s*********\n\n",nShuZhi,cJieGuo);
}
```

程序运行的结果是：

```
Qing ShuRu YiGe ZhengShu(1 - 999) :345
*********345 = three hundred and thirty five ********
```

例 8-43 的流程图如图 8-3 所示。

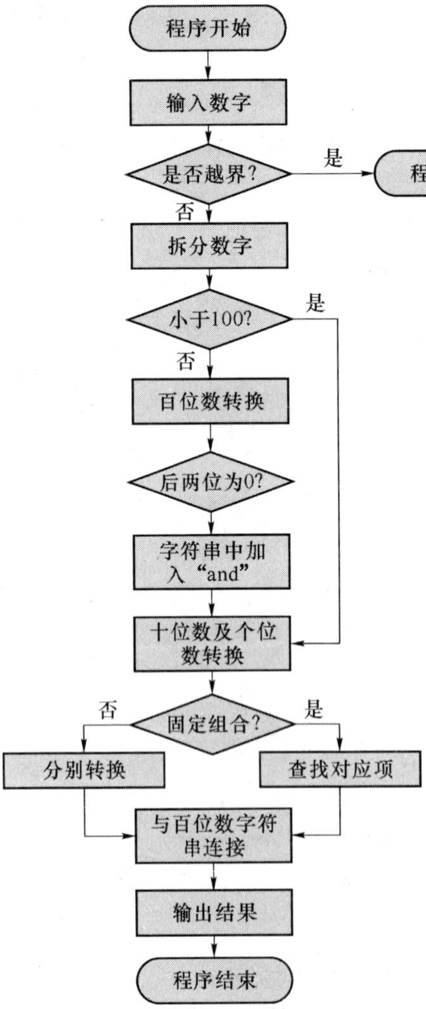

程序开始
输入数字
是否越界?
是
程序结束
否
拆分数字
小于100?
是
否
百位数转换
后两位为0?
字符串中加入"and"
十位数及个位数转换
固定组合?
否
是
分别转换
查找对应项
与百位数字符串连接
输出结果
程序结束

图 8-3　例 8-43 流程图

例 8-44 判断一个字符串是否是回文字符串。所谓回文字符串就是正读和反读都一样的字符串。比如,“agpga”是一个回文字符串。

回文字符串的特征是:如果字符数组有 n 个元素,那么 a[0]和 a[n−1]是相同的;a[1]和 a[n−2]是相同的;……依此类推。我们可以用一个循环比较 n/2 次就可以得到结果。如果 n 为偶数,比较进行 n/2 次。如果 n 为奇数,a[n/2]这个元素正好是 n 个元素的中间元素,不用进行比较,也进行 n/2 次。

```
#include <stdio.h>
#include <string.h>
int HuiWen(char * cpCanShu)
{
    int i,nJieGuo = 1;
    int nChangDu = strlen(cpCanShu);
    for(i = 0;i<nChangDu/2;i++)
        if(cpCanShu[i]! = cpCanShu[nChangDu - 1 - i]){
            nJieGuo = 0;
            break;
        }
    return nJieGuo;
}
void main()
{
    char cZiFu[100];
    int i,nChangDu,nJieLun = 1;
    printf("\nQing ShuRu YiChuan ZiFu:");
    gets(cZiFu);
    if(HuiWen(cZiFu))
        printf("Zhe Shi HuiWenChuan.");
    else
        printf("Zhe BuShi HuiWenChuan.");
}
```

程序运行的结果是:

```
Qing ShuRu YiChuan ZiFu:radar
Zhe Shi HuiWenChuan.
```

8.9 掷骰子游戏

让我们用 C 程序来模拟掷骰子的情况。

例 8-45 我们把一只骰子掷 20 次,看看都出现了什么样的数值。

```
#include <stdio.h>
#include<stdlib.h>
```

```
void main()
{
    int i;
    for(i = 1;i<= 20;i++)
    {
        printf("%10d",(rand() % 6) + 1);
        if(i % 5 == 0)
            printf("\n");
    }
}
```

程序运行的结果是

```
5    5    3    5    5
2    4    2    5    5
5    3    2    2    1
5    1    4    6    4
```

从程序运行结果可以看出，每次掷股子得到的结果是不同的。6 面骰子可能的数值在 1～6 之间，请注意程序的第 8 行。函数 rand 产生一个 0 到 RAND_MAX 之间的整数(RAND_MAX 是在 stdlib.h 中定义的符号常量，它是可能产生的最大的随机数)，通过求余运算，再把上面的结果加 1，使所产生的随机数范围变为 1～6。

把上面的程序再运行一次，看到了什么样的结果？

没错，每次运行程序，看到的结果都是相同的。这里是不是发生了什么问题，我们不是调用了随机函数 rand 吗？每次产生的应该是一个随机数啊，怎么不是呢？

函数 rand 所产生的随机数实际上是伪随机数。反复调用函数 rand 所产生的一系列数似乎是随机的，但是每次执行程序时产生的序列则是相同的。实际使用 rand 函数时，可将程序改为每次执行时产生不同的随机数序列。产生这种随机数的过程称为“随机化”，它是通过调用标准库函数 srand 实现的。可以使用下面的语句：

```
srand(time(NULL));
```

上述语句可以使计算机读取当前的时钟值，并把该值自动设定为随机数种子。

请把上述语句添加在程序的第 7 行和第 8 行之间，然后再运行，这时每次给出的结果就不同了。

函数 time 的函数说明在<time.h>中，这里使用时以 NULL 为其参数。它返回了计算机的当前时间值，该值被视为无符号整数并且用作随机数发生器的种子。

让我们再测试一下骰子的 6 个面出现的几率是否非常接近。我们设定掷 3 000 次骰子，记录每个面出现的次数。

例 8-46 我们把一只骰子掷 3 000 次，看看都出现了什么样的数值。

```
#include <stdio.h>
#include<stdlib.h>
#include <time.h>
void main()
{
    int i,nFace,nRollNum,nFrenquency[6] = {0};
```

```
    srand(time(NULL));
    for(nRollNum = 1;nRollNum<= 30000;nRollNum++)
    {
        nFace = rand() % 6;
        nFrenquency[nFace]++;
    }
    for(i = 0;i<6;i++)
    {
        printf("\n %d %13d %10.2f %%",i+1,nFrenquency[i],nFrenquency[i]/300.);
    }
}
```

程序运行的结果是

```
1     4968     16.56%
2     4962     16.54%
3     5041     16.80%
4     4993     16.64%
5     4985     16.62%
6     5051     16.84%
```

由于在第 7 行的循环结构前增加了调用函数 srand 的语句，所以本程序每次运行的结果并不是完全相同，但从运行结果可以看出，骰子的各个面出现的几率是非常接近的。

让我们开始一次冒险之旅吧，看看你的运气如何。在这里先对你说："祝你好运！"

例 8-47 掷骰子游戏。

游戏规则：游戏者投掷两个股子，把两个骰子的点数相加，如果第一次的和是 7 或 11，则游戏者胜；如果得到的点数为 2、3 或 12，则判游戏者输；如果是其他数字，则继续投掷骰子直到得到第一次的点数为止。在此过程中，如果出现了 7，则判游戏者输。

```
#include "stdio.h"
#include "stdlib.h"
#include "time.h"

int ZhiShaizi(void)
{
    int nShaiZi1, nShaiZi2, nBenCi;
    nShaiZi1 = 1 + rand() % 6;
    nShaiZi2 = 1 + rand() % 6;
    nBenCi = nShaiZi1 + nShaiZi2;
    printf("Di 1 Ge ShaiZi: %d, Di 2 Ge ShaiZi: %d, ZongHe: %d\n", nShaiZi1, nShaiZi2, nBenCi);
    return nBenCi;
}
int main(int argc, char * argv[])
{
    int gameStatu, sum, myPoint;
    printf("Qing An HuicheJian KaiShi...\n");
```

```
    getchar();
    srand(time(NULL));
    sum = ZhiShaizi();
    switch(sum)
    {
    case 7:
    case 11:
        gameStatu = 1;
        break;
    case 2:
    case 3:
    case 12:
        gameStatu = 2;
        break;
    default:
        gameStatu = 0;
        myPoint = sum;
        break;
    }
    while(gameStatu == 0){
        printf("Zai ShiYici.Qing An HuicheJian KaiShi...\n");
        getchar();
        sum = ZhiShaizi();
        if(sum == myPoint){
            gameStatu = 1;
        }
        else if(sum == 7){
            gameStatu = 2;
        }
    }
    if(gameStatu == 1){
        printf("Ni Ying Le!");
    }
    else{
        printf("Ni Shu Le!");
    }
    printf("YouXi JieShu!");
    getchar();
    return 0;
}
```

第9章 结构体和联合体

【本章要点】

- 了解结构体的意义和基本概念。
- 能够正确定义和引用结构体变量。
- 能够采用指针引用结构体变量。
- 能够通过指针引用结构体数组。
- 了解共用体的基本概念和特点。

在实际应用中会遇到某类信息必须用不同数据类型的数据项来描述的情况，如一个班、一个年级或全校学生的学籍卡上包括他们的学号、姓名、性别、年龄、学习成绩、地址等内容。如表 9-1 所示，这些数据项属于不同的数据类型，如 NianLing 为整型、XingMing 为字符型等。要存取和使用这些数据，直接使用我们前面学到的整型、字符型等基本类型变量来实现就比较困难了。如果将它们分别定义为相互独立的简单变量，难以反映它们之间的内在联系，这时，我们就需要一个特殊的类型，它必须能够包含其他基本类型的变量，作为其他变量的容器类型。这就是结构体(structure)。例如这些数据有的是数字、有的是字符，其数据类型不同，对于这样一类数据可以用结构体(structure)来处理。

表 9-1 学生信息简表

XueHao (char)	XingMing (char[20])	XingBie (char)	NianLing (int)	ChengJi (float)	DiZhi (char[30])
2010001	Li Feng	M	18	76	Beijing
2010001	Wang Bing	M	18	89.5	Shanghai
…	…	…	…	…	…
2010030	Chen Ming	M	17	86	Chongqing

9.1 结构体

例 9-1 输出学生信息。

```
struct RiQi{
    int nNian;
```

```
        int nYue;
        int nRi;
    };

    struct XueSheng{
        char cXingMing[11];
        char cXingBie;
        char cXueHao[10];
        float fChengJi;
        struct RiQi struShengRi;
    };

    main()
    {
        struct RiQi struRiQi = {1992,5,6};
        struct XueSheng struXueSheng = {"ZhangSan",'m',"1101001",86.5};
        struXueSheng.struShengRi = struRiQi;
        printf("%s%c%s%.2f%d%d%d\n",struXueSheng.cXingMing,struXueSheng.cXingBie,
struXueSheng.cXueHao,struXueSheng.fChengJi,struXueSheng.struShengRi.nNian,struXueSheng.struSh-
engRi.nYue,struXueSheng.struShengRi.nRi);
    }
```

程序运行结果是：

```
ZhangSan m 1101001 86.50 1992 5 6
```

1. 结构体

结构体是不同数据类型的数据所组成的集合体，像数组一样，它也是一种构造类型数据，但是与数组的区别在于其中的各成员可以不是同一数据类型。它的应用为处理复杂的数据结构提供了有力的手段。对结构体数据的操作是通过对结构体成员的引用实现的。

每个结构体都有一个名字，称为结构体名，所有的结构体成员都组织在该名字下。一个结构体由若干个成员组成。成员是组成结构体的要素，每个成员的数据类型可以不同，也可以相同。每个成员都有自己的名字，称为结构体成员名。

由于结构体是由不同数据类型的数据组成的集合体，它包含若干成员，而这种结构在C语言中没有现成的数据类型。因此，在使用结构体进行数据处理时，应首先对结构体的组成进行描述。这种描述称为结构体声明。结构体声明实质上是在程序中构造一个结构体，声明结构体是由哪些成员组成以及这些成员的数据类型。在例9-1中我们看到了两个结构体的声明，在C语言中结构体声明的格式：

```
struct 结构体名{
    结构体成员表;
};
```

struct是结构体类型标识符，是保留字。结构体名由标识符组成，称为结构体类型名。大括号中的结构体成员表，称为结构体。结构体成员表包含若干成员。

结构体成员的表达形式：

数据类型标识符　结构体成员名；

在定义结构体类型时候应该注意下面问题。

(1) 结构体声明描述了结构体的组织形式，在程序编译时并不为它分配存储空间。只是规定了一种特定的数据结构类型及它所占用的存储空间的存储模式。

【提示】 定义结构体的时候相当于我们做出了一个“月饼模子”，这个模子给出了月饼的大小、月饼的图案，还隐含规定了这个月饼必须有面皮和月饼馅。当我们在做月饼的时候，给出了一个具体的面皮和月饼馅，然后在这个模子里拓出月饼后，保持了模子的尺寸，产生了模子规定的图案，这个月饼才是可以吃的。

(2) 结构体成员可以是简单变量、数组、指针、结构体或共用体等。所以，结构体可以嵌套使用，即一个结构体变量也可以成为另一个结构体的成员。

(3) 结构体声明可以在函数内部，也可以在函数外部。在函数内部声明的结构体，只在函数内部可见；在函数外部声明的结构体，从声明处到源文件结束之间的所有函数都是可见的。一般是在源文件的开始处对结构体进行声明。

(4) 若程序规模较大，可以把其结构体声明部分作为文件存放起来(该文件是以.h 为后缀的“头文件”)，这样可借助于“#include”预编译语句把它复制到任何源文件中，用以定义同类型的其他结构体变量。

(5) 结构体成员名可以与程序中其他变量同名，系统会自动识别它们，两者不会混淆。

2. 结构体变量的定义

前面提到的结构体声明只是指定了一个结构体类型，同其他变量一样，结构体变量也必须先声明、定义，然后才能引用。结构体变量定义要按照之前声明的结构体类型为定义的结构体变量分配内存，而结构体声明并不分配内存。

在例 9-1 中用结构体声明了 2 个变量。在 C 语言中，用结构体变量定义一般采用如下三种格式，如表 9-2 所示。

表 9-2　结构体变量定义的三种不同形式

<table>
<tr><th></th><th>结构体声明和结构体变量定义分开</th><th>结构体声明的同时定义结构体变量</th><th>直接定义结构体变量</th></tr>
<tr><td>定义格式</td><td>struct 结构体名
{
　　结构体成员表；
}；
　　……
struct 结构体名 结构体变量名表；</td><td>[存储类型] struct 结构体名
{
　　结构体成员表
}结构体变量名表；</td><td>[存储类型] struct
{
　　结构体成员表；

} 结构体变量名表；</td></tr>
</table>

续 表

	结构体声明和结构体变量定义分开	结构体声明的同时定义结构体变量	直接定义结构体变量

举例	struct student
	{
	int num;
	char name[20];
	char sex;
	int age;
	float score;
	char addr[30];
	};
	struct student LiFeng, WangBing, ChenMing;
		struct student
		{
		int num;
		char name[20];
		char sex;
		int age;
		float score;
		char addr[30];
		} LiFeng,WangBing,ChenMing;
			struct
			{
			int num;
			char name[20];
			char sex;
			int age;
			float score;
			char addr[30];
			};LiFeng,WangBing,ChenMing;

特点	可将对结构体类型的声明放到一个文件中(该文件是以.h为后缀的"头文件")。若其他源文件需要用到此结构体类型,则可用#include命令将该头文件包含到本文件中,便于使用	定义一次结构体变量之后,在此之后的任何位置还可用该结构体类型来定义其他结构体变量	这种定义方式不能用来另行定义别的结构体变量,要想定义新的结构体变量,就必须将struct{ }这部分重写

在例9-1中用的都是第一种方式,这种方式也是最常用的结构体定义变量的方式。

在使用结构体变量定义的时候应该注意下面几个问题。

(1) 注意结构体声明和结构体变量定义的区别。结构体声明描述了结构体的类型,不分配内存,而结构体变量定义则是按照结构体声明中规定的结构体类型(或内存模式),在编译时,为结构体变量分配内存单元。该变量和其他变量一样可以进行赋值、存取或运算等操作,但结构体声明的数据类型是无法实现这些操作的。

(2) 每个结构体变量表示的是一组(域)成员(数据),而不是一个数据。

(3) 用同一个结构体类型定义的所有结构体变量的结构(类型)是一样的。

(4) 在一个结构体中可以定义多少个结构体成员(结构体数据量的大小),不同版本的C语言其规定不同,使用时应查阅。

(5) 结构体变量的定义一定要在结构体说明之后或与结构体说明同时进行。没有说明的结构体类型,不能用它来定义结构体变量。

(6) 结构体变量一般不用register寄存器型的存储方式。

(7) 结构体变量中的成员可以单独使用,其作用和地位与同类型的单个变量相同。

(8) 结构体变量占用实际内存的大小可用sizeof( )运算来实现,即sizeof(结构体名)。如使用上例中的结构体:sizeof(struct student)在TC环境下结果等于59,则struct student结构体在TC环境下的字节长度为59个字节。

3. 结构体变量的初始化

和其他类型的变量一样,对结构体变量的初始化,就是在定义结构体变量的同时,对其成员指定初值。

在例9-1中,定义struct RiQi struRiQi变量时对这个结构体变量进行了初始化。结构体变量初始化的格式：

```
struct  结构体名  结构体变量名 = { 初始数据 };
```

对结构体变量初始化应注意几点。

（1）只能对存储类型为 extern 外部型和 static 静态型结构体变量初始化，不能对存储类型为 auto 自动型的结构体变量初始化。

（2）初始化数据与数据之间用逗号隔开。

（3）初始化数据的个数要与被赋值的结构体成员的个数相等。

（4）初始化数据的类型要与相应的结构体成员的数据类型一致。

（5）不能直接在结构体成员表中对成员赋初值。例：

```
struct RiQi{
   int nNian = 1990;
   int nYue = 1;
   int nRi = ;
};
```

上面看到的定义方法是错误的。程序编写者可能的意图是给结构体成员都有一个默认设置，但我们在前面讲到：结构体定义的时候仅仅是给出了结构体的构成方式，并不会为每个结构体的成员分配存储空间；只有用结构体定义结构体变量后，系统会为结构体变量分配存储空间，结构体变量的成员才获得了自己的存储空间。因为定义结构体的时候并没有给结构体成员分配存储空间，显然对结构体成员进行赋值操作是错误的。

从例 9-1 中定义 struct XueSheng struXueSheng 时对该结构体变量进行了部分初始化，初始化的内容按结构体变量在内存中的存储顺序进行，不用进行初始化的成员的值是不确定的。图 9-1 给出了定义结构体变量后的内存分配示意图。

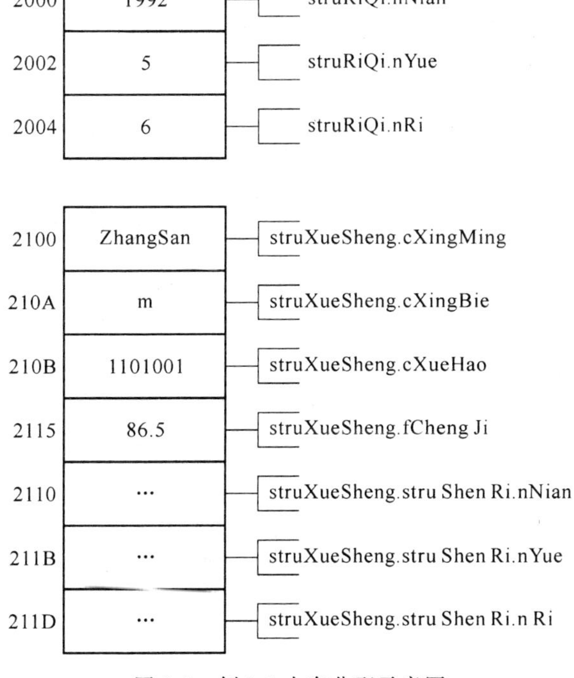

图 9-1　例 9-1 内存分配示意图

4. 同类型结构体变量间可以相互赋值

数组和结构体都是构造型数据,数组规定“永远只能使用数组元素,而不能使用数组的整体”,所以两个数组之间不能赋值,而只能用数组元素相互赋值,但C语言规定,同类型结构之间可以相互赋值。

在例9-1中,结构体变量 struRiQi 和结构体变量 struXueSheng 的成员 struShengRi 都是 struct RiQi 类型的数据,它们之间可以相互赋值。在同类型的结构体变量相互赋值的时候,是这两个结构体变量的成员相互赋值。

5. 结构体成员的引用

结构体成员的引用就是对结构体成员中所存放的数据进行读取操作。在对结构体成员进行引用时,只能对其成员进行直接操作,而不能对结构体变量整体进行操作。结构体成员引用要使用结构体成员运算符“.”,引用结构体成员格式:

结构体变量名.结构体成员名

如果结构体的成员是另外一个结构体类型的变量,则仍然要用结构体成员运算符继续引用下去,直到C语言的基本类型为止。

在例9-1中,使用结构体成员运算符引用了结构体变量 struXueSheng 的成员 struXueSheng. cXingMing、struXueSheng. cXingBie、struXueSheng. cXueHao、struXueSheng. fChengJi,而结构体变量 struXueSheng 的成员 struShengRi 又是一个结构体类型的变量,因此对该变量的成员的引用需要再次用到结构体成员运算符,分别 struXueSheng. struShengRi. nNian、struXueSheng. struShengRi. nYue、struXueSheng. struShengRi. nRi 获得数值。

结构体成员引用的几点说明。

(1) 结构体成员运算符“.”的优先级最高,结合性为左结合(从左至右)。

例如,某结构体的一个成员 npShuLiang 是 int 型指针型变量,并且用该结构体定义的变量 stu1,则在访问这个结构体变量 stu1 的成员 npShuLiang 时应该把 stu1. npShuLiang 作为一个整体来看待,并对其操作。

stu1. npShuLiang “.”优先于“”,其等效为 *(stu1. npShuLiang)。其含义为访问 stu1. npShuLiang(所指地址中的内容)的目标变量。

(2) 不能将一个结构体变量作为一个整体加以引用。例如将上例中 stu1 变量的内容输出,则 printf(“%s%c%s%.2f%d%d%d\n”,struXueSheng);是错误的。只能分别对结构体变量中的各个成员进行输入/输出。应改为:printf(“%s%c%s%.2f%d%d%d\n”,struXueSheng. cXingMing, struXueSheng. cXingBie, struXueSheng. cXueHao, struXueSheng. fChengJi, struXueSheng. struShengRi. nNian,struXueSheng. struShengRi. nYue,struXueSheng. struShengRi. nRi)。

(3) 对结构体成员的操作与同类型变量一样,可进行各种运算。

9.2 结构体数组

1. 结构体数组

结构体数组是其数组元素都是具有相同结构体类型的结构体变量。即结构体数组是结构体变量集合的一种数组，适合处理一组具有相同结构体类型的数据。结构体数组元素中可存放具有内在联系、相互关联的结构体变量。

结构体数组也必须先定义或说明，后引用。结构体数组定义的格式为：

```
[存储类型] struct 结构体名 结构体数组名 [元素个数];
```

对结构体数组的定义作如下几点说明。

(1) 在结构体数组定义中，结构体即"struct 结构体名"是已被说明的结构体类型。先说明后定义。

(2) 存储类型是结构体数组(即结构体变量)的存储类型。

(3) 结构体数组与前面介绍的数值型数组不同之处在于每个数组元素都是一个结构体类型的数据，它们分别包含各个成员项(一组数据)。

2. 结构体数组的初始化

结构体数组的初始化，就是在定义结构体数组的同时，对其成员赋初值。C 语言规定：只准许对外部和静态结构体变量进行初始化，不能对自动类型的结构体数组初始化。

结构体数组的初始化格式为：

```
[存储类型] struct  结构体名  结构体数组名 [元素个数] = { 初始化数据 };
```

或

```
[存储类型] struct 结构体名
{
     结构体成员表;
} 结构体数组名[元素个数] = { 初始化数据 };
```

对结构体数组的初始化作如下几点说明。

(1) 结构体即"struct 结构体名"是已被说明的结构体类型。

(2) 初始化的数据的个数与结构体数组元素的个数相同，数据类型相匹配。

(3) 为了提高可读性，最好每一个数组元素(结构体变量)的初始数据都用花括号括起来。

(4) 初始化结构体成员数据之间、数组元素之间用逗号隔开。

3. 结构体数组的使用

例 9-2 输入一串字符，统计其中字母 a、b、c 的个数并输出。

```
#include <stdio.h>
struct ZIMU
{
     char cZiMu;
     int nShuLiang;
};
int main(void)
{
     int i;
     char cLinShi;
     struct ZIMU strSheDing[3] = {'a',0,'b',0,'c',0};
     printf("Qing ShuRu YiChuan ZiFu:");
```

```
    while((cLinShi = getchar())! = '\n'){
        for(i = 0;i<3;i++)
            if(cLinShi == strSheDing[i].cZiMu)
                strSheDing[i].nShuLiang++;
    }
    for(i = 0;i<3;i++)
        printf("%c:%d\n",strSheDing[i].cZiMu,strSheDing[i].nShuLiang);
}
```

程序运行的结果是：

```
Qing ShuRu YiChuan ZiFu:abcdab
a:2
b:2
c:1
```

在例 9-2 中定义了一个结构体，在 main 函数中定义了该结构体的数组并对所有的数组元素进行了初始化。在前面的数组一章中，曾经提到"数组元素的使用方法与同类型变量相同"。从例 9-2 可以看出，对一个结构体数组元素，仍然要用结构体成员运算符访问该数组元素的结构体成员变量。

9.3 结构体指针

例 9-3 输出学生信息。

```
struct RiQi{
    int nNian;
    int nYue;
    int nRi;
};

struct XueSheng{
    char cXingMing[11];
    char cXingBie;
    char cXueHao[10];
    float fChengJi;
    struct RiQi struShengRi;
};

main()
{
    struct XueSheng struXueSheng;
    struct XueSheng *pXueSheng = &struXueSheng;
    printf("Qing ShuRu XueSheng XinXi:");
    scanf("%s%c%s%f%d%d%d",pXueSheng->cXingMing,&pXueSheng->cXingBie,pXueSheng
```

```
->cXueHao,&pXueSheng->fChengJi,&pXueSheng->struShengRi.nNian,&pXueSheng->struShengRi.nYue,&pXueSheng->struShengRi.nRi);
        printf("%s%c%s%.2f%d%d%d\n",(*pXueSheng).cXingMing,(*pXueSheng).cXingBie,struXueSheng.cXueHao,struXueSheng.fChengJi,pXueSheng->struShengRi.nNian,pXueSheng->struShengRi.nYue,pXueSheng->struShengRi.nRi);
    }
```

程序运行的结果是：

```
ZhangSan m 1101001 86.50 1992 5 6
```

1. 结构体指针

我们已经学习过了指针，对于一个整型指针，它是一个指向整型变量的指针变量；同样，我们可以定义结构体指针，它也是一个指针变量，用来指向结构体变量，该指针变量的值就是结构体变量的起始地址；其目标变量是一个结构体变量，其目标是一个结构体变量的（一组）数据。

结构体指针定义的格式为：

```
[存储类型] struct 结构体名  *结构体指针名;
```

在例 9-3 中定义了结构体 struct XueSheng 的指针变量 pXueSheng。

结构体指针变量的定义和引用应注意以下问题。

（1）结构体名必须是已经说明的结构体。

（2）结构体指针变量在使用前必须要进行赋值操作，以把某个结构体变量的地址赋给结构体指针，使它指向该结构体变量。

（3）结构体指针所指向的结构体变量必须与定义时所规定的结构体类型一致。

（4）结构体指针的运算原则同一般指针一样。

2. 结构体指针的引用

在定义结构体指针以后，就可以用结构体指针引用结构体成员。引用的方法如下：

```
(*结构体指针名).成员名
```

或

```
结构体指针名->成员名
```

在例 9-3 中，请找到 3 种不同的引用结构体成员的方法。

【思考】 在例 9-3 的 scanf 语句中，有些输入项前面有取地址运算符“&”，有些输入项没有，为什么？

3. 指向结构体数组指针

例 9-4 输入一串字符，统计其中字母 a、b、c 的个数并输出。

```
#include <stdio.h>
struct ZIMU
{
    char cZiMu;
    int nShuLiang;
};
int main(void)
```

```
{
    int i;
    char cLinShi;
    struct ZIMU strSheDing[3] = {'a',0,'b',0,'c',0};
    printf("Qing ShuRu YiChuan ZiFu:");
    while((cLinShi = getchar())! = '\n')
    {
        struct ZIMU * pZhiZhen = strSheDing;
        for(i = 0;i<3;i++)
        {
            if(cLinShi == pZhiZhen->cZiMu)
                pZhiZhen->nShuLiang++;
            pZhiZhen++;
        }
    }
    for(i = 0;i<3;i++)
        printf("%c:%d\n",strSheDing[i].cZiMu,strSheDing[i].nShuLiang);
}
```

程序运行的结果是：

```
Qing ShuRu YiChuan ZiFu:abcdab
a:2
b:2
c:1
```

在例 9-4 中，通过用结构体数组名给结构体指针赋值，使结构体指针指向结构体数组元素，然后用这个结构体指针可以访问数组元素的成员。

在双重循环的内循环里对结构体指针做了算术运算，因此每次执行循环体后结构体指针的指向发生了变化，内循环执行完后，该指针变量就不再指向结构体数组元素，是一个“野指针”了。

9.4 结构体与函数

例 9-5 输出学生信息。

```
#include <stdio.h>
struct RiQi{
    int nNian;
    int nYue;
    int nRi;
};

struct XueSheng{
    char cXingMing[11];
```

```
        char cXingBie;
        char cXueHao[10];
        float fChengJi;
        struct RiQi struShengRi;
    };

    struct XueSheng DuXinxi()
    {
        struct XueSheng strXueSheng;
        printf("XingMing:");
        gets(strXueSheng.cXingMing);
        printf("XingBie(f HuoZhe m):");
        strXueSheng.cXingBie = getchar();
        printf("XueHao:");
        scanf("%s",strXueSheng.cXueHao);
        printf("ShengRi(Nian,Yue,Ri):");
        scanf("%d,%d,%d", &strXueSheng.struShengRi.nNian, &strXueSheng.struShengRi.nYue,
&strXueSheng.struShengRi.nRi);
        return strXueSheng;
    }

    void DuXinxi1(struct XueSheng *pZhiZhen)
    {
        printf("XingMing:");
        gets(pZhiZhen->cXingMing);
        printf("XingBie(f HuoZhe m):");
        pZhiZhen->cXingBie = getchar();
        printf("XueHao:");
        scanf("%s",pZhiZhen->cXueHao);
        printf("ShengRi(Nian,Yue,Ri):");
        scanf("%d,%d,%d", &pZhiZhen->struShengRi.nNian, &pZhiZhen->struShengRi.nYue,
&pZhiZhen->struShengRi.nRi);
    }

    void XianShiYigeXuesheng(struct XueSheng aStudent)
    {
        printf("XingMing: %s\n",aStudent.cXingMing);
        switch(aStudent.cXingBie)
        {
        case 'm':
            printf("XingBie: Nan\n");
            break;
        case 'f':
```

```
            printf("XingBie: Nv\n");
            break;
        }
        printf("XueHao: %s\n",aStudent.cXueHao);
        printf("ShengRi: %d, %d, %d\n",aStudent.struShengRi.nNian,aStudent.struShengRi.nYue,
aStudent.struShengRi.nRi);
    }

    void XianshiXueshengXinxi(struct XueSheng pZhiZhen[])
    {
        for (int i = 0;i<2;i++) {
            XianShiYigeXuesheng(pZhiZhen[i]);
        }
    }

    main()
    {
        struct XueSheng struXueSheng[2],struLisShi;

        printf("Qing ShuRu XueSheng XinXi:\n",i+1);
        struXueSheng[0] = DuXinxi();
        DuXinxi1(&struLisShi);
        struXueSheng[1] = struLisShi;

        printf("result:\n");
        XianshiXueshengXinxi(struXueSheng);
    }
```

程序运行的结果是：

```
ZhangSan m 1101001 86.50 1992 5 6
```

结构体属于构造型数据，只要结构体的定义是合理的，那么结构体类型的使用和C语言提供的基本类型是相同的。

在例9-5中，演示了结构体类型数据的多种使用方法。

结构体可以用于函数的数据类型，如例9-5中的“struct XueSheng DuXinxi()”函数，这种情况下要注意:在函数的数据类型是C语言的基本类型的时候，由于有不同类型间数据的自动转换，所以return语句后面的表达式的数据类型可以和函数的数据类型不一致，但当函数是结构体数据类型的时候，return后面的表达式的数据类型必须和函数的数据类型一致，否则系统提示错误。

结构体类型或结构体类型的指针可以作为函数的形参，如例9-5中的“void DuXinxi1(struct XueSheng * pZhiZhen)”函数和“void XianShiYigeXuesheng(struct XueSheng aStudent)”函数，同样因为不能进行自动数据类型转换的原因，所以这是给出的实参的数据类型必须和形参的数据类型一致。

通过传址调用，也同样可以将一个结构体数组的内容传递到函数中去，如例 9-5 中的“void XianshiXueshengXinxi(struct XueSheng pZhiZhen[])”函数。前面的章节已经讲过，这种情况并不是在形参里再分配一个结构体数组的存储空间，而是定义了一个结构体类型的指针变量。同样，在该函数的函数体里，用“数组的指针下标访问法”调用了数组元素。

9.5 共用体

在程序运行过程中，有时需要使用几种不同类型的变量存放到同一段内存单元中，这就是共用体。例如，可把一个整型变量、一个字符型变量、一个实型变量放在同一个地址开始的内存单元中。这三个变量在内存中占的字节数不同，但都从同一个地址开始存放。也就是使用了覆盖技术，几个变量互相覆盖。这种使几个不同的变量共占同一段内存的结构，称为“共用体”。由于采用了覆盖技术，因此共用体的成员不能同时使用。

顾名思义，“共用体”的本质概念基础就是“共用”，可以用一个形象的比喻来形容：“共用体”就像学校里的公共教室，不同专业、不同班级的学生都可以来这个教室上课。但在具体到某个上课时间，只能是某个专业的某个班在这个教室上课。由此可见，“共用体”就是“共用区”，“共用体类型”可以理解为“可变类型”。

共用体的关键字是 union，其定义形式、使用方法和结构体完全相同，这里就不再赘述了。

和结构体类似，共用体也是一种构造类型，因此它有很多跟结构体相似的特点。

(1) 不能对共用体变量名赋值，也不能企图引用变量名来得到一个值。

(2) 如果成员本身又属于一个共用体类型，则要用若干个成员运算符，一级一级地找到最低一级的成员，只能对最低级的成员进行赋值或存取及运算。

(3) 对共用体变量的成员可以像普通变量一样进行各种运算。

(4) 可以引用共用体变量成员的地址，也可以引用共用体变量的地址，但是和结构体不同，这两个地址在使用中是等价的。

但是由于共用体采用了内存覆盖技术，因此它也有和结构体不同的地方。

(1) 同一个内存段可以用来存放几种不同类型的成员，但是在每一瞬时只能存放其中一种，而不是同时存放几种。也就是说，每一瞬时只有一个成员起作用，其他的成员不起作用。

(2) 共用体变量中作用的成员是最后一次存放的成员，在存入一个新的成员后原有的成员就失去作用。因此在引用共用体变量时应十分注意当前存放在共用体变量中的究竟是哪个成员。

(3) 和结构体不同，不能在定义共用体变量时将其初始化。

9.6 枚举类型

枚举类型是在 ANSI C 新标准中所增加的。枚举类型也是一种数据类型。对于那些只可能取有限的某几种值的数据，可以把它定义为枚举类型数据。

枚举型变量的定义也有三种方式。

(1) 说明与定义合一,如:

```
enum   weekday {Sun,Mon,Tue};
```

(2) 用无名枚举类型,如:

```
enum   {Sun,Mon,Tue} day;
```

(3) 说明与定义分开,如:

```
enum   weekday { Sun,Mon,Tue };
enum   weekday day;
```

说明:

(1) 枚举类型说明中的元素一般作常量名处理,而不是变量名,对这些常量按照元素的定义顺序分别使它们表示 0、1、…、n－1。例如:enum weekday {Sun,Mon,Tue,Wed,Thu,Fri,Sat} workday;。

上述枚举元素的值分别为 0、1、2、3、4、5、6。不能出现 un＝5;mon＝2;sun＝mon;。

(2) 枚举元素的值也可在定义时指定。enum weekday {Sun＝7,Mon＝1,Tue,Wed,Thu,Fri,Sat} workday;对于没有指定值的元素,其取值原则仍按所处的顺序取,故:Tue 是 2,Wed 是 3,…,Sat 是 6。也可改变枚举元素的值。enum weekday{sun＝7,mon＝1,tue,wed,thu,fri,sat}day;。

(3) 可用枚举变量进行判断或比较操作。例:

```
enum flag {true,false} my_flag;
      …
if (true == my_flag)
```

(4) 只能将枚举值赋予枚举变量。

例:a＝sun;b＝mon;是正确的,而 a＝0;b＝1;是错误的。

(5) 一个整数不能直接赋给枚举变量,要先进行强制类型转换才能赋值。如:workday＝6;是错误的。而 workday ＝(enum weekday)6;是正确的,它相当于 workday＝Sat;。

(6) 枚举元素不是字符串常量,使用时不要加引号。

(7) 由于 C 编译程序将枚举量作为整型数来处理,所以可使用常数的地方,都可以使用枚举常量。如:

```
enumcolor{red,green,yellow}col;…
switch(col){
case red: printf("red\n");break;
case green: printf("green\n"),break;}…
```

9.7 用 typedef 定义类型

C 语言不仅提供了丰富的数据类型,而且还允许用户自己定义类型说明符,即允许用户为数据类型取别名。类型定义符 typedef 可用来完成此项功能。typedef 可完成为类型取别名。

typedef 的一般形式为:

```
typedef  旧类型名  新类型名;
```

如:typedef float real;

然后用新定义的数据类型可以定义数据 real a,f,这个定义等同于 float a,f。

再如:typedef int INTEGER;就为 int 重新命名了一个新名字,于是 int a,b;与 INTEGER a,b;是完全等价的两个变量定义语句。

我们必须明白:首先,定义的新名只是原名的一个别名,并不是建立一个新的数据类型;其次,新名和原名同时存在并有效,即原名并不失去效用,在程序中仍可使用;最后,用新名和原名定义的对象具有相同的性质和效果。

使用 typedef 有利于程序的通用与移植。有时程序会依赖于硬件特性,这是采用 typedef 可以便于移植。例如,有的计算机系统或编译器 int 型数据占用两个字节,而其他一部分则以 4 字节存放一个整数。如果要将一个 C 程序从一个以 4 字节存放整数的系统移植到以 2 字节存放整数的系统中,按一般办法需要将程序中所有的 int 都改为 long,例如将"int a,b,c"改为"long a,b,c",如果程序中有多处 longint 定义变量,则要改动多处。如果采用 typedef,可以按以下步骤进行。

先用一个 INTEGER 来声明 int 型变量:typedef int INTEGER;然后在程序中所有的 int 型数据都可以用 INTEGER 类型来定义定义。当将程序移植到另外一种操作后,移植时只需要改动 typedef 定义体即可:typedef long INTEGER;。

在结构体定义中,可以用 typedef 方式简化说明,例如:

```
typedef struct{
……
}XUESHENGXINXI;
XUESHENGXINXI aXueSheng;
```

在前面的程序段中,定义结构体变量的时候已经比我们前面看到程序简单一些了。

第10章 深入讨论指针

【本章要点】

- 了解指针数组的使用。
- 理解指针的指针概念,了解函数指针的概念。
- 了解链表的概念。
- 会使用基本的链表操作,包括建立、查找、修改、删除等。

10.1 指针数组

例 10-1 读程序,写结果。

```
#include <stdio.h>
void main()
{
    int i;
    char cKeCheng[][15] = {"YingYu","C YuYan","GaoShu"};
    for(i = 0;i<3;i++)
        printf("%s\n",cKeCheng[i]);
}
```

程序运行的结果是:

```
YingYu
C YuYan
GaoShu
```

在前面的数组一章中,我们就见过这样的例子,在定义字符型二维数组时,用字符串常量对数组元素进行了初始化,二维数组的每一行存储了一个字符串。

例 10-2 读程序,写结果。

```
#include <stdio.h>
void main()
{
     int i;
     char cEng[] = "YingYu";
     char cProg[] = "C YuYan";
```

```
    char *cpMath="GaoShu";
    char *cpKeCheng[4];
    cpKeCheng[0]=cEng;
    cpKeCheng[1]=cProg;
    cpKeCheng[2]=cpMath;
    cpKeCheng[3]=NULL;
    for(i=0;cpKeCheng[i]!=NULL;i++)
        printf("%s\n",cpKeCheng[i]);
}
```

程序运行的结果是：

```
YingYu
C YuYan
GaoShu
```

在例 10-2 中定义了指针数组 cpKeCheng。指针数组是一种特殊的数组，指针数组的数组元素都是指针变量。指针数组的定义格式为：

```
类型名称 *数组名称[数组长度];
```

例如在例 10-2 中出现的 char *cpKeCheng[4]，因为下标运算符[]的优先级高于指针运算符*，上述定义等价于：char *(cpKeCheng [4])。

说明 cpKeCheng 是一个含有 4 个元素的数组，数组元素为指向 char 型变量的指针变量。

又如：

```
int *pn[5];/*定义一个5个元素的指针数组,数组元素为指向int型变量的指针变量*/
char *pc[10];/*定义一个10个元素的指针数组,元素为指向char型变量的指针变量*/
```

不论指针数组是什么类型，指针数组的每个数组元素都用来保存一个地址值，在 Turbo C 下，每个数组元素是一个 unsigned int 型变量，占用 2 个字节。

指针数组定义后，可以使数组元素指向一个变量和其他数组的首地址。

在例 10-2 中定义的各种变量和常量的内存情况如图 10-1 所示，图中的数组首地址值是假设的值。

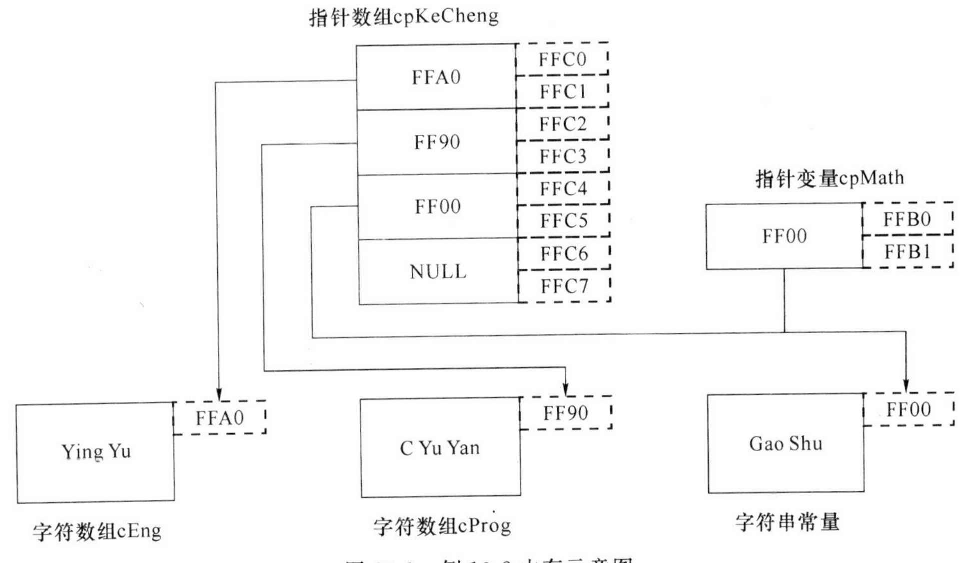

图 10-1　例 10-2 内存示意图

在例 10-2 中定义的指针变量 cpMath 占用了从 FFB0 开始的两个单元，它保存了字符串常量“GaoShu”的存储空间的首地址，因此这个指针变量指向了一个字符串常量。因为这个字符串常量是从 FF00 单元开始存储的，所以指针变量 cpMath 的数值是 FF00。

在例 10-2 中定义的指针数组 cpKeCheng 占用了从 FFC0 开始的 8 个字节。cpKeCheng [0]里存放了字符数组 cEng 的首地址 FFA0，使 cpKeCheng [0]指向 cEng。cpKeCheng [1]里存放了字符数组 cProg 的首地址 FF90，使 cpKeCheng [1]指向 cProg。cpKeCheng [2]的值和指针变量 cpMath 相同，都是存储了字符串常量的首地址 FF00，所以这两个指针都指向字符串常量。

在例 10-2 中，程序运行中涉及了以下的问题。

(1) 程序中 cEng，cProg 被定义为字符数组并用字符串常量对这两个字符数组进行了初始化；cpMath 是一个指针变量，指向字符串常量所在字符数组的首地址。

(2) 语句 char * cpKeCheng [4]；定义了四个元素的指针数组 cpKeCheng，数组元素是指向 char 型变量或数组的指针变量。

(3) 语句 cpKeCheng [0]=cEng；将字符数组 cEng 的首地址赋给 cpKeCheng[0]，指针变量 cpKeCheng [0]指向了 cEng 的首地址。

(4) 语句 cpKeCheng [2]=cMath；将 char 型指针变量 cMath 的数值赋给 cpKeCheng[2]，指针变量 cpKeCheng [0]指向了字符串常量所在字符数组的首地址。

(5) 语句 cpKeCheng [3]=NULL；将 cpKeCheng[3]设置为空指针，没有指向任何目标变量。

(6) for 循环的终止条件设定为检查指针数组 cpKeCheng 的数组元素是否指向一个确定的目标变量，如果有确定的目标变量，则继续执行循环体，否则终止循环。

(7) for 循环中，语句 printf(“%s”，cpKeCheng [i])；依次打印了三个字符数组的内容。比如，cpKeCheng [0]里存放了 cEng 的首地址，printf(“%s”，cpKeCheng [0])和 printf(“%s”，cEng)的作用是相同的。

对比例 10-1 和例 10-2，我们可以看到以下几个不同的方面：

在例 10-1 中，二维字符数组需要占用一块连续的存储空间，并且该数组的每行的长度都是固定的，具体确定长度的时候要由所要存储的字符串内容中长度最长的一个字符串确定，这样就可能在存储空间上造成一些浪费。此外，如果数组的行数比较大，那么该数组占用的存储空间也比较多，在某些情况下可能无法获取内存，造成定义失败。

C 语言中，允许定义并直接初始化一个未说明长度的 char 型指针数组。初始化时使用大括号，括号里的字符串用逗号隔开。因此，前面的程序也可以写成例 10-3。

例 10-3 定义指针数组。

```
#include <stdio.h>
void main()
{
    int i;
    char * cpKeCheng [] = {"YingYu","C YuYan","GaoShu"};
    for(i = 0;i<3;i++)
        printf("%s\n",cpKeCheng [i]);
}
```

程序运行的结果是：

```
YingYu
C YuYan
GaoShu
```

在例 10-3 中，在定义指针数组的时候用 3 个字符串常量的起始地址对指针数组元素进行了初始化。

编译器自动查到字符串的个数，定义 cpKeCheng 的长度为 3。

程序运行到语句 char * cpKeCheng [3]={"YingYu","C YuYan","GaoShu"};时，系统会自动创建 3 个字符串常量数组，并分别将 3 个字符串保存在里面。然后将 3 个字符串常量数组的首地址分别保存在 cpKeCheng [0]、cpKeCheng [1]、cpKeCheng [2]中。

在例 10-3 中定义的各种变量和常量的内存情况如图 10-2 所示（图中的数组首地址值是假设的值）。

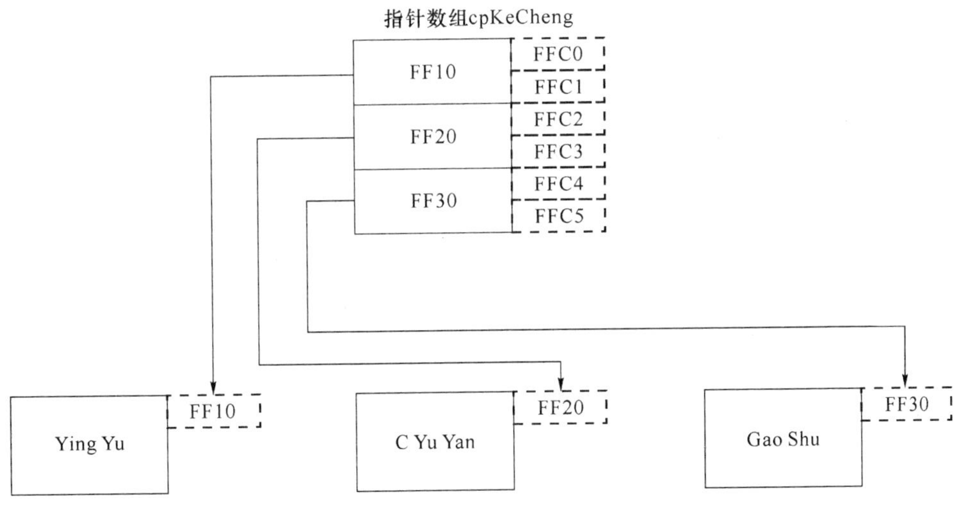

图 10-2　例 10-3 内存示意图

【提示】 char 型指针数组 cpKeCheng 中存放的是三个字符串常量的存储的起始地址，一定不能认为在指针数组中存储了三个字符串。这三个字符串是存储在另外的内存空间中的。

例 10-4　将 12 月份的英文单词按字母顺序进行排序。

```
#include <stdio.h>
#include <string.h>
void main()
{
    char *cpYueFen[] = {"January","February","March","April","May","June","July","August","September","October","November","December"};
    int gap,i,j;
    char *cpLinShi;
    for(gap = 6;gap>0;gap/ = 2){
        for(i = gap;i<12;i++){
```

```
            for(j = i - gap;j>= 0;j -= gap){
                if(strcmp(cpYueFen[j],cpYueFen[j + gap])<= 0)
                    break;
                cpLinShi = cpYueFen[j];
                cpYueFen[j] = cpYueFen[j + gap];
                cpYueFen[j + gap] = cpLinShi;
            }
        }
    }
    for(i = 0;i<12;i++)
        printf("%s ",cpYueFen[i]);
}
```

程序运行的结果是：

```
April August December February January July June March May November October September
```

指针数组 cpYueFen 没用定义长度，完全初始化后它的长度是 12 个数组元素。这 12 个数组元素保存了 12 个字符串常量的首字节的地址，所以分别指向各个字符串常量。

在最内层的 j 循环的循环体里，先用 strcmp 函数对两个 char 型指针数组元素所指向的目标变量进行比较，如果不满足要求，则要交换。注意这里的交换方法，在程序运行过程中，第一次进入这段交换代码的时候，j 的值为 1，gap 的值是 6，那么就是 cpYueFen[1]和 cpYueFen[7]进行交换。在交换前，cpYueFen[1]保存了字符串“February”的首字符地址，交换后，cpYueFen[1]保存了字符串“August”的首字符地址，这时候在用 cpYueFen[1]去访问字符串，获得的是字符串“August”。从这次交换中可以看到，实际上各字符串常量的存储位置没有发生任何改动，但交换了指向它们的指针变量的数值后，再用指针变量访问就获得了与原来不同的内容了。

【提示】 101 和 102 两个宿舍的同学要交换宿舍的物品，一种方式是 101 宿舍的同学把宿舍里的所有东西都搬到 102 宿舍去，当然 102 的同学也把东西都搬到 101 去，这样两个宿舍的同学虽然都住在原来的房间，但房间里的物品都是对方宿舍的物品。另外一种方式是两个宿舍的同学互换了宿舍的钥匙，这样两个宿舍的同学都打开了对方宿舍的门，同样可以使用对方宿舍的物品。

10.2 指向指针的指针

例 10-5 二级指针的应用。

```
#include <stdio.h>
void main()
{
    int i;
    char *cpKeCheng[] = {"YingYu","C YuYan","GaoShu"};
    char **cppZhiZhen;
    cppZhiZhen = cpKeCheng;
```

```
    printf("\n");
    for(i=0;i<3;i++)
        printf("%s\n",*(cppZhiZhen+i));
}
```

程序运行的结果是：

```
YingYu
C YuYan
GaoShu
```

在例 10-5 中，我们定义了指针变量 cppZhiZhen 是一个指向指针的指针，这种指向指针的指针也称为二级指针，它指向的是指针型的数据。定义指向指针的指针变量的格式为：

数据类型 ** 指针变量名称；

在例 10-5 中，变量的内存情况如图 10-3 所示（内存单元首地址为假设地址值）。说明：

（1）语句 char ** cppZhiZhen；定义了一个指向指针数据的指针变量，该指针数据为一个指向 char 型变量或 char 型数组的指针。

（2）指向指针数据的指针变量 cppZhiZhen 也是一个变量，有自己的内存空间。它保存的也是一个指针值（指针的指针），是一个 unsigned int 型数，在 Turbo C 下占用 2 个字节的内存。

（3）语句 cppZhiZhen=cpKeCheng；将指针数组的首地址 FFC0（即第一个元素的指针）赋给 cppZhiZhen，cppZhiZhen 指向了指针数组的首地址，指针变量 cppZhiZhen 的目标变量是 cpKeCheng[0]。

（4）* cppZhiZhen 的值为指针值 FF10，即为 cpKeCheng [0]的值。

（5）cppZhiZhen+1 的值为指针值 FFC2。因为 * cppZhiZhen 为指针型，即 unsigned int 型，占用两个字节，根据指针的加法规则，cppZhiZhen+1 的值为 FFC2。

例 10-5 的数据存储如图 10-3 所示。

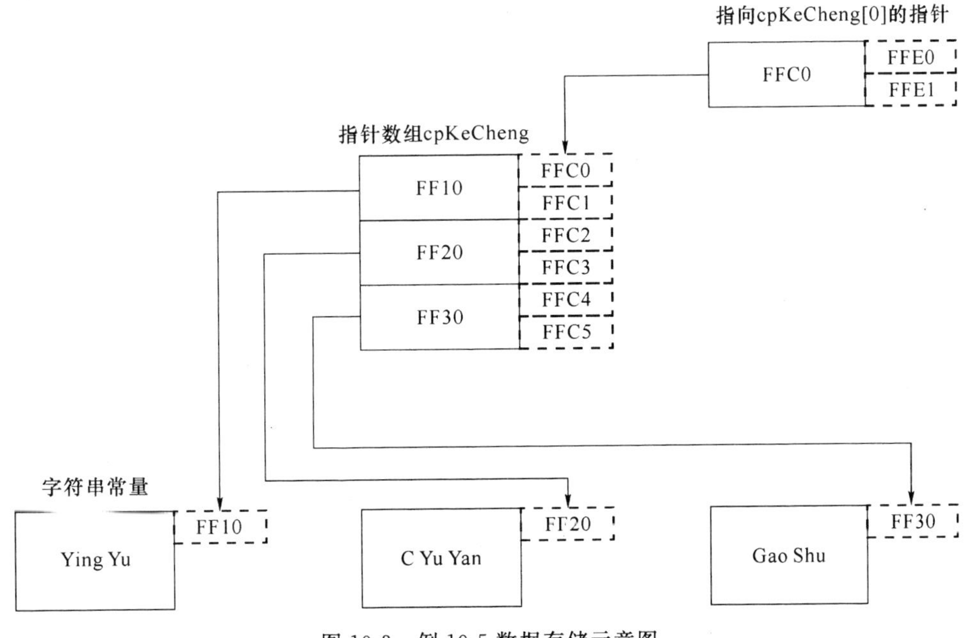

图 10-3 例 10-5 数据存储示意图

例 10-6 二级指针的应用。

```
#include <stdio.h>
void main()
{
    int i;
    char *cpKeCheng[]={"YingYu","C YuYan","GaoShu"};
    char **cppZhiZhen;
    cppZhiZhen=cpKeCheng;
    printf("\n");
    for(i=0;i<3;i++){
        printf("%s\n",*cppZhiZhen);
        cppZhiZhen+=1;
    }
}
```

程序运行的结果是：

```
YingYu
C YuYan
GaoShu
```

例 10-5 的 9 中 cppZhiZhen 没有发生变化，始终指向 cpKeCheng[0]。cppZhiZhen 是一个变量，其值是可以变化的。在例 10-6 中，每次 cppZhiZhen 指向下一个字符数组的首地址，利用了 cppZhiZhen 的自增打印字符串的值。

10.3 返回指针的函数

1. 指针作为函数的返回值

例 10-7 读程序，写结果。

```
#include <stdio.h>
long nChengJi[10]={1,2,3,4,5,6,7,8,9,10};
long *ZuiDaZhi();
void main()
{
    long *npZhiZhen=ZuiDaZhi();
    printf("ShuZu Zhong De ZuiDaZhi Shi %ld",*npZhiZhen);
}
long *ZuiDaZhi()
{
    long nLinShi;
    int i,nWeiZhi=0;
    nLinShi=nChengJi[0];
    for(i=1;i<10;i++)
```

```
        if(nChengJi[i]>nLinShi){
            nLinShi = nChengJi[i];
            nWeiZhi = i;
        }
    return &nChengJi[nWeiZhi];
}
```

程序运行的结果是：

```
ShuZu Zhong De ZuiDaZhi Shi 10
```

例 10-7 中定义的 ZuidaZhi 函数的返回值是 long 型的指针。

指针值也可以作为函数的返回值。这种情况下函数的返回值类型需要定义成指针变量类型。返回指针值的函数的一般定义格式为：

```
数据类型 * 函数名称(形式参数列表)
```

在例 10-7 中，ZuidaZhi 函数是一个无参函数，该函数返回一个指针值。注意 long 型数组 nChengJi 是一个全局变量，它有 10 个已经初始化过的元素。

ZuidaZhi 函数中，用临时变量 nLinShi 比较记录全局数组 nChengJi 里最大的元素，同时用 nWeiZhi 记录最大的元素的数组下标号。循环结束后，返回的是数组中值最大的元素的地址值，即该元素的指针值。注意因为数组是全局变量，ZuidaZhi 函数调用结束后，数组元素在内存中仍然存在，因此 ZuidaZhi 函数返回的指针值是有效的。

main 函数中定义了一个指针变量 npZhiZhen，调用了 ZuidaZhi 函数，将返回的指针值赋给了指针变量 npZhiZhen，现在 npZhiZhen 指向了数组 nChengJi 里最大的元素，* npZhiZhen 对应了 nChengJi 里最大的元素的值。后续的 printf 打印了 * npZhiZhen 值。

例 10-8 读程序，写结果。

```
#include <stdio.h>
long * ZuiDaZhi();
void main()
{
    long * npZhiZhen = ZuiDaZhi ();
    printf("ShuZu Zhong De ZuiDaZhi Shi %ld", * npZhiZhen);
}
long * ZuiDaZhi ()
{
    long nChengJi[10] = {1,2,3,4,5,6,7,8,9,10};
    long nLinShi;
    int i,nWeiZhi = 0;
    nLinShi = nChengJi[0];
    for(i = 1;i<10;i++)
        if(nChengJi[i]>nLinShi){
            nLinShi = nChengJi[i];
            nWeiZhi = i;
        }
    return &nChengJi[nWeiZhi];
}
```

在运行例 10-8 的时候，会发现运行错误。

这段程序和前面的例 10-7 很相似，好象没有什么问题，编译也可以顺利通过。但运行可能会出现问题。原因是这里的数组 nChengJi 是一个局部变量，函数调用结束后该数组所占用的内存空间将被释放,因此,return &nChengJi [pos]虽然返回了数组元素的指针,但该数组元素已经不存在了,这个指针也就是一个“野指针”。这样的代码可能导致程序的异常。

将指针值作为函数的返回值时,一定要保证该指针值是一个有效的指针。一个常犯的错误是试图返回一个局部变量的指针。

2. 返回指针的函数与动态内存分配

例 10-9 定义一个动态数组,可以保存多个学生的成绩,并计算平均值。

```
#include <stdio.h>
int *DingYiShuZu(int nChangDu);
void ShiFangShuZu(void *pShuZu);
float PingJunFen(int nShuLiang,int *npFenShu);
void GaoYuPingJun(float fPingJun,int nShuLiang,int npFenShu[ ]);
void main()
{
    int *npChengJi,i,nZongShu;

    /*输入学生的个数*/
    printf("\nQing ShuRu XueSheng ZongShu:");
    scanf("%d",&nZongShu);
    /*动态定义数组p*/
    npChengJi = DingYiShuZu(nZongShu);
    /*输入每个学生的成绩*/
    printf("Qing ShuRu XueSheng ChengJi:");
    for(i = 0;i<nZongShu;i++)
        scanf("%d",npChengJi + i);/*等价于scanf("%d",npChengJi + i)*/
    GaoYuPingJun(PingJunFen(nZongShu,npChengJi),nZongShu,npChengJi);
    /*释放动态数组p*/
    ShiFangShuZu((void*)npChengJi);
}
float PingJunFen(int nShuLiang,int *npFenShu)
{
    float fPingJun;
    int i,nZongFen = 0;
    /*计算成绩总和*/
    for(i = 0;i<nShuLiang;i++)
        nZongFen += npFenShu[i];/* npFenShu[i]等价于*(npFenShu + i) */
    /*打印成绩平均值*/
    fPingJun = 1.*nZongFen/nShuLiang;
    printf("\nXueSheng De PingJunFen Shi:%3.1f",fPingJun);
    return fPingJun;
```

```
}
void GaoYuPingJun(float fPingJun,int nShuLiang,int npFenShu[])
{
    int i;
    printf("\nDiYu PingJunFen De FenShu: ");
    for(i = 0;i<nShuLiang;i++){
        if( * (npFenShu + i)>fPingJun)
            continue;
        printf(" %d ", * (npFenShu + i)); /*  * (npFenShu + i)等价于 npFenShu[i] */
    }
}
int * DingYiShuZu(int nChangDu)
{
    return (int *)malloc(nChangDu * sizeof(int));
}
void ShiFangShuZu(void * pShuZu)
{
    free(pShuZu);
}
```

程序运行的结果是：

```
Qing ShuRu XueSheng ZongShu:2
Qing ShuRu XueSheng ChengJi:85 75
XueSheng De PingJunFen Shi:80.0
DiYu PingJunFen De FenShu:75
```

本例的关键是使用动态数组。可以利用 malloc 函数，写一个返回指针值的函数 int * DingYiShuZu (int nChangDu)，该函数可以动态分配 nChangDu * sizeof(int)个字节的内存空间，正好可以存放 nChangDu 的 int 型变量，相当于一个 int 型的数组。使用时，npChengJi [i]等价于 *(npChengJi +i)，符合数组元素引用的习惯。

同样，可以定义一个函数 void ShiFangShuZu (int * pShuZu)，在内部用 free 函数释放分配的内存。

程序根据用户输入的学生个数，利用 DingYiShuZu 函数动态分配数组所需要的内存。程序结束前调用函数 ShiFangShuZu 释放了 DingYiShuZu 函数所分配的内存。

DingYiShuZu 函数的输入参数 nChangDu 是数组的元素个数。函数用 malloc 分配了数组需要的内存，并将返回的 void * 类型的指针转换为 int * 类型。最终 DingYiShuZu 函数返回一个 int 型变量或数组的指针。该指针的值就是 malloc 分配内存的首地址。

main 函数中，npChengJi 是一个指向 int 型变量或数组的指针变量，npChengJi[i]等价于 *(npChengJi +i)，& npChengJi[i]等价于 npChengJi +i，不论是直接引用还是间接引用，结果都是相同的。

10.4 指向函数的指针

10.4.1 指向函数的指针

例 10-10 读程序,写结果。

```
#include <stdio.h>
float DaShu(float fCanShu1,float fCanShu2)
{
    return fCanShu1>fCanShu2? fCanShu1: fCanShu2;
}
float XiaoShu(float fCanShu1,float fCanShu2)
{
    return fCanShu1<fCanShu2? fCanShu1: fCanShu2;
}
void main()
{
    float fShu1 = 1.5,fShu2 = 2.5,fJieGuo;
    float ( * pHanShu)(float fCanShu1,float fCanShu2);
    pHanShu = DaShu;
    fJieGuo = ( * pHanShu)( fShu1,fShu2);/ * 等效于 DaShu (fShu1,fShu2) * /
    printf("\n DaShu = % f",fJieGuo);
    pHanShu = XiaoShu;
    fJieGuo = ( * pHanShu)( fShu1,fShu2);/ * 等效于 XiaoShu (fShu1,fShu2) * /
    printf("\n XiaoShu = % f",fJieGuo);
}
```

程序运行的结果是:

```
DaShu = 2.500000
XiaoShu = 1.500000
```

在例 10-10 中,定义了指向函数的指针,然后用指向函数的指针实现对函数的调用。

程序在编译后,每个函数都有一个首地址(也就是函数第一条指令的地址),这个地址称为函数的指针。可以定义指向函数的指针变量,使用指针变量间接调用函数。

1. 指向函数的指针

定义指向函数的指针变量的格式为:

数据类型(* 指针变量名称)(形式参数列表);

其中数据类型是函数返回值的类型,形式参数列表是函数的形式参数列表。只要是返回值和参数表与指向函数的指针的定义相同的函数,今后都可以用这个指针指向那个函数。

形式参数列表中,参数名称可以省略。比如,float (* pHanShu)(float fCanShu1,float fCanShu2);可以写为:float (* pHanShu)(float,float);

定义一个指向函数的指针变量时,指针变量名称两边的括号不能省略。比较下面的两个定义：

```
float ( * p1)(int x,long y);
float * p2(int x,long y);
```

第一个语句定义了一个指向函数的指针变量 p1;第二个语句声明了一个返回指针的函数 p2,p2 的形式参数为(int x,long y),返回值为一个 float 型的指针。

2. 使用指向函数的指针调用函数

在例 10-10 的 main 函数中,语句 float (* pHanShu)(float fCanShu1,float fCanShu2);定义了一个指向函数的指针变量。这个指向函数的指针对可以指向的函数的格式要求是:返回值为 float 型,形式参数列表是(float fCanShu1,float fCanShu2)。pHanShu 定义后,可以指向任何满足该格式的函数。

在 main 函数里,执行到语句 pHanShu=DaShu;将 DaShu 函数的首地址值赋给指针变量 pHanShu,也就是使 pHanShu 指向函数 DaShu。C 语言中,函数名称代表函数的首地址。

【提示】 将函数首地址赋给指针变量时,直接写函数名称即可,不用写括号和函数参数。

程序运行到 main 函数中第一个 fJieGuo=(* pHanShu)(fShu1,fShu2);语句,由于 pHanShu 指向了 DaShu 函数的首地址,(* pHanShu)(fShu1,fShu2)完全等效于 DaShu (fShu1,fShu2),函数返回 2.0。注意:* pHanShu 两边的括号不能省略。

【提示】 利用指针变量调用函数时,要写明函数的实际参数。

和上面相同,当程序运行到语句 pHanShu=XiaoShu;,将 XiaoShu 函数的首地址值赋给指针变量 pHanShu。pHanShu 是一个指向函数的指针变量,变量 pHanShu 存储的数值实际上是一个内存地址值,可以是 DaShu 函数的地址,pHanShu 指向 DaShu 函数,当然也可以是 XiaoShu 函数的地址,pHanShu 指向 XiaoShu 函数。但在定义指向函数的指针的指向的时候一定要注意,所指向的函数的格式必须与指向函数的指针 pHanShu 的定义相符合。

运行到第二个 fJieGuo=(* pHanShu)(fShu1,fShu2);语句时,由于 pHanShu 指向了 XiaoShu 函数的首地址,(* pHanShu)(fShu1,fShu2)完全等效于 XiaoShu (fShu1, fShu2),函数返回 1.0。

10.4.2 指向函数的指针作为函数参数

例 10-11 完成四则运算程序。

```
#include <stdio.h>
float Jia(float fShuJu1,float fShuJu2);
float Jian(float fShuJu1,float fShuJu2);
float Cheng(float fShuJu1,float fShuJu2);
float Chu(float fShuJu1,float fShuJu2);
float XuanZeFangShi (float fShuJu1,char cFangShi,float fShuJu2);
float YunSuan(float ( * pHanShu)(float,float),float fShuJu1,float fShuJu2);
void main()
```

```
{
    float fShu1 = 1.5,fShu2 = 2.5;
    printf("\na + b = %f",XuanZeFangShi (fShu1,'+',fShu2));
    printf("\na - b = %f",XuanZeFangShi (fShu1,'-',fShu2));
    printf("\na * b = %f",XuanZeFangShi (fShu1,'*',fShu2));
    printf("\na/b = %f",XuanZeFangShi (fShu1,'/',fShu2));
}
float Jia(float fShuJu1,float fShuJu2)
{
    return fShuJu1 + fShuJu2;
}
float Jian(float fShuJu1,float fShuJu2)
{
    return fShuJu1 - fShuJu2;
}
float Cheng(float fShuJu1,float fShuJu2)
{
    return fShuJu1 * fShuJu2;
}
float Chu(float fShuJu1,float fShuJu2)
{
    return fShuJu1/fShuJu2;
}
float YunSuan(float ( * pHanShu)(float,float),float fShuJu1,float fShuJu2)
{
    return ( * pHanShu)(fShuJu1,fShuJu2);
}
float XuanZeFangShi(float fShuJu1,char cFangShi,float fShuJu2)
{
    float ( * pHanShu)(float,float);
    switch(cFangShi)
    {
    case '+':
        pHanShu = Jia;
        break;
    case '-':
        pHanShu = Jian;
        break;
    case '*':
        pHanShu = Cheng;
        break;
    case '/':
        pHanShu = Chu;
```

```
            break;
        }
        return YunSuan(pHanShu,fShuJu1,fShuJu2);
}
```

程序运行的结果是：

```
a+b=4.000000
a-b=-1.000000
a*b=3.750000
a/b=0.600000
```

有时候，许多函数功能不同，但它们的返回值和形式参数列表都相同。这种情况下，可以构造一个通用的函数，把函数的指针作为函数参数，这样有利于进行程序的模块化设计。

在例 10-11 中把对 2 个 float 型数进行加、减、乘、除操作的 4 个函数归纳成一个数学操作函数 XuanZeFangShi。这样，在调用 XuanZeFangShi 函数时，只要将具体函数名称作为函数实际参数，XuanZeFangShi 就会自动调用相应的加、减、乘、除函数，并计算出结果。

10.5 链表的概念

链表是一种常见的线性数据结构。它是动态进行内存分配的一种结构，链表根据需要开辟内存单元。可以用一个形象的比喻来形容：幼儿园的老师带领孩子们到商场购物，人很多，老师怕孩子走失，所以她牵着第一个孩子的手，第一个孩子牵着第二个孩子的手……所有的孩子都手牵着手，只有最后一个孩子空着一只手。这样想找幼儿园里的任何一个孩子都可以从老师开始，一个一个往后找，总能找到。这就是一个很形象的"链表"。

当我们要定义很多个变量的时候，首先考虑使用数组定义的方式。但在使用数组的时候，总有一个问题困扰着我们：数组应该有多大？

在很多的情况下，并不能确定要使用多大的数组，比如例 10-12 中，我们可能并不知道确切地需要给出的人员信息的总数，而且有增加和删除操作，人员的数量也是在不断变化的，因此为了保证该程序在一般情况下可以正常运行，只能将人员信息数组的长度定义得足够大。这样，程序在运行时就申请了足够大的内存空间。即使这样，随着人数的增加，仍然会出现给定信息的人数超过数组定义的长度的情况，造成了数组越界使用的错误，我们又必须重新修改程序，扩大数组的存储范围。这种分配固定大小的内存分配方法称之为静态内存分配。但是这种内存分配的方法存在比较严重的缺陷：在大多数情况下会浪费大量的内存空间，在少数情况下，当我们定义的数组不够大时，可能引起下标越界错误，甚至导致严重后果。

动态内存分配是指在程序执行的过程中，根据需要动态地分配或者回收存储空间的内存分配方法。动态内存分配不像数组等静态内存分配方法那样需要预先分配存储空间，而是由系统根据程序的需要即时分配，且分配的大小就是程序要求的大小。

用动态分配内存技术虽然解决了数组要定义固定长度的问题，但在使用动态内存分配的时候还是需要给出的元素个数，如果不能确定需要给出的元素个数，动态分配内存使用也有问题。这种情况下用链表是最好的解决方案。使用链表保存数据的时候，如果需要增加存储,只要用动态内存分配新定义一个结点,然后把这个结点加入到链表中就可以了。需要减少数据的时候,从链表中删除一个结点,然后释放这个结点占用的内存空间。

链表数据集合中的每个数据存储在称为结点的结构体中,一个结点通过该结点中存储的另一个结点的存储地址(指针)访问另一个结点,如果按照这种方法把所有结点依次串接起来,就称为链表。链表是用一组任意的存储单元存储线性表元素的一种数据结构。它又分为单链表、双向链表和循环链表等。

1. 单链表

单向链表(单链表)是链表的一种,其特点是链表的链接方向是单向的,对链表的访问要通过顺序读取从头部开始;链表是使用指针进行构造的列表,又称为结点列表,因为链表是由一个个结点组装起来的;其中每个结点都有指针成员变量指列表中的下一个结点;链表是由结点构成,由 head 指针指向第一个成为表头的节点而终止于最后一个指向 NULL 的指针;单链表是最简单的一种链表,其数据元素是单向排列的,如图 10-4 所示。

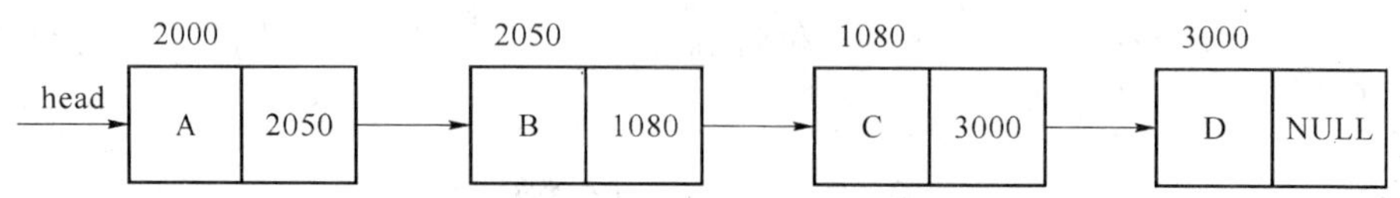

图 10-4　单链表结构示意图

从图 10-4 可看出,链表有一个“头指针”变量,图中以 head 表示,它存放一个地址,该地址指向链表中的第一个元素。链表中每个元素称为“结点”(图中每个结点用一个方框表示。为了更好地说明问题,图中每个结点都给出了一个假设的地址,标注在结点的上方),每个结点都包括两部分:一部分是数据域——用户要用的实际数据,如例 10-4 中某个孩子 A 的信息;另一部分是指针域——下一个结点的地址,可以用指针表示,如例 10-4 中与孩子 A 牵手的下一个孩子的存储地址。队伍中的存放最后一个孩子信息的结点的指针域为空(NULL),表明链表到此结束。

如果一个链表的“头指针”变量 head 的值为 NULL,则这个链表是一个空链表。空链表表示链表中没有结点信息。

从图 10-4 可以看出,在一个链表中,它的各元素(结点)在内存中可以不是连续存放的。要找某一元素,必须先找到上一个元素,根据它的指针域找到下一个元素的存储地址。如果不提供“头指针”,则整个链表都无法访问。如例 10-4 中,我们要处理的是孩子的信息,带领孩子的老师就可看做是链表的“头指针”,利用老师才能依次找到各个孩子。

链表的数据结构可以用前面章节中学过的“结构体”来实现。一个结构体变量可包含若干成员,这些成员可以是数值类型、字符类型、数组类型,也可以是指针类型。利用指针类型成员存放下一个结点的指针。例如:

```
struct JieDian
{
    int nShuJu;
    struct JieDian *next;
};
```

以上定义实现了一个数据域为 int 型变量的结点类型,成员变量 next 是一个指针变量,一般称为后继指针,它的数据类型就是本结构体类型。

在实际应用时,链表的数据域不限于单个的整型、实型或字符变量,它可能由若干个成员变量组成。普通链表中，知道某个结点的指针，很容易得到该结点的后继结点指针，但是要想得到该结点的直接前驱结点指针，则必须从头指针出发进行搜索。

2. 循环单链表

循环单链表是单链表的另一种形式，其结构特点链表中最后一个结点的指针域不再是结束标记，而是指向整个链表的第一个结点，从而使链表形成一个环。和单链表相同，循环链表也有带头结点结构和不带头结点结构两种，带头结点的循环单链表实现插入和删除操作较为方便。循环单链表如图 10-5 所示，它的特点是最后一个结点的指针域存放着第一个结点的地址，这样一来，链表中的所有结点构成一个环，每个结点都有直接前驱和直接后继结点。

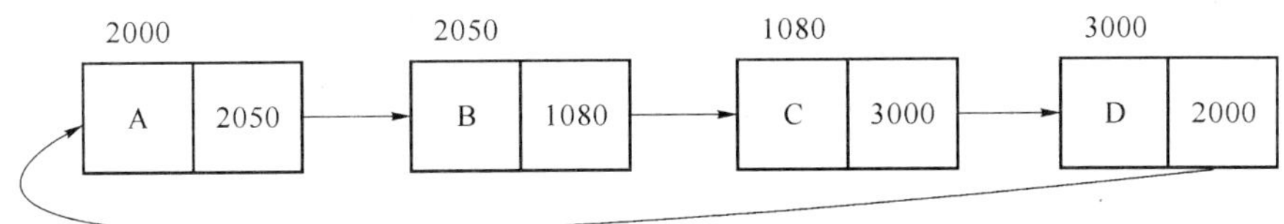

图 10-5　循环单链表示意图

循环单链表的优点是从任何一个结点出发，能到达其他任何结点。

3. 双向链表

双向链表也叫双链表，是链表的一种，它的每个数据结点中都有两个指针，分别指向直接后继和直接前驱。所以，从双向链表中的任意一个结点开始，都可以很方便地访问它的前驱结点和后继结点。双向链表可以沿着求前驱和求后继两个方向搜索结点，如图10-6所示。

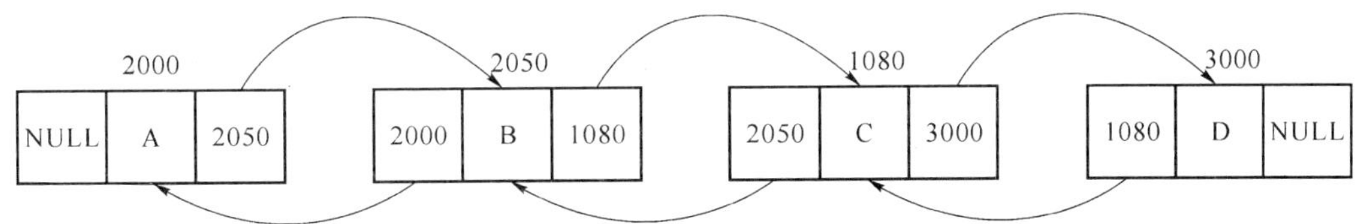

图 10-6　双向链表示意图

很多情况下需要都构造双向循环链表。

双向链表的结点数据结构实现如下：

```
struct JieDian {
        int nShuJu;
        struct node  * next, * previous; / * next 是后继结点指针,previous 是前驱结点指针 * /
```

10.6　单向链表的基本操作

例 10-12　用链表建立一个姓名系统。

```
# include <stdio.h>
typedef struct JieDian
{
     char cXingMing[20];
```

```
        struct JieDian * pXiaYige;
    }PENGYOU;

    /* 输出链表中某个节点的数据 */
    void DayinXinxi(PENGYOU * pTouJiedian)
    {
        int n = 1;
        PENGYOU * pLinShi;
        pLinShi = pTouJiedian->pXiaYige;
        printf("数据信息为:\n");
        while(pLinShi != NULL){
            printf("%d:%s\n",n,pLinShi->cXingMing);
            pLinShi = pLinShi->pXiaYige;
            n++;
        }
    }

    /* 建立单链表的函数 */
    PENGYOU * ChuangJian()
    {
        PENGYOU * pJieWei, * pTou, * pDangQian;/*  *h保存表头结点的指针,*p指向当前结点的前
一个结点,*s指向当前结点 */
        int i;/* 计数器 */
        if((pTou = (PENGYOU *)malloc(sizeof(PENGYOU))) == NULL){ /* 分配空间并检测 */
            printf("不能分配内存空间!");
            exit(0);
        }
        pTou->cXingMing[0] = '\0';/* 把表头结点的数据域置空 */
        pTou->pXiaYige = NULL;/* 把表头结点的链域置空 */
        pJieWei = pTou;/* p指向表头结点 */

        i = 0;
        do{
            char cLinShi;
            if((pDangQian = (PENGYOU *) malloc(sizeof(PENGYOU))) == NULL){ /* 分配新存储空间
并检测 */
                printf("不能分配内存空间!");
                exit(0);
            }
            pJieWei->pXiaYige = pDangQian;/* 把s的地址赋给p所指向的结点的链域,这样就把p
和s所指向的结点连接起来了 */
            pDangQian->pXiaYige = NULL;
            pJieWei = pDangQian;

            printf("请输入第%d个人的姓名",i+1);
```

```
        scanf("%s",pDangQian->cXingMing);/* 在当前结点 s 的数据域中存储姓名 */
        i++;
        do {
            printf("还要再添加吗? (y/n)");
            cLinShi = getchar();
            if ('n' == cLinShi) {
                return(pTou);
            }
            if ('y' == cLinShi) {
                break;
            }
        } while(1);
    }while(1);
    return(pTou);
}

/* 查找链表的函数,其中 h 指针是链表的表头指针,x 指针是要查找的人的姓名 */
PENGYOU * JianSuo(PENGYOU * pTouJiedian,char * cXingMing)
{
    PENGYOU * pLinShi;/* 当前指针,指向要与所查找的姓名比较的结点 */
    pLinShi = pTouJiedian->pXiaYige;
    while(pLinShi! = NULL){
        if(strcmp(pLinShi->cXingMing,cXingMing) == 0) /* 把数据域里的姓名与所要查找的
姓名比较,若相同则返回 0,即条件成立 */
            return pLinShi;/* 返回与所要查找结点的地址 */
        else
            pLinShi = pLinShi->pXiaYige;
    }
    if(pLinShi == NULL)
        printf("没有查找到该数据!");
    return NULL;
}

/* 插入函数,在指针 p 后插入 */
void ChaRu(PENGYOU * pJieDian)
{
    char cXingMing[20];
    PENGYOU * pXinJiedian;/* 指针 s 是保存新结点地址的 */
    if((pXinJiedian = (PENGYOU *) malloc(sizeof(PENGYOU))) == NULL){
        printf("不能分配内存空间!");
        exit(0);
    }
    printf("请输入你要插入的人的姓名:");
    scanf("%s",cXingMing);
    strcpy(pXinJiedian->cXingMing,cXingMing);/* 把指针 stuname 所指向的数组元素拷贝给新
```

```
结点的数据域*/
        pXinJiedian->pXiaYige = pJieDian->pXiaYige;/*把新结点的链域指向原来p结点的后继结
点*/
        pJieDian->pXiaYige = pXinJiedian;/*p结点的链域指向新结点*/
    }

    /*另一个查找函数,返回的是上一个查找函数的直接前驱结点的指针,*/
    /*h为表头指针,x为指向要查找的姓名的指针*/
    /*其实此函数的算法与上面的查找算法是一样的,只是多了一个指针s,并且s总是指向指针p所指
向的结点的直接前驱,*/
    /*结果返回s即是要查找的结点的前一个结点*/
    PENGYOU *JiansuoQianJiedian(PENGYOU *pTouJiedian,char *cXingMing)
    {
        PENGYOU *pLinShi, *pJieGuo;
        pLinShi = pTouJiedian->pXiaYige;
        pJieGuo = pTouJiedian;
        while(pLinShi! = NULL){
            if(strcmp(pLinShi->cXingMing,cXingMing) == 0)
                return pJieGuo;
            else{
                pLinShi = pLinShi->pXiaYige;
                pJieGuo = pJieGuo->pXiaYige;
            }
        }
        if(pLinShi == NULL)
            printf("没有查找到该数据!");
        return NULL;
    }

    /*删除函数,其中y为要删除的结点的指针,x为要删除的结点的前一个结点的指针*/
    void ShanChu(PENGYOU *pQian,PENGYOU *pShanChu)
    {
        pQian->pXiaYige = pShanChu->pXiaYige;
        free(pShanChu);
    }

    void CaiDan(void)
    {
        //clrscr();
        printf("\t\t\t单链表C语言实现实例\n");
        printf("\t\t|————————————————————|\n");
        printf("\t\t|                    |\n");
        printf("\t\t|   [1] 建 立 新 表  |\n");
        printf("\t\t|   [2] 查 找 数 据  |\n");
        printf("\t\t|   [3] 插 入 数 据  |\n");
```

```
        printf("\t\t| [4] 删 除 数 据 |\n");
        printf("\t\t| [5] 打 印 数 据 |\n");
        printf("\t\t| [6] 退 出 |\n");
        printf("\t\t| |\n");
        printf("\t\t| 如未建立新表,请先建立! |\n");
        printf("\t\t| |\n");
        printf("\t\t|————————————————————————|\n");
        printf("\t\t 请输入你的选项(1-6):");
}

void main()
{
        int nXuanXiang;
        PENGYOU * pTouJiedian = NULL, * pChaZhao, * pQian;
        char cXingMing[20];

        while(1)
        {
                CaiDan();
                scanf("%d",&nXuanXiang);
                switch(nXuanXiang)
                {
                case 1:
                        if (pTouJiedian! = NULL) {
                                printf("已经有数据了,不需要重新建立。");
                                break;
                        }
                        pTouJiedian = ChuangJian();
                        break;
                case 2:
                        printf("输入你所要查找的人的姓名:");
                        scanf("%s",cXingMing);
                        pChaZhao = JianSuo(pTouJiedian,cXingMing);
                        if (pChaZhao == NULL) {
                                printf("\n 没找到您指定的人。");
                                printf("\n 按回车键回到主菜单。");
                                getchar();getchar();
                                break;
                        }
                        printf("你所查找的人的姓名为:%s",pChaZhao->cXingMing);
                        printf("\n 按回车键回到主菜单。");
                        getchar();getchar();
                        break;
                case 3:
                        printf("输入你要在哪个人后面插入:");
```

```
            scanf(" %s",cXingMing);
            pChaZhao = JianSuo(pTouJiedian,cXingMing);
            if (pChaZhao == NULL) {
                printf("\n 没找到您指定的人。");
                printf("\n 按回车键回到主菜单。");
                getchar();getchar();
                break;
            }
            ChaRu(pChaZhao);
            DayinXinxi(pTouJiedian);
            printf("\n 按回车键回到主菜单。");
            getchar();getchar();
            break;
        case 4:
            printf("\n 输入你所要删除的人的姓名:");
            scanf(" %s",cXingMing);
            pChaZhao = JianSuo(pTouJiedian,cXingMing);
            if (pChaZhao == NULL) {
                printf("\n 没找到您指定的人。");
                printf("\n 按回车键回到主菜单。");
                getchar();getchar();
                break;
            }
            pQian = JiansuoQianJiedian(pTouJiedian,cXingMing);
            ShanChu(pQian,pChaZhao);
            DayinXinxi(pTouJiedian);
            break;
        case 5:
            DayinXinxi(pTouJiedian);
            printf("\n 按回车键回到主菜单。");
            getchar();getchar();
            break;
        case 6:
            exit(0);
            //quit();
            break;
        default:
            printf("你输入了非法字符! 按回车键回到主菜单。");
            //clrscr();
            CaiDan();
            getchar();
        }
    }
}
```

1. 链表结点的结构体定义

建立单链表是在程序执行过程中从无到有地建立起一个链表，即一个一个地开辟结点和输入各结点数据，并建立起前后相连的关系。

在例 10-12 中定义了一个结构体：

```
typedef struct JieDian
{
    char cXingMing[20];
    struct JieDian * pXiaYige;
}PENGYOU;
```

这是一个可以用于链表的结构体定义，在结构体中一个成员是姓名，另外一个成员是指向下一个结点的指针。在这里使用了 typedef 给这个结构体定义了一个名字为“PENGYOU”，在后面可以用这个名字定义结构体变量。

2. 建立链表

该程序中在单链表的第一个结点之前加了一个结点，称为“头结点”。加“头结点”的原因是为了方便操作。如果不加头结点，单链表的第一个结点的处理和其他结点是不同的，原因是第一个结点加入时链表为空，它没有直接前驱结点，它的地址就是整个链表的指针，需要放在链表的头指针变量中；而其他结点有直接前驱结点，其地址放入直接前驱结点的指针域。头结点的类型与数据结点一致，标识链表的头指针变量 h 中存放该结点的地址，这样即使是空表，头指针变量 h 也不为空。头结点的加入使得“第一个结点”的问题不再存在，也使得“空表”和“非空表”的处理一致。

头结点的加入完全是为了运算方便，它的数据域无定义，指针域中存放的是第一个数据结点的地址，空表时为空。在例 10-12 中定义了 ChuangJian 函数，该函数初始化并建立一个链表。

函数开始首先通过动态内存分配的方式创建“头结点”，创建成功后，该结点的数据被置为空，由于不能确认是否还有后续的结点，所有首先将“头结点”的 pXiaYige 指针设置为“空”(NULL)。这样就生成了一个“空链表”。这样的链表因为没有存储任何有效数据，实质上是不能使用的。

【提示】 写动态内存分配的程序应注意，请尽量对分配是否成功进行检测。

链表的“头结点”只需要创建一次，在例 10-12 的 main 函数中可以看出，只有指向链表头结点的指针 pTouJiedian 为 NULL 的情况下，才可以进入创建链表的 ChuangJian 函数。

在例 10-12 中，创建了头结点后，要求最少加入一个学生的信息，这样链表中就有了实际数据，可以使用了。在链表中每增加一个新的结点，通过动态内存分配的方式获取存储该结点的存储空间，要把该结点增加到链表的尾部，这时候指针变量 pJieWei 指向的结点就是新增结点的前一个结点，所以要执行 pJieWei－＞pXiaYige＝pXinJian，将新建的结点添加到链表中。完成添加后指针变量 pJieWei 指向的结点就不是该链表的最后一个结点了，pXinJian 这个结点是链表的最后一个结点，要注意修改指针变量 pJieWei 的指向，执行 pJieWei＝pXinJian 让它始终指向最后的一个结点。同时还要注意因为 pXinJian 结点是链表的最后一个结点，因此要执行 pXinJian－＞pXiaYige＝NULL 语句。

3. 链表的数据查找

对单链表进行查找的思路为:对单链表的结点依次扫描,检测其数据域是否是我们所要查找的值,若是返回该结点的指针,否则返回 NULL。

因为在单链表的链域中包含了后继结点的存储地址,所以当我们实现的时候,只要知道该单链表的头指针,即可依次对每个结点的数据域进行检测。

在例 10-12 中,JianSuo 函数完成了在链表中查找数据的功能。为了逐个获取链表中每个结点的数据,该函数需要不断从链表中取结点的内容,显然这是一个重复性操作的内容,需要用循环结构来解决。该函数使用了一个 while 循环结构,在开始循环之前,将查找的结点设置为“头结点”,当查找到需要的数据时,返回该结点的指针,如果查找到尾结点,则返回 NULL,告诉主调函数没有查找到需要的数据。

在循环体中设置了一个名为 pLinShi 的指针,该指针标记当前查找的结点位置。循环开始前,该结点指向“头结点”;在每次循环过程中,执行了 pLinShi=pLinShi->pXiaYige 语句后,指针变量 pLinShi 指向了链表中的下一个结点,如图 10-7 所示。

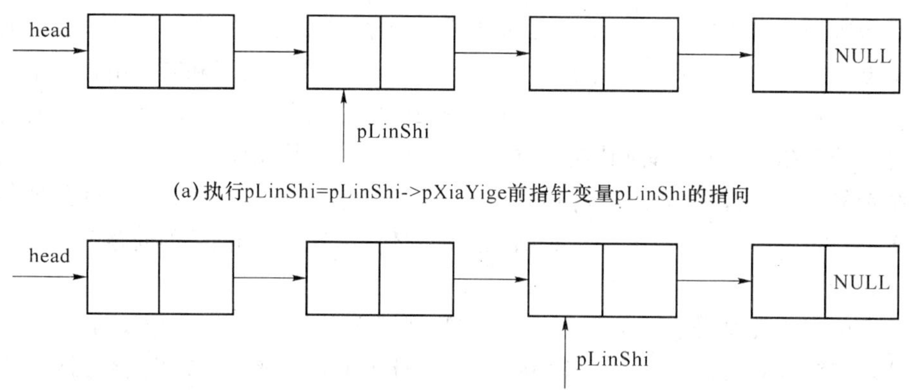

图 10-7　指针移动过程示意图

链表中的每个结点都是通过动态内存分配的方式创建的,所以它们在内存中的存储位置是不连续的,这是和前面讲到的用数组定义数据的不同之处。如果是定义了一个数组,则该数组中的所有元素占用一块连续的存储空间,且数组元素按下标递增次序存放。如果一个指针变量 pShuZu 指向了某个数组元素,则可以通过用 pShuZu++的运算让该指针执行下一个数组元素。而在上面的例子中可以看到,如果在链表中使用 pLinShi++的运算后,不能保证该指针变量指向下一个链表的结点,这时候这个指针变量就成了“野指针”,不能正常使用了。

4. 链表的数据插入

假设例 10-12 中建立的链表为一个班级中的 10 名同学的名字,现在如果该班又进入了一名同学,则需要将该新同学的名字加入到已经存在的某个同学的名字后面,即要对单链表进行插入操作。

设在一个单链表中存在两个个连续结点 pQian、pHou(其中 pQian 为 pHou 的直接前驱),若我们需要在 pQian、pHou 之间插入一个新结点 pXinZeng,那么我们必须先为 pXinZeng

分配存储空间并赋值，然后使 pQian 的链域存储 pXinZeng 的地址，pXinZeng 的链域存储 pHou 的地址，这样就完成了插入操作，如图 10-8 所示。

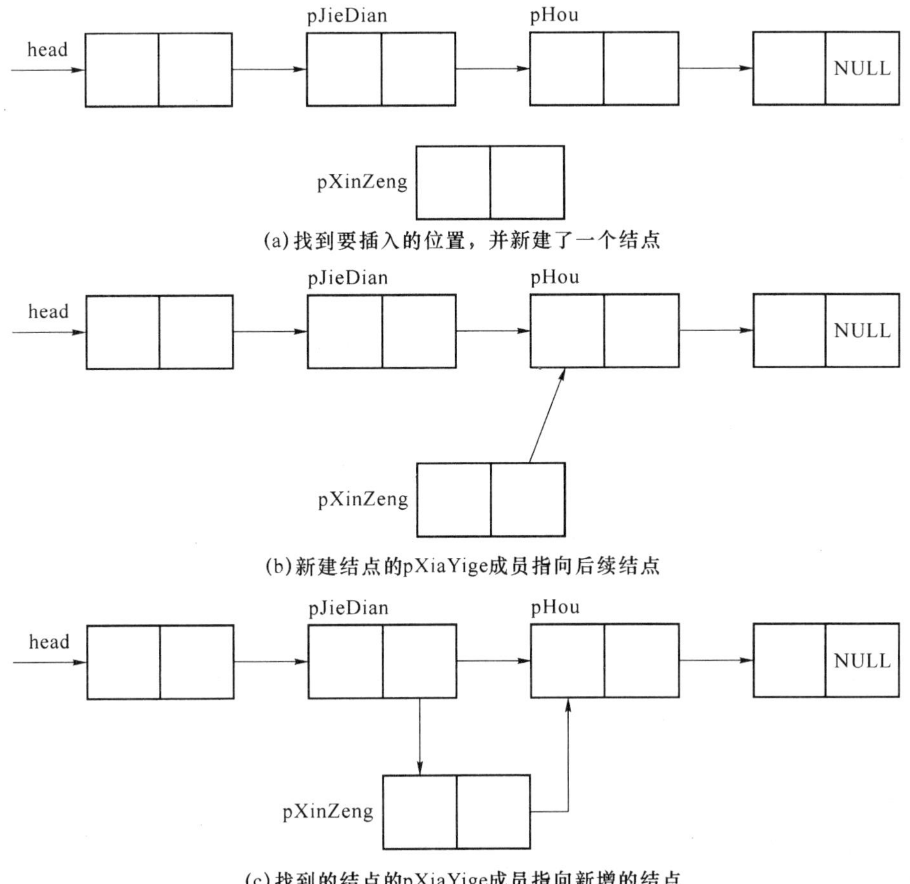

图 10-8 插入结点操作过程示意图

在例 10-12 中 ChaRu 函数的功能是在链表中插入一个新的结点。参数 pJieDian 为结构体类型的指针，pTouJiedian 是要插入的结点的前驱结点的指针。

在这里要求插入到某个学生的后面，所以要根据该学生的姓名获取他在链表中的位置，然后才能将新的学生的信息放在它的后面。为了能将这个新结点插入正确的位置，需要首先找到前驱结点的位置，然后再将新结点插入。调用 JianSuo 函数获取了前驱结点的指针。

插入一个结点的原则是：先连后断。按照上面给出的查找过程获得了前驱结点的指针 pJieDian（标记它的后续结点是 pHou）。在执行插入操作的时候，应该先将新增结点的 pXiaYige 成员指向 pJieDian 的后续结点 pHou，也就是 pXinZeng－>pXiaYige＝pJieDian－>pXiaYige，这样就将新增结点和后面的结点连接在了一起（当然，这种情况下 pXinZeng 和 pJieDian 两个结点都连接了 pHou 这个结点）。完成连接后，要将原来的结点断开，也就是拆开 pJieDian 和 pHou 的连接，让 pJieDian 这个结点和 pXinZeng 结点连接起来，执行 pJieDian－>pXiaYige＝pXinZeng，这样就建立了一个新的连接。经过上述两个连接操作后，pXinZeng 这个结点插入到链表中。

5. 链表的数据删除

有时我们需要使用单链表的删除操作，例如某班级调走了一名同学，则需要在班级名单中将该名同学删除。在例 10-12 的 ShanChu 函数中给出了删除结点操作，如图 10-9 所示。

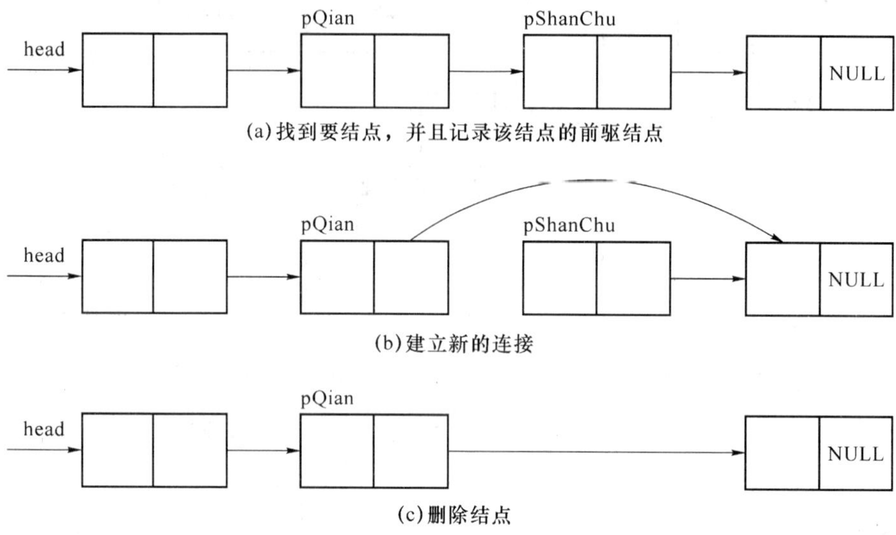

(a)找到要结点，并且记录该结点的前驱结点

(b)建立新的连接

(c)删除结点

图 10-9　删除一个结点操作过程示意图

根据给定的学号，从头结点开始逐一检查，如果某个结点的学号与要删除的学生的学号相同，则把该结点删除。为了能在删除结点后链表仍然保持完整性，在查找待删除结点的过程中，要保存它的前驱结点的指针。

链表删除结点的原则是：先接后删。从图 10-9 中可以看出，找到待删除结点 pShanChu 后，不能马上用 free 函数释放该结点所占用的内存空间，如果进行了 free 操作，则 pQian 结点的 pXiaYige 成员所指向的目标变量已经不存在了，这时候这个成员已经是一个“野指针”了。当然，只有 pShanChu 结点保存了它的后接的结点的地址信息，这样删除后，它后面的所有结点也不能查找到了。从图中可以看出，在找到待删除结点后，首先要做的一个工作是执行 pQian－>pXiaYige＝pShanChu－>pXiaYige，执行完该操作后，pQian 这个结点也连接了 pShanChu 结点的后接结点，当完成这个连接操作后，再删除 pShanChu 结点，整个链表仍然是完整的。

【提示】　删除结点的函数 ShanChu 中用到了 free 函数来释放删除结点占用的内存空间。

第11章 文　件

【本章要点】

- 什么是文件？
- 什么是文本文件与二进制文件？
- 如何打开和关闭文件？
- 如何对文件进行读/写操作？

在前面的章节中，大部分程序都需要从键盘输入数据，并且程序运行的结果都显示在屏幕上。在调试程序的过程中，每次运行程序都需要输入一次数据，而且想记录程序运行的结果，只能在纸上记录，这样就非常不方便。如果将需要输入的数据保存在磁盘上，程序每次运行的时候读取这些数据，就不用人工输入数据了。另外，如果能将程序的运行结果保存到磁盘上，在程序运行结束后，也可以随时查阅程序运行的情况了。这样的方式避免了重复性工作，会给编程者带来更多的便利。

11.1 文件类型

计算机信息系统中，根据信息的存储时间，可以分为临时性信息和永久性信息。简单来说，临时信息存储在计算机系统临时存储设备(例如存储在计算机内存)，这类信息随系统断电而丢失。永久性信息存储在计算机的永久性存储设备(例如存储在磁盘和光盘)。永久性的最小存储单元为文件，因此文件管理是计算机系统中的一个重要的问题。

按照信息在文件中保存的格式不同，可以将文件分为文本文件和二进制文件。

1. 文本文件

文本文件是一种典型的顺序文件，其文件的逻辑结构又属于流式文件。特别的是，文本文件是指以 ASCII 码方式(也称文本方式)存储的文件，更确切地说，英文、数字等字符存储的是 ASCII 码，而汉字存储的是机内码。文本文件中除了存储文件有效字符信息(包括能用 ASCII 码字符表示的回车、换行等信息)外，不能存储其他任何信息，因此文本文件不能存储声音、动画、图像、视频等信息。

由于结构简单，文本文件被广泛用于记录信息。它能够避免其他文件格式遇到的一些问题。此外，当文本文件中的部分信息出现错误时，往往能够比较容易地从错误中恢复出来，并继续处理其余的内容。

2. 二进制文件

如果将存储的信息严格按其在内存中的存储形式来保存，则称此类文件为二进制文件。二进制文件虽然也可在屏幕上显示，但其内容无法读懂。C 系统在处理这些文件时，并不区分类型，都看成是字符流，按字节进行处理。输入输出字符流的开始和结束只由程序控制而不受物理符号(如回车符)的控制。因此也把这种文件称作"流式文件"。文本或字符文件代表慢速设备，而二进制文件代表可以大块数据操作的快速外设，二进制文件内容基本无意义，系统对它不加解释地传给调用者，解释由调用者负责。而对字符文件，系统把他理解为单字节的 ASCII 或多字节的 UNICODE 字符串，并且对其中的特殊字符(如回车等)加以特殊处理，所以同一个文件，可以使用不同类型的系统调用。

例如，要保存一个 int 型数值 5678，这个数值在内存中占用 2 个字节，存储内容分别是：00010110、00101110。如果把这个数值保存在文本文件里，则需要占用 4 个字节的存储空间，保存数值的 4 位的 ASCII 码值，分别是 00110101、00110110、00110111、00111000。如果把这个数值保存在二进制文件里，则占用 2 个字节的存储空间，保存的内容就是该数值在内存中存储的 2 个字节的内容。

11.2 磁盘文件系统

目前 C 语言所使用的磁盘文件系统有两大类：一类称为缓冲文件系统，又称为标准文件系统；另一类称为非缓冲文件系统。

缓冲文件系统的特点是：系统自动地在内存区为每一个正在使用的文件开辟一个缓冲区。从磁盘向内存读入数据时，则一次从磁盘文件将一些数据输入到内存缓冲区(充满缓冲区)，然后再从缓冲区逐个地将数据送给接收变量；向磁盘文件输出数据时，先将数据送到内存中的缓冲区，装满缓冲区后才一起送到磁盘去。用缓冲区可以一次读入一批数据，或输出一批数据，而不是执行一次输入或输出函数就去访问一次磁盘，这样做的目的是减少对磁盘的实际读写次数，因为每一次读/写都要移动磁头并寻找磁道扇区，花费一定的时间。缓冲区的大小由各个具体的 C 版本确定，如图 11-1 所示。

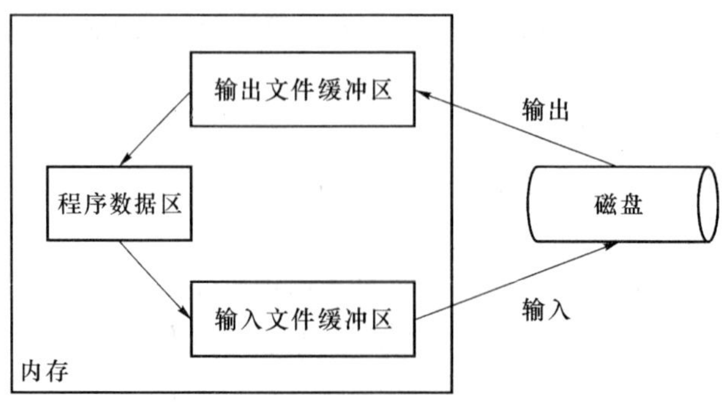

图 11-1　缓冲文件系统示意图

非缓冲文件系统不由系统自动设置缓冲区，而由用户自己根据需要设置。

在传统的 UNIX 系统下，用缓冲文件系统来处理文本文件，用非缓冲文件系统处理二进制文件。1983 年 ANSI C 标准决定不采用非缓冲文件系统，而只采用缓冲文件系统。即用缓冲文件系统处理文本文件，也用它来处理二进制文件。也就是将缓冲文件系统扩充为可以处理二进制文件。

一般把缓冲文件系统的输入/输出称为标准输入/输出（标准 I/O），非缓冲文件系统的输入/输出称为系统输入/输出（系统 I/O）。在 C 语言中，没有输入/输出语句，对文件的读/写都是用库函数来实现的。

【提示】 不要在同一个程序里混合使用两种不同的文件管理系统，因为它们调用文件的方式不同，可能会相互干扰。

11.3 文件类型指针

在使用缓冲文件系统时，每一个文件被打开或创建之后，必须用文件类型指针作为该文件的文件标识。在 C 语言的编译系统中都有文件结构类型 FILE 的定义，在程序设计中可以直接用 FILE 定义文件类型指针变量，定义文件类型指针变量的一般形式为：

```
FILE * 文件指针变量名;
```

【提示】 FILE 是结构体的名称，必须用大写。一定要定义该结构体类型的指针变量。例如，FILE *fp；其中，fp 是一个指向 FILE 类型结构的指针变量，通过文件指针变量能够找到与它相关的输出文件缓存区。

在 C 语言中，把文件看做一组字符或二进制数据的集合，也称为“数据流”。“数据流”的结束标志为－1，在 C 语言中，规定文件的结束标志为 EOF。EOF 为一符号常量，其定义在头文件“stdio. h”中。

11.4 文件打开与关闭

例 11-1 从键盘读取字符，并输出到“a. txt”文件中。（输入大写字母 Q 结束。）

```
#include <stdio.h>
#include <stdlib.h>
void main()
{
    FILE *fpWenJian;
    int nZhuangTai = 0;
    if((fpWenJian = fopen("c:\\a.txt","w+")) == NULL)
    {
        printf("DaKai WenJian ShiBai!\n");
        exit(0);
    }
```

```
        fprintf(fpWenJian,"%s","XieRu WenJian");
        nZhuangTai = fclose(fpWenJian);
        printf("%d",nZhuangTai);
    }
```

程序运行的结果是：

0

运行例 11-1 后，可以在计算机的 C 盘上查找到文件名为“a.txt”的文件，打开该文件查看文件内容可以看到文件中有“XieRu WenJian”这些文字。

在例 11-1 中演示了文件的打开和关闭，并向文件中写入了一段文字。进行文件处理时，首先要打开一个文件，其次对文件进行操作，最后在操作完成之后关闭文件。

1. 文件打开

在 C 语言中，文件的打开操作是通过 fopen 函数来实现的，此函数的声明在“stdio.h”中，原型如下：

```
FILE * fopen (const char * path,const char * mode);
```

函数形式参数说明如下：

const char * path ——文件名称，用字符串表示；

const char * mode ——文件打开方式，同样用字符串表示。

函数返回值——FILE 类型指针。如果运行成功，fopen 返回文件的地址，否则返 NULL。

【提示】 注意检测 fopen 函数的返回值，防止打开文件失败后，继续对文件进行读/写而出现严重错误。

文件名称一般要求为文件全名，文件全名由文件所在目录名加文件名构成。例如文件 8_4.C 存储在 C 驱动器的 temp 目录中，则文件所在目录名为“c:\temp”，文件名为“8_4.C”，文件全名为“c:\temp\8_4.C”。如果用字符串来存储文件全名，语句如下：

```
char szWenjianMing[256] ="c:\\temp\\8_4.c"
```

编译连接后形成可执行程序无论在什么目录下运行，都会准确的打开 C 盘 temp 目录下的 8_4.c 文件。

fopen 函数允许文件名称仅仅为文件名，那么此文件的目录名由系统自动确定，一般为系统的当前目录名。如果包括如下的程序语句：

```
fpFile = fopen ("8_4.c","w+");
```

则文件“8_4.c”的位置与程序编译后生成的可执行文件(.exe 文件)所在的目录有关。可执行文件运行后在当前目录下查找“8_4.c”文件，如果找不到该文件，则会自动创建一个同名文件。

【提示】 注意文件名称的格式要求路径的分割符为“\\”，而不是“\”，因为在 C 语言中“\\”代表字符\。例如“C:\\Test.dat”。

2. 文件打开模式

根据不同的需求，文件的打开方式有如下几种模式。

(1) 只读模式：只能从文件读取数据，也就是说只能使用读取数据的文件处理函数，同时要求文件本身已经存在。如果文件不存在，则 fopen 的返回值为 NULL，打开文件失败。

由于文件类型不同，只读模式有两种不同参数。“r”用于处理文本文件(例如.c 文件和.txt 文件)，“rb” 用于处理二进制文件(例如.exe 文件和.zip 文件)。

(2) 只写模式：只能向文件输出数据，也就是说只能使用写数据的文件处理函数。如果文件存在，则删除文件的全部内容，准备写入新的数据。如果文件不存在，则建立一个以当前文件名命名的文件。如果创建或打开成功，则 fopen 返回文件的地址。同样只写模式也有两种不同参数，“w”用于处理文本文件，“wb”用于处理二进制文件。

(3) 追加模式：一种特殊写模式。如果文件存在，则准备从文件的末端写入新的数据，文件原有的数据保持不变。如果此文件不存在，则建立一个以当前文件名命名的新文件。如果创建或打开成功，则 fopen 的返回此文件的地址。其中参数“a”用于处理文本文件，参数“ab”用于处理二进制文件。

(4) 读/写模式：可以向文件写数据，也可从文件读取数据。此模式下有如下的几个参数。“r+”和“rb”：要求文件已经存在，如果文件不存在，则打开文件失败。“w+”和“wb+”：如果文件已经存在，则删除当前文件的内容，然后对文件进行读/写操作；如果文件不存在，则建立新文件，开始对此文件进行读/写操作。“a+”和“ab+”：如果文件已经存在，则从当前文件末端的内容，然后对文件进行读/写操作；如果文件不存在，则建立新文件，然后对此文件进行读/写操作。

表 11-1 文件打开方式列表

char *mode	含义	注释
“r”	只读	打开文本文件，仅允许从文件读取数据
“w”	只写	打开文本文件，仅允许向文件输出数据
“a”	追加	打开文本文件，仅允许从文件尾部追加数据
“rb”	只读	打开二进制文件，仅允许从文件读取数据
“wb”	只写	打开二进制文件，仅允许向文件输出数据
“ab”	追加	打开二进制文件，仅允许从文件尾部追加数据
“r+”	读/写	打开文本文件，允许输入/输出数据到文件
“w+”	读/写	创建新文本文件，允许输入/输出数据到文件
“a+”	读/写	打开文本文件，允许输入/输出数据到文件
“rb+”	读/写	打开二进制文件，允许输入/输出数据到文件

【提示】 注意，文件打开模式参数为字符串，不是字符。另外，对不同的操作系统或不同的 C 语言编译器，文件打开模式参数可能不同。

3. 文件关闭

在 C 语言中，文件的关闭是通过 fclose 函数来实现。此函数的声明在“stdio.h”中，原型如下：

```
int fclose (FILE * stream);
```

函数形式参数说明如下：

FILE * stream ——打开文件的地址。

函数返回值 ——int 类型，如果为 0，则表示文件关闭成功，否则表示失败。

文件处理完成后,最后的一步操作是关闭文件,保证所有数据已经正确读写完毕,并清理与当前文件相关的内存空间。在关闭文件之后,不可以再对文件进行读/写操作,除非再重新打开文件。

【提示】 在执行文件写的过程中,首先将内容写入文件缓冲区,然后由系统将缓冲区的内容写入磁盘文件。在退出前,一定要执行文件关闭操作,否则可能会出现文件缓冲区的内容没有写入磁盘文件的情况,造成数据丢失。

11.5 文件读/写

文件打开之后,就可以进行读/写操作。文件的读/写操作通过一组库函数实现,分为读函数和写函数。

1. 字符的读/写

例 11-2 从键盘读取字符,并输出到"a. txt"文件中。(输入大写字母 Q 结束)

```
#include <stdio.h>
#include <stdlib.h>
void main()
{
      FILE *fpWenJian;
      char cLinShi;
      if((fpWenJian = fopen("c:\\test.txt","w")) == NULL)
      {
            printf("DaKai WenJian ShiBai!\n");
            exit(0);
      }
      while((cLinShi = getchar())!= 'Q')
            fputc(cLinShi,fpWenJian);
      fclose(fpWenJian);
}
```

程序运行的结果是:

```
This is a test txt file!
Ok!
Q
```

fputc 与 fgetc 函数和标准输入/输出函数 getchar 与 putchar 类似,其在"stdio. h"中的原型如下:

```
int fputc (int c,FILE *stream);
int fgetc (FILE *stream);
```

fputc 函数的作用是从当前文件位置开始向文件输出一个字符。函数形式参数说明如下:

int c——准备输出的字符。

FILE *stream——文件地址,为 FILE *类型变量。

函数返回值——int 类型。如果返回值为－1(EOF)，则表示字符输出失败，否则返回值为 c，即与输出的字符相等。

fgetc 函数的作用是从当前文件位置读取一个字符。函数形式参数说明如下：

FILE * stream——用读写模式和只读模式打开的文件地址，为 FILE * 类型变量。

函数返回值——int 类型。如果返回值为－1，表示已经读到文件末尾，否则返回读到的字符。

在 DOS 操作系统中，用"Type"指令显示文本文件的内容，请阅读下面的程序。

例 11-3 读出文本文件的内容，并在屏幕上输出。

```
#include <stdio.h>
#include <stdlib.h>
void main()
{
    FILE *fpWenJian;
    char szWenjianMing[20];
    char cLinShi;
    printf("Qing ShuRu WenjianMing:\n");
    scanf("%s",szWenjianMing);
    if((fpWenJian = fopen(szWenjianMing,"r")) == NULL)
    {
        printf("DaKai WenJian ShiBai!\n");
        exit(0);
    }
    while((cLinShi = fgetc(fpWenJian))!= EOF)
        putchar(cLinShi);
    fclose(fpWenJian);
}
```

程序运行的结果是：

```
Qing ShuRu WenjianMing:c:\test.txt
This is a test txt file!
Ok!
```

在 DOS 操作系统中另外常用的一个指令是文件复制指令"Copy"指令，请阅读下面的程序。

例 11-4 编写一个文本文件复制的程序。

```
#include <stdio.h>
#include <stdlib.h>
void main()
{
    FILE *fpYuan, *fpMuBiao;
    char szYuan[20];
    char szMuBiao[20];
    int c;
    printf("Qing ShuRu YuanShi WenjianMing:");
```

```
        scanf(" % s",szYuan);
        printf("Qing ShuRu MuBiao WenjianMing:");
        scanf(" % s",szMuBiao);
        if((fpYuan = fopen(szYuan,"r")) == NULL)
        {
            printf("DaKai WenJian ShiBai! \n");
            exit(0);
        }
        if((fpMuBiao = fopen(szMuBiao,"w")) == NULL)
        {
            printf("DaKai WenJian ShiBai! \n");
            exit(0);
        }
        while((c = fgetc(fpYuan))! = EOF)
            fputc(c,fpMuBiao);
        fclose(fpYuan);
        fclose(fpMuBiao);
}
```

程序运行的结果是：

```
Qing ShuRu YuanShi WenjianMing:c:\a.txt
Qing ShuRu MuBiao WenjianMing:c:\b.txt
```

例 11-4 同样可以完成非文本文件的复制功能，请读者自己测试。

2. 格式化读/写

例 11-5 从键盘读入 3 位同学的姓名、数学成绩、物理成绩和化学成绩，并计算总分后输出到文本文件“student.dat”中。

```
#include <stdio.h>
#include <stdlib.h>
typedef struct {
    float fWuLi,fGaoShu,fHuaXue;
    float fZongFen;
    char szXingMing[20];
}XUESHENG;
void main()
{
    FILE * fpWenJian;
    XUESHENG struXueSheng;
    int i;
    if((fpWenJian = fopen("student.dat","w")) == NULL)
    {
        printf("DaKai WenJian ShiBai! \n");
        exit(0);
    }
```

```
    printf("XingMing\tWuLi\tShuXue\tHuaXue\n");
    for(i = 0;i<3;i ++ )
    {
        scanf(" % s % f % f % f",struXueSheng. szXingMing,&struXueSheng. fWuLi, &struXueSheng.
fGaoShu,&struXueSheng. fHuaXue);
        struXueSheng. fZongFen = struXueSheng. fWuLi + struXueSheng. fGaoShu + struXueSheng.
fHuaXue;
        fprintf(fpWenJian," % s\t % 2. 2f\t % 2. 2f\t % 2. 2f\t % 2. 2f\n",struXueSheng. szXing-
Ming,struXueSheng. fWuLi,struXueSheng. fGaoShu,struXueSheng. fHuaXue,struXueSheng. fZongFen);
    }
    fclose(fpWenJian);
    if((fpWenJian = fopen("student. dat","r")) = = NULL)
    {
        printf("DaKai WenJian ShiBai! \n");
        exit(0);
    }
    printf("XingMing\tWuLi\tShuXue\tHuaXue\tZongFen\n");
    while(! feof(fpWenJian))
    {
        fscanf(fpWenJian," % s % f % f % f % f",struXueSheng. szXingMing,&struXueSheng. fWuLi,
&struXueSheng. fGaoShu,&struXueSheng. fHuaXue,&struXueSheng. fZongFen);
        printf(" % s\t % 2.2f\t\t % 2. 2f\t % 2. 2f\t % 2. 2f\n",struXueSheng. szXingMing,struX-
ueSheng. fWuLi,struXueSheng. fGaoShu,struXueSheng. fHuaXue,struXueSheng. fZongFen);
    }
}
```

程序运行的结果是：

```
XingMing   WuLi   ShuXue   HuaXue
zhangsan   67.5 78   89
lisi   66 77 88
wangwu   87 98.5 76
XingMing   WuLi   ShuXue   HuaXue
zhangsan   67.50   78.00   89.00   234.50
lisi   66.00   77.00   88.00   231.00
wangwu   87.00   98.50   76.00   261.50
```

文件输入/输出函数中提供了与 scanf 和 printf 类似的函数——fscanf 和 fprintf，其在“stdio. h”中的原型如下：

```
int fprintf (FILE * stream,const char * format,…);
int fscanf (FILE * stream,const char * format,…);
```

对比：

```
int printf (const char * format,…);
int scanf (const char * format,…);
```

可以发现，文件输入/输出函数中仅仅多了形式参数 FILE * stream，即文件地址，其他的形式参数完全相同。例如：

scanf("%d",&d)的作用是从键盘中读取一个整型数据到变量 d 中；

fscanf(stream,"%d",&d) 的作用是从当前打开的文件中读取一个整型数据到变量 d 中。

3. 字符串的读/写

例 11-6 从键盘读取字符,并输出到"a. txt"文件中。(输入空行结束)

```
#include <stdio.h>
#include <stdlib.h>
void main()
{
    FILE *fpXie, *fpDu;
    char cLinShi[1024];
    if((fpXie = fopen("c:\\a.txt","w")) == NULL)
    {
        printf("DaKai WenJian ShiBai!\n");
        exit(0);
    }
    do {
        int nChangDu;
        gets(cLinShi);
        nChangDu = strlen(cLinShi);
        if (nChangDu == 0) {
            break;
        }
        fputs(cLinShi,fpXie);
        fputc('\n',fpXie);
    } while(1);
    fclose(fpXie);

    if((fpDu = fopen("c:\\a.txt","r")) == NULL)
    {
        printf("DaKai WenJian ShiBai!\n");
        exit(0);
    }
    while (NULL! = fgets(cLinShi,1024,fpDu)) {
        puts(cLinShi);
    }
    fclose(fpDu);
}
```

例 11-6 将从键盘读入的内容保存到数据文件中,然后再从文件中读取内容显示到屏幕上。在本例中用到了文件输入/输出函数 fgets 和 fputs,这两个函数与前面用过的字符串输入输出函数 gets 与 fputs 非常类似,其原型如下：

```
char * fgets (char *s,int n,FILE *stream);
```

```
int fputs (const char * s,FILE * stream);
```

fgets 函数的形式参数如下：

char * s——有效内存地址，以便可以存储从文件读取的字符串；

int n——读取字符串的长度，确定从文件中读取多少个字符。实质上，此函数从文件中读取 $n-1$ 个字符到当前的字符串中，然后自动添加字符串结束符'\0'。但是如果此文件中一行长度小于 n，则到此行的换行符为止，并将此换行符读取到字符串中；

FILE * stream——文件地址。

函数返回值——字符串首地址，如果函数运行成功，则返回 s 的值；否则则返回 NULL。

fputs 函数的形式参数如下：

const char * s——有效的字符串，此字符串中不包括'\n'；

int n——字符串长度。实质上，在向文件输出信息时，并不输出'\0'；

FILE * stream——文件地址；

函数返回值——整型数据，如果函数运行成功，则返回 0；否则返回 EOF。

第12章 深入讨论函数与程序结构

【本章要点】

- 了解递归函数与递归调用。
- 了解内部函数与外部函数。
- 了解编译预处理。

在第 6 章中，我们讨论了函数的相关问题，在本章里，我们对函数的其他问题进行深入讨论。

12.1 函数的递归调用

C 允许一个函数调用其自身。这种调用过程被称为递归(recursion)。递归一般可以代替循环语句使用，有些情况下使用循环语句比较好，而有些时候使用递归更有效。

12.1.1 编写递归函数求 n!

让我们看看如何用递归函数实现例 6-1 的程序。

例 12-1 求 4!。要求：用递归函数求阶乘，在主函数中调用阶乘函数。

```
#include <stdio.h>
void main()
{
long JieCheng (int);      /* 对函数进行声明 */
printf("4! = %ld\n",JieCheng (4));
}


long JieCheng(int nCanShu)
{
long nJieGuo;
if(nCanShu>1)
   nJieGuo = num * JieCheng (nCanShu - 1);
else
```

```
    nJieGuo = 1;
  return nJieGuo;
  }
```

程序运行的结果是：

```
4! = 24
```

在例 12-1 中定义的 JieCheng 函数和我们前面各章节定义的函数有所不同，在这个函数的函数体里，语句 nJieGuo＝num ∗ JieCheng (nCanShu -1)；调用了自己，这种调用方式我们称之为“递归调用”，有递归调用的函数我们称之为“递归函数”。

请在 JieCheng 函数的函数体首行设置一个断点，添加 main 函数和 JieCheng 函数中定义的所有变量到查看变量列表里，然后用单步运行方式执行该程序。

和程序 6-1 中用循环实现阶乘计算做比较，我们可以看出程序有如下的特点：

• 例 12-1 利用了 n！＝n ∗ (n－1)！，这个算法决定了本程序可以采用递归的方法。

• 递归必须在某个地方结束，在本例中，在 *n* 为 1 时，把返回值设为 1，从而达到结束递归的目的。

在程序运行过程中，虽然在 main 函数中只调用一次 JieCheng 函数，但在 JieCheng 函数的运行过程中，却又调用了 3 次 JieCheng 函数。运行过程如图 12-1 所示。

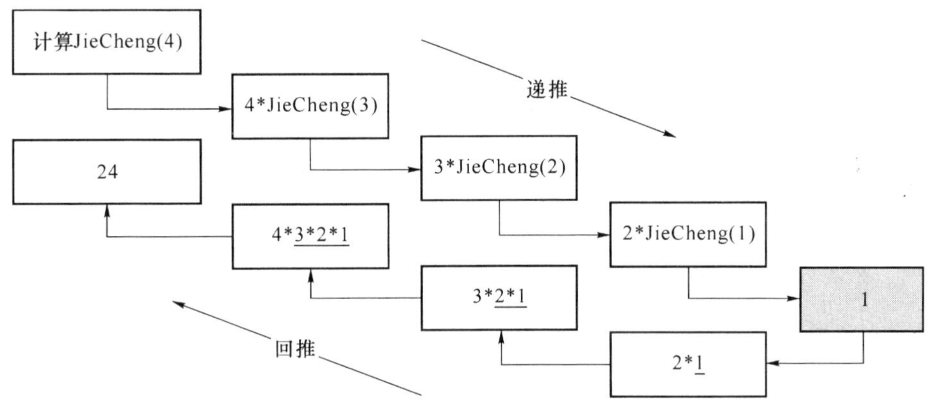

图 12-1 递归函数运行过程

从图 12-1 中可以看出，如果要计算 JieCheng(4)的返回值，就必须知道 JieCheng(3)的值，所以必须先计算 JieCheng(3)的值才能求 JieCheng(4)的值。当 JieCheng(4)用递归调用的方法调用自己，来计算 JieCheng(3)的值的时候，JieCheng(4)的运行并没有终止，而是这个时候 JieCheng(4)变成了主调函数，JieCheng(3)变成了被调函数，程序停留在 JieCheng(4)里调用 JieCheng(3)的位置，转去执行 JieCheng(3)。实际上在计算机里同时运行了 main 函数、JieCheng(4)函数和 JieCheng(3)函数，虽然 JieCheng(4)和 JieCheng(3)的代码相同、变量名相同，但属于不同的函数体、不同的参数和不同的变量，因此不会发生冲突。如此方式依次递归下去，直到调用 JieCheng(1)函数的时候，程序中实际是有 5 个函数在运行，包括 main 函数和 4 个 JieCheng 函数。

当调用 JieCheng(1)函数，形参变量 nCanShu 的取值为 1，在函数体的选择结构中执行 else 选项，不再调用 JieCheng 函数了，就是不必再继续递归调用下去了，就是得到了函数 JieCheng(1)的值，函数执行返回操作，撤销了在 JieCheng(1)执行过程中分配的存储空间，并将返回值带入 JieCheng(2)函数中。因为此时 JieCheng(1)函数的调用已经结束,所以程序中就只有 main 函数和 3 个 JieCheng()在运行了。

因为已经获得了 JieCheng(1)的返回值,所以 JieCheng(2)函数的 nJieGuo＝num * JieCheng (nCanShu－1);语句也可以计算出变量 nJieGuo 的数值,然后同样执行函数调用的返回操作。按照这种方法不断地返回,每次返回过程中都会结束一个调用的 JieCheng()函数,直到最终运行到 JieCheng(4)的 nJieGuo＝num * JieCheng (nCanShu－1);语句后,函数 JieCheng(4)执行返回操作,返回到主函数 main。

在每次调用 JieCheng 函数的时候,注意观查形参 nCanShu 的取值,可以看到,每次调用 JieCheng 函数的时候,都要分配形参 nCanShu 的存储空间,并且每次实参(nCanShu－1)向新的形参 nCanShu 传递的数值都是不同的。

【提示】 递归函数的每次调用都会有保护现场和分配局部变量存储空间的过程,所以随着递归调用深度的增加,可能会造成内存开销的急剧增加。

从例 12-1 的运行过程,我们可以看到递归函数有以下几个特点:

(1) 每一级函数调用时都有自己的变量。

(2) 每一次调用都会有一次返回。

(3) 递归函数中,位于递归调用前的语句和各级被调用函数具有相同的执行顺序。

(4) 递归函数中,位于递归调用后的语句的执行顺序和各个被调用函数的顺序相反。

(5) 虽然每一级递归都有自己的变量,但是函数代码并不会得到复制。

(6) 最后,递归函数中必须包含可以终止递归调用的语句。

1. 斐波那契数列

例 12-2 编写函数求斐波那契数列。

斐波那契数列是这样定义的:$f(n)=\begin{cases} f(n-1)+f(n-2) & n>2 \\ 1 & 1\leqslant n\leqslant 2 \end{cases}$

```
#include <stdio.h>
int fib(int nCanShu)
{
int nJieGuo;
if(nCanShu>2)
   nJieGuo = fib (nCanShu - 1) + fib (nCanShu - 2);
else
   nJieGuo = 1;
return nJieGuo;
}
void main()
{
int i,nXiangShu;
printf("Qing ShuRu XiangShu:");
scanf(" %d",& nXiangShu);
for(i = 1; i<= nXiangShu; i ++ )
{
```

```
        printf("f[%d]=%d\n",i,fib(i));
    }
}
```

程序运行的结果是：

```
Qing ShuRu XiangShu:10<BR>
f[1]=1
f[2]=1
f[3]=2
f[4]=3
f[5]=5
```

在例 12-2 中，函数 fib 中两次调用了自己。请在该函数的适当位置设置断点，观察变量的情况。

2. 汉诺塔问题

例 12-3　汉诺塔源于西藏喇嘛教。有一个传说，有三根针，一根针有 64 片大小递增的小盘子。如果能够把盘子这一根针全部移到另一根针上，那么地球就将毁灭。移动规则很简单，一次只能移一片，可以移动到其他的两根针上，但小的盘子不能放在大的盘子上面。庙里的喇嘛为了这个万恶的世界早些毁灭(因为大毁灭之后就是新生)，日夜不停移动着盘子。

```
#include <stdio.h>
void HanNuoTa(int nShuLiang,char cYuan,char cMuBiao,char cZhongJian)
{
if(1==nShuLiang)
{/*只有一个盘子了,完成了从原来位置到目标位置的移动*/
    printf("%c-->%c\n",cYuan,cMuBiao);
}
else
{
    HanNuoTa(nShuLiang-1,cYuan,cZhongJian,cMuBiao);
    printf("%c-->%c\n",cYuan,cMuBiao);
    HanNuoTa(nShuLiang-1,cZhongJian,cMuBiao,cYuan);
}
}
void main()
{
int nZongShu;
printf("Qing ShuRu PanZi Shu:");
scanf("%d",&nZongShu);
printf("XianZai You %d Ge PanZi.",nZongShu);
HanNuoTa(nZongShu,'a','b','c');
}
```

程序运行的结果是：

```
Qing ShuRu PanZi Shu:
3<CR>
```

```
XianZai You 3 Ge PanZi.
a --> b
a --> c
b --> c
a --> b
c --> a
c --> b
a --> b
```

解决这个问题可以考虑如下的方法：考虑当前 64 个盘子当前都放在编号为'a'的针上，要把它们按照规则全部移动到编号为'b'的针上，这个工作分以下的步骤完成。

喇嘛甲找到喇嘛乙，给他布置的任务是把上面的 63 个盘子移动到编号为'c'的针上。

当然，喇嘛乙也不会自己一个人完成这个艰巨的任务，他找来了喇嘛丙，要求他把上面的 62 个盘子从'a'针移动到'b'针。

喇嘛丙接到任务后，找到了喇嘛丁，让他把上面 61 个盘子移动到'c'针上。

……

喇嘛 N 接到的任务是将最上面 2 个盘子移动到另外一个针上，他找来了喇嘛 $N+1$，要求他将第一个盘子移动到另外一根针上。

喇嘛 $N+1$ 移动了盘子，然后向喇嘛 N 汇报"已经完成规定的工作"。

喇嘛 N 接到消息后，将第 2 个盘子移动到一个针上，然后让喇嘛 $N+1$ 将移动走的那个盘子放在这个盘子的上面，完成工作后向喇嘛 $N-1$ 汇报"已经完成规定的工作"。

……

当喇嘛丙完成任务后，喇嘛乙将 63 号盘子移动到'c'号针，然后再要求喇嘛丙将'b'号针上的 62 个盘子移动到'c'号针。所有工作完成后，喇嘛乙向喇嘛甲汇报"已经完成了规定的工作"。

喇嘛甲接到喇嘛乙完成任务的消息后，喇嘛甲将第 64 个盘子搬到编号为'b'的针上，然后再让喇嘛乙将 63 个盘子从编号为'c'的针上搬到编号为'b'的针上就可以了。

从上述的过程中可以看出，每个参与这些工作的喇嘛其实完成了如下的 3 个步骤的工作：

将 $n-1$ 个盘子从'a'搬动到'c'；

将第 n 个盘子从'a'搬动到'b'；

将 $n-1$ 个盘子从'c'搬动到'b'。

在程序运行的过程中，我们输入了数字 3，查看如果是 3 层的汉诺塔，按照规则完成一次搬动所经历的过程。

听了汉诺塔的故事后，请不要试图去找到在西藏的哪个庙的喇嘛在做这个事情，并阻止他们搬动盘子的工作。从科学的角度来看，哪怕喇嘛们的动作快到了每秒移动一个盘子，那么他们也将需要($2^{64}-1$)秒，大概是 10^{11} 年，这比地球的年龄还要长！从现代物理知识来看，这个时间地球也早就毁灭了。几百亿年以后要发生的事，我们大可不用惊慌。

12.1.2　迭代和递归

例 12-4　有一头母牛，从出生 4 年后开始每年生一头母牛，按照此规律问 n 年后有几头母牛？

分析：当年的牛＝去年的牛＋当年出生的新牛

当年出生的新牛＝生第一胎的牛及比她大的牛所生＝4 年前母牛的总数

```
#include <stdio.h>
#define ZONGNIANSHU 4
DiGui(int nNianFen)
{
    if(nNianFen<=4)
        return 1;
    return DiGui(nNianFen-1)+DiGui(nNianFen-4);
}

DieDai (int nNianFen)
{
    int i,nShuLiang[ZONGNIANSHU]={1,1,1,1};
    if(nNianFen<=4)
        return nShuLiang[nNianFen];
    for(i=5;i<=nNianFen;i++)
    {
        nShuLiang[i]=nShuLiang[i-1]+nShuLiang[i-4];
    }
    return nShuLiang[nNianFen];
}

void main()
{
    printf("DiGui: %d\n",DiGui(8));
    printf("DieDai: %d\n",DieDai(8));
}
```

程序运行的结果是：

```
DiGui:10
DieDai:10
```

在例 12-4 中，分别用递归算法和迭代算法解决了同一个问题。将迭代程序和递归程序比较，可以看出：

迭代和递归都是建立在控制结构的基础上的。迭代使用的是循环结构，递归使用的是选择结构；迭代和递归都用到了循环结构。迭代明确地使用循环结构，而递归则是通过反复调用函数实现循环的。迭代和递归都用到了终止条件测试。迭代是在继续循环的条件为假时结束的，递归是在到达基本实例时终止的。递归和用计数器控制的迭代循环都是渐进到达终止条件的。迭代不断地修改计数器的值直到使继续循环的条件为假，递归不断简化原始问题直到实现基本实例为止。迭代和递归都可能是无限的。如果继续循环的条件永远也不会为假，那么这种迭代就会成为无限循环；如果每次递归都不能以逐步靠近基本实例的方式使问题简化，那么这种递归就会成为无限递归。

任何能够用递归解决的问题都能用迭代的方法解决。如果使用递归能够更自然地反映解决问题的过程并且能够易于理解和调试程序，通常优先选用递归。然而在对程序性能要求比较高的时候应该尽量避免使用递归，大量使用递归调用会占有处理器很多时间和大量内存。

12.2 带参的 main 函数

例 12-5 运行下面的程序。

```
main(int argc,char * argv[])
{
    int i;
    printf("\nGongYou %d Ge CanShu",argc);
    for(i = 0; i<argc; i++)
    {
        printf("\nDi %d Ge CanShu Shi: %s ",i+1,argv[i]);
    }
}
```

如果编译后的 exe 文件名称为 test，在 DOS 下运行 C:\TC\test how are you，结果输出：

```
GongYou 4 Ge CanShu
Di 1 Ge CanShu Shi:C:\TC\test.exe
Di 2 Ge CanShu Shi:how
Di 3 Ge CanShu Shi:are
Di 4 Ge CanShu Shi:you
```

在以前的例子中，main 函数的形式参数列表都是空的。实际上，main 函数也可以带参数。带参数 main 函数的定义格式如下：

```
void main(int argc,char * argv[])
{
……
}
```

argc 和 argv 是 main 函数的形式参数。这两个形式参数的类型是系统规定的。如果 main 函数要带参数，就是这两个类型的参数；否则 main 函数就没有参数。变量名称 argc 和 argv 是常规的名称，当然也可以换成其他名称。

那么，实际参数是如何传递给 main 函数的 argc 和 argv 的呢？我们知道，C 程序在编译和链接后，都生成一个 exe 文件，执行该 exe 文件时，可以直接执行；也可以在命令行下带参数执行，命令行执行的形式为：

可执行文件名称 参数 1 参数 2 …… 参数 n

可执行文件名称和参数、参数之间均使用空格隔开。例如，我们在 DOS 下运行 copy c:\test.txt d:\test.txt，可执行文件名称为 copy，参数 1 为字符串“c:\test.txt”，参数 2 为“d:\test.txt”。结果 copy 命令将 c:\test.txt 复制到 d 盘，目标文件取为 test.txt。

如果按照这种方法执行，命令行字符串将作为实际参数传递给 main 函数。具体为：

(1) 可执行文件名称和所有参数的个数之和传递给 argc；

(2) 可执行文件名称(包括路径名称)作为一个字符串，首地址被赋给 argv[0]，参数 1 也作为一个字符串，首地址被赋给 argv[1]……依此类推。

例如，现在运行命令行(test 是编译后的 exe 文件名称)：

```
C:\TC\test how are you
```

那么 test 工程的 main 函数参数 argc=4；

argv[0]将保存字符串"C:\TC\test"的首地址；

argv[1]将保存字符串"how"的首地址；

argv[2]将保存字符串"are"的首地址；

argv[3]将保存字符串"you"的首地址；

我们也可以在调试状态下输入命令行参数，方法是：在 Turbo C 的 Options 菜单下有一个子菜单 Arguments，选择该项并确定，弹出输入窗口。在输入窗口键入命令行参数即可。比如要调试上述的 test，可以在输入窗口键入 how are you。在调试过程中，可执行文件名称和参数字符串将被传递给 main 函数的形式参数。

在 DOS 系统下，人们常常希望在运行 exe 的同时，传递一些有用的信息。例如 copy.exe，运行时将源文件名称和目的文件名称作为参数传入。利用指针数组 argv 作为 main 函数的形式参数，可以满足这种需要。

12.3 内部函数和外部函数

当一个源程序由多个源文件组成时，C 语言根据函数能否被其他源文件中的函数调用，将函数分为内部函数和外部函数。

12.3.1 内部函数

一个函数仅在被定义的源文件内可见，而不能被源文件外的其他函数调用，那么这种函数就是内部函数。其定义形式为：

```
static [数据类型] 函数名([形参表])
```

内部函数也称为静态函数。这里的 static 已经不是指存储类型了，而是指对函数的作用范围的一个限定：该函数的作用范围局限于所处的源文件。所以，在不同的源文件中如果定义了名字相同的静态函数是不能引起混乱的。

12.3.2 外部函数

如果一个函数可以被一个源程序内所有的源文件定义的函数调用，则这种函数称为外部函数，即外部函数在整个源程序中都有效，它具有全局生存期。其定义的形式为：

```
extern [数据类型] 函数名([形参表])
```

此前我们定义的函数都没有定义作用范围属性，那是因为函数默认的说明就是 extern 类型的。

12.4 编译预处理

软件工程中一个非常重要的问题是软件的可移植和可重用问题，例如在微机平台上开发的程序需要顺利的移植到大型计算机上去运行，同一套代码不加修改或经过少量的修改即可适应多种计算机系统。C语言作为软件工程中广泛使用的一门程序设计语言，需要很好地解决此类问题。为此C语言引入了预编译处理命令，主要规范和统一不同编译器的指令集合。通过这些指令，控制编译器对不同的代码段进行编译处理，从而生成针对不同条件的计算机程序。

为了与一般C语言的语句相区别，预处理指令都以"#"开头，末尾不加分号。虽然它们不是C语言的组成部分，但是合理使用预处理功能编写的程序便于阅读、修改、调试和移植，有利于提高代码效率和模块化设计，是C语言的一个重要特点。

C语言中的编译预处理指令包括：宏定义、文件包含和条件编译。

12.4.1 宏定义

宏定义就是用一个指定的标识符来代表一个字符串。宏定义有两种形式：不带参数的宏定义和带参数的宏定义。宏定义通过宏定义命令#define来实现。

1. 不带参数的宏定义

例12-6 读程序，写结果。

```
#include "stdio.h"
#define N 3 + 4
void main()
{
      int nShu1,nShu2;
      nShu1 = 2 * N;
      nShu2 = 2 * (N);
      printf("Shu1: % d Sh2: % d\n",nShu1,nShu2);
}
```

程序运行的结果是：

```
Shu1:10 Sh2:14
```

宏定义又称为宏代换、宏替换，简称"宏"。宏定义的格式：

```
#define 标识符 字符串
```

宏定义就是用一个简单的名字来代替一个长的字符串。其中：标识符称为"宏名"，字符串可以用引号括起来，也可以不用引号括起来，但两者有区别；#define称为"宏定义命令"；在编译预处理时将宏名替换成字符串的过程称为"宏展开"。

对比例12-5的运行结果可以看出：宏展开就是简单的字符替换过程，不进行任何计算，也不作语法检查。例12-5中main函数里的第一个表达式"nShu1＝2 * N;"进行宏替换后变成"nShu1＝2 * 3＋4;"，表达式的运行结果是给变量nShu1赋值为10。请读者自己分析另外一个表达式的运行情况。

在使用宏定义的时候，要注意下面几个问题：

(1) 宏名一般用大写；

(2) 宏定义末尾不加分号";"，如果增加了分号，会讲分号作为宏体的一部分在程序编译前进行替换；

(3) 可以用#undef命令终止宏定义的作用域；

(4) 宏定义可以嵌套；

(5) 用双引号括起来的字符串中的字符，即使与宏名相同，也不做替换；

(6) 宏定义不分配内存，变量定义分配内存。

例 12-7 读程序，写结果。

```
#include "stdio.h"

#define N 3;

void main()
{
    int nShu;
    nShu = 2 * N + 1;
    printf("Shu: %d\n",nShu);
}
```

请上机调试例12-7，编译系统会提示错误，请读者自己检查错误之处，并修改程序可以运行得出正确结果。

例 12-8 读程序，写结果。

```
#include "stdafx.h"

#define PI 3.14159
#define R 10.0
#define L 2 * PI * R
#define S PI * R * R
#define V 4.0/3.0 * PI * R * R * R

void main()
{
    printf("L = %.2f\n",L);
    printf("S = %.2f\n",S);
    printf("V = %.2f\n",V);
}
```

程序运行的结果是：

```
L = 62.8318
S = 314.159
V = 4188.79
```

在例12-8中给出了嵌套的宏定义。在使用宏的嵌套定义时，更要注意进行"宏展开"后不要出现语法错误。

2. 带参数的宏定义

例 12-9 读程序,写结果。

```
#include "stdafx.h"

#define JiaFa(a,b) a * b

double HanShu(double a,double b)
{
    return a * b;
}

void main()
{
    double fShu1 = 3;
    double fJieGuo1,fJieGuo2,fJieGuo3;
    fJieGuo1 = JiaFa(fShu1,2);
    fJieGuo2 = JiaFa(fShu1 + 1,2);
    fJieGuo3 = HanShu(fShu1 + 1,2);
    printf("JieGuo1 = %.2f,JieGuo1 = %.2f,JieGuo3 = %.2f",fJieGuo1,fJieGuo2,fJieGuo3);
}
```

程序运行的结果是:

```
JieGuo1 = 6.00,JieGuo1 = 5.00,JieGuo3 = 8.00
```

在例 12-9 中,定义了一个函数,又定义了一个带参数的宏。

带参数的宏定义命令的一般格式为:

```
#define 标识符(参数表) 字符串
```

字符串中包含在括号内的参数,称为形参,以后在程序中它们将被实参替换。

带参数的宏定义可以实现的功能:将带形参的字符串定义为一个带形参的宏名。在程序中如果有带实参的宏名,则按#define 命令行中指定的字符串进行替换,并用实参替换形参,这被称为"宏调用"。

注意例 12-9 中两次执行"宏调用"后不同的运行结果。和上面提到的"宏展开"有相似之处,"宏调用"也是进行字符替换,只不过是用给定的宏调用实参替换宏体里的形参。因此在例 12-9 中,对表达式"fJieGuo2=JiaFa(fShu1+1,2);"进行替换后的结果是"fJieGuo2 = fShu1+1 * 2;"。

另外在例 12-9 中对比一下"宏调用"和"函数调用"。在函数调用的时候要先计算实参表达式的值,将计算的结果传递给形参,然后转入执行被调函数。从运行结果可以看出带参数的宏和函数的区别:

(1) 两者的定义形式不一样。宏定义中只给出形式参数,而不要指明每一个形式参数的类型。而在函数定义时,必须指定每一个形式参数的类型;

(2) 函数调用是在程序运行时进行的,分配临时的内存单元。而宏调用则是在编译前进行的,并不分配内存单元,不进行值的传递处理;

(3) 函数调用时,先求实参表达式的值,然后将值代入形参。而宏调用时只是用实参简单地替换形参;

(4) 函数调用时,要求实参和形参的类型一致。而宏调用时不存在类型问题;

(5) 使用宏次数多时,宏展开后源程序变长,因为每一次宏展开都使源程序增长。而函数调用不使源程序变长。

12.4.2 文件包含

例 12-10 读程序,写结果。

```
//请将下面的内容保存为"file1.c"
#include "stdio.h"

#include "file2.c"

void main()
{
     printf("L = % .2f\n",L);
     printf("S = % .2f\n",S);
     printf("V = % .2f\n",V);
}
```

程序运行的结果是:

```
L = 62.8318
S = 314.159
V = 4188.79
```

```
//请将下面的内容保存为"file2.c"
#define PI 3.14159
#define R 10.0
#define L 2 * PI * R
#define S PI * R * R
#define V 4.0/3.0 * PI * R * R * R
```

在例 12-10 中,除了在前面的例程中都看到的#include "studio.h"的内容外,还出现了#include "file2.c"的语句。这两条语句都是文件包含指令。

文件包含是指一个源文件可以将另外一个源文件的全部内容包含进来,即将另外的文件包含到本文件之中。文件包含命令的功能是把指定的文件插入该命令行位置,从而把指定的文件和当前的源程序文件连成一个源文件。

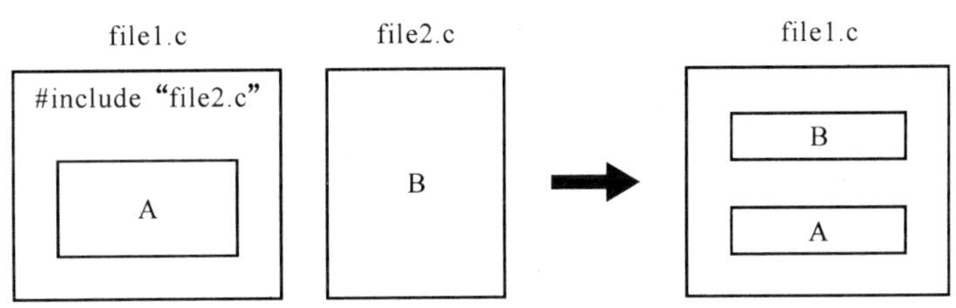

图 12-2 文件包含示意图

对比例 12-10 和例 12-8,这两个程序的运行结果是完全相同的。实际上在编译系统开始编译之前,把"文件名"指定的文件内容复制到本文件,再对合并后的文件进行编译。也就是把例 12-10 变成了例 12-8 的形式,然后再开始编译。

在函数一章提到,C 编译系统提供了库函数供程序员使用,在使用库函数的时候,必须要在源文件的开始写上需要包含的库函数的头文件。在写文件包含命令的格式有两种,一种将文件名以尖括号(< >)括起,另一种是将文件名以双引号(“ ”)括起。用双引号和尖引号的区别是:双引号表示系统现在当前目录中寻找 file 所在的目录,若找不到,再按系统指定的系统指定的标准方式寻找其他目录;尖引号仅查找按系统标准方式指定的目录。

使用文件包含的时候要注意以下几个问题:

(1) 一个#define 只能指定一个包含文件,如果要把多个文件都嵌入到源文件之中,则必须使用多个#define。

(2) C 语言允许嵌套使用#define。例如,在 file1. c 文件中,有文件包含命令#include “file2. c”,预处理时,先把 file2. c 的内容复制到文件 file1. c,再对 file1. c 进行编译。

(3) 从理论上说,#include 命令可以包含任何类型的文件,只要这些文件的内容被扩展后符合 C 语言语法。

12.4.3 条件编译

一般情况下,源程序中所有的行都参加编译。但是有时希望对其中一部分内容只在满足一定条件下才进行编译,即对一部分内容指定编译条件,这就是“条件编译”。条件编译就是按条件对程序的一部分进行编译,其他部分不编译。条件编译的目的是使源代码能更迅速、更容易地进行修改,并使目标代码缩短。另外条件编译的引入,可以将针对于不同硬件平台或软件平台的代码,编写在同一程序文件中,从而方便程序的维护和移植。在进行软件移植的时候,可以针对不同的情况,控制不同的代码段被编译。

在 C 语言里有 3 种不同的条件编译格式:#if-#else-#endif 命令、#ifdef-#else-#endif 命令和#ifndef-#else-#endif 命令。

1. #if-#else-#endif 命令

例 12-11 读程序,写结果。

```
//程序段 1
#include "stdio.h"
#define LEIXING 1
main()
{
     float c,fYuan,fFang;
     printf ("Qing ShuRu ShuZi:");
     scanf("%f",&c);
#if LEIXING
     fYuan = 3.14159 * c * c;
     printf("YuanXing MianJi Shi: %.2f\n",fYuan);
#else
     fFang = c * c;
     printf("FangXing MianJi Shi: %.2f\n",fFang);
#endif
}
```

程序运行的结果是：

```
Qing ShuRu ShuZi:2
YuanXing MianJi Shi:12.57
```

```
//程序段 2
#include "stdio.h"
#define LEIXING 1
main()
{
    float c,fYuan,fFang;
    printf ("Qing ShuRu ShuZi:");
    scanf("%f",&c);
    if(LEIXING){
        fYuan = 3.14159 * c * c;
        printf("YuanXing MianJi Shi: %.2f\n",fYuan);
    }
    else{
        fFang = c * c;
        printf("FangXing MianJi Shi: %.2f\n",fFang);
    }
}
```

程序运行的结果是：

```
Qing ShuRu ShuZi:2
YuanXing MianJi Shi:12.57
```

在例 12-11 中给出了 2 段不同的代码，从运行结果看，这两段代码实现的功能是完全相同的，但从程序结构上看，这两段代码有很大的不同。

程序段 1 中用到了条件编译指令 #if-#else-#endif，该条件编译指令的功能是：判断 #if 后面常量表达式的值，如果该值为真，则对 #if 到 #else 之间的程序段进行编译（本例中该程序段完成“计算圆面积”的功能）。如果该值为假，则对 #else 到 #endif 之间的程序段进行编译（本例中该程序段完成“计算正方形面积”的功能）。由于本例中的编译条件为 LEIXING 的值，而 LEIXING 在第二行被定义为真，所以编译 #if 到 #else 之间的程序段；若 LEIXING 被定义为 0，则对 #else 到 #endif 之间的程序段进行编译。

【规则 12-1】 条件编译命令 #if-#else-#endif 的格式是：

```
#if 常量表达式
    程序段 1
#else
    程序段 2
#endif
```

在程序段 2 中，采用了我们前面经常看到的 if-else 选择结构来实现选择不同计算功能。由于 if 的条件表达式是一个字符型常量，因此执行的程序段是固定的。

在例12-11的两段程序中,如果将符号常量的值设置为0,程序的运行结果将改变。表面上看这两段代码的运行结果相同,但要注意:用条件编译的方法,系统在编译程序的时候只编译了指定的部分,生成的目标代码程序比较短;用条件语句将对整个源程序进行编译,使得生成的目标代码程序很长,而且由于程序运行时要对if语句的条件进行判断,还会导致运行时间变长。

2. #ifdef-#else-#endif

例12-12 读程序,写结果。

```
#include "stdio.h"
#define LEIXING
main()
{
      float c,fYuan,fFang;
      printf ("Qing ShuRu ShuZi:");
      scanf("%f",&c);
#ifdef LEIXING
      fYuan=3.14159*c*c;
      printf("YuanXing MianJi Shi: %.2f\n",fYuan);
#else
      fFang=c*c;
      printf("FangXing MianJi Shi: %.2f\n",fFang);
#endif
}
```

程序运行的结果是:

```
Qing ShuRu ShuZi:2
YuanXing MianJi Shi:12.57
```

对比例12-12和例12-11的代码,在例12-12中仅仅定义了一个标识符,而条件编译指令通过判断是否定义过这个标识符来决定编译的程序段。

#ifdef- #else- #endif这种条件编译命令的功能是:如果#ifdef后面的标识符在前面已经定义过(不管该标识符的值是“真”还是“假”,也就是和这个标识符所代表的常量数值无关,甚至可以不定义常量数值),则对#ifdef到#else之间的程序段进行编译(本例中该程序段完成“计算圆的面积”的功能),否则对#else到#endif之间的程序段进行编译(本例中该程序段完成“计算正方形面积”的功能)。由于本例中的编译条件为“是否定义过标识符LEIXING”,而LETTER在第二行被定义过,所以编译#if到#else之间的程序段;若没有定义过,则对#else到#endif之间的程序段进行编译。

【规则12-2】 条件编译命令#ifdef-#else-#endif的格式是:

```
#ifdef 常量表达式
     程序段1
#else
     程序段2
#endif
```

3. ＃ifndef-＃else-＃endif

＃ifndef-＃else-＃endif 这种条件编译命令的用法和＃ifdef-＃else-＃endif 一样，只是功能相反：如果＃ifndef 后面的标识符在前面没有被定义过，则对＃ifdef 到＃else 之间的程序段进行编译，否则对＃else 到＃endif 之间的程序段进行编译。

【规则 12-3】 条件编译命令＃ifndef-＃else-＃endif 的格式是：

```
＃ifndef 常量表达式
    程序段 1
＃else
    程序段 2
＃endif
```

附录 1　ASCII 码表

码值	字符	码值	字符	码值	字符	码值	字符
0	NUL	32	空格	64	@	96	`
1		33	!	65	A	97	a
2		34	″	66	B	98	b
3		35	#	67	C	99	c
4		36	$	68	D	100	d
5		37	%	69	E	101	e
6		38	&	70	F	102	f
7	BEL	39	′	71	G	103	g
8		40	(	72	H	104	h
9	TAB	41	)	73	I	105	i
10	换行	42	*	74	J	106	j
11		43	+	75	K	107	k
12		44	,	76	L	108	l
13	回车	45	—	77	M	109	m
14		46	.	78	N	110	n
15		47	/	79	O	111	o
16		48	0	80	P	112	p
17		49	1	81	Q	113	q
18		50	2	82	R	114	r
19		51	3	83	S	115	s
20		52	4	84	T	116	t
21		53	5	85	U	117	u
22		54	6	86	V	118	v
23		55	7	87	W	119	w
24	↑	56	8	88	X	120	x
25	↓	57	9	89	Y	121	y
26	→	58	:	90	Z	122	z
27	←	59	;	91	[	123	{
28		60	<	92	\	124	
29		61	=	93	]	125	}
30		62	>	94	^	126	~
31		63	?	95	_	127	

附录2　运 算 符

优先级	运算符	名称或含义	使用形式	结合方向	说明
1	[]	数组下标	数组名[常量表达式]	左到右	
	()	圆括号	(表达式)/函数名(形参表)		
	.	成员选择(对象)	对象.成员名		
	－＞	成员选择(指针)	对象指针－＞成员名		
2	－	负号运算符	－表达式	右到左	单目运算符
	(类型)	强制类型转换	(数据类型)表达式		
	＋＋	自增运算符	＋＋变量名/变量名＋＋		单目运算符
	－－	自减运算符	－－变量名/变量名－－		
	*	取值运算符	*指针变量		
	&	取地址运算符	&变量名		
	!	逻辑非运算符	!表达式		
	～	按位取反运算符	～表达式		
	sizeof	长度运算符	sizeof(表达式)		
3	/	除	表达式/表达式	左到右	双目运算符
	*	乘	表达式*表达式		
	%	余数(取模)	整型表达式/整型表达式		
4	＋	加	表达式＋表达式	左到右	双目运算符
	－	减	表达式－表达式		
5	＜＜	左移	变量＜＜表达式	左到右	双目运算符
	＞＞	右移	变量＞＞表达式		
6	＞	大于	表达式＞表达式	左到右	双目运算符
	＞＝	大于等于	表达式＞＝表达式		
	＜	小于	表达式＜表达式		
	＜＝	小于等于	表达式＜＝表达式		
7	＝＝	等于	表达式＝＝表达式	左到右	双目运算符
	!＝	不等于	表达式!＝表达式		
8	&	按位与	表达式&表达式	左到右	双目运算符
9	^	按位异或	表达式^表达式	左到右	双目运算符
10	|	按位或	表达式|表达式	左到右	双目运算符
11	&&	逻辑与	表达式&&表达式	左到右	双目运算符
12	||	逻辑或	表达式||表达式	左到右	双目运算符
13	?:	条件运算符	表达式1?表达式2:表达式3	右到左	三目运算符

续 表

优先级	运算符	名称或含义	使用形式	结合方向	说明
14	＝	赋值运算符	变量＝表达式	右到左	
	/＝	除后赋值	变量/＝表达式		
	*＝	乘后赋值	变量*＝表达式		
	%＝	取模后赋值	变量%＝表达式		
	＋＝	加后赋值	变量＋＝表达式		
	－＝	减后赋值	变量－－表达式		
	<<＝	左移后赋值	变量<<＝表达式		
	>>＝	右移后赋值	变量>>＝表达式		
	&＝	按位与后赋值	变量&＝表达式		
	^＝	按位异或后赋值	变量^＝表达式		
	|＝	按位或后赋值	变量|＝表达式		
15	,	逗号运算符	表达式,表达式,…	左到右	从左向右顺序运算

附录3　C语言库函数

1. 数学函数			
头文件:math.h			
函数名	函数原型	功能	返回值
acos	double acos(double x);	计算 $\cos^{-1}(x)$的值,$-1\leqslant x\leqslant 1$	计算结果
asin	double asin(double x);	计算 $\sin^{-1}(x)$的值,$-1\leqslant x\leqslant 1$	计算结果
atan	double atan(double x);	计算 $\tan^{-1}(x)$的值	计算结果
atan2	double atan2(double x,double y);	计算 $\tan^{-1}(x/y)$的值	计算结果
ceil	double ceil(double x,double y);	求不小于 x 的最小整数	该整数的双精度浮点数
cos	double cos(double x);	计算 cos(x) 的值,x 的单位为弧度。	计算结果
cosh	double cosh(double x);	计算 x 的双曲余弦 cosh(x)的值。	计算结果
exp	double exp(double x);	求 e^x 的值	计算结果
fabs	double fabs(double x);	求 x 的绝对值	计算结果
floor	double floor(double x);	求出不大于 x 的最大整数	该整数的双精度实数
fmod	double fmod(double x, double y);	求整数 x/y 的余数	返回余数的双精度数
frexp	double frexp(double val, int *eptr);	把双精度数 val 分解为数字部分(尾数)和以 2 为底的指数 n,即 val $=x*2^n$,n 存放在 eptr 指向的变量中	返回数字部分 x,$0.5\leqslant x<1$
log	double log(double x);	求 $\log e^x$,即 lnx	计算结果
log10	double log10(double x);	求 $\log 10^x$	计算结果
modf	double modf(double val, double *iptr);	把双精度数 val 分解为整数部分和小数部分,把整数部分存在 iptr 指向的单元	val 的小数部分
pow	double pow(double x, double y);	计算 x^y 的值	计算结果
sin	double sin(double x);	计算 sin(x)的值,x 的单位为弧度	计算结果
sinh	double sinh(double x);	计算 x 的双曲正弦函数 sinh(x)的值	计算结果
sqrt	double sqrt(double x);	计算 x 的开平方,x 应>=0	计算结果
tan	double tan(double x);	计算 tan(x)的值,x 的单位为弧度	计算结果
tanh	double tanh(double x);	计算 x 的双曲正切函数	计算结果

续 表

2. 输入输出函数			
头文件:stdio.h			
函数名	函数原型	功能	返回值
clearerr	void clearerr(FILE * fp);	清除 fp 指向的文件的错误标志,同时清除文件结束指示器	无
close	int close(int fd);	关闭文件	关闭成功返回 0,否则返回-1
creat	int creat(char * filename, int mode);	以 mode 所指定的方式建立文件,文件名字为 filename	成功则返回正数,否则返回-1
eof	int eof(int fd);	判断是否处于文件结束	遇到文件结束返回 1,否则返回 0
fclose	int fclose(FILE * fp);	关闭 fp 所指的文件,释放文件缓冲区	成功返回 0,否则返回非零值
feof	int feof(FILE * fp);	检查文件是否结束	遇文件结束符返回非零值,否则返回 0
ferror	int ferror((FILE * fp);	测试 fp 所指向的文件是否有错	没错返回 0,有错返回非零
fflush	int fflush(FILE * fp);	把 fp 指向的文件的所有数据和控制信息存盘	成功,返回 0,否则返回非零
fgetc	int fgetc(FILE * fp);	从 fp 所指定的文件中取得下一个字符	返回所得到的字符,若读入出错返回 EOF
fgets	char * fgets(char * buf, int n,FILE * fp);	从 fp 指向的文件读取一个长度为(n-1)的字符串,存入起始地址为 buf 的空间	成功返回地址 buf,若遇文件结束或出错,返回 NULL
fopen	FILE * fopen(char * fname, char * mode);	以 mode 指定的方式打开名为 fname 的文件	成功,返回一个文件指针(文件信息区的起始地址),否则返回 0
fprintf	int fprintf(FILE * fp,char * format);	把 args 的值以 format 指定的格式输出到 fp 所指定的文件中	实际输出的字符数
fputc	int fputc(char ch, FILE * fp);	将字符 ch 输出到 fp 指定的文件中	成功,返回该字符,否则返回 EOF
fputs	int fputs(char * str, FILE * fp);	将 str 指向的字符串输出到 fp 所指定的文件	成功返回 0,若出错返回非零值
fread	int fread(char * pt,unsigned size, unsigned n, FILE * fp);	从 fp 所指定的文件中读取长度为 size 的 n 个数据项,存到 pt 所指向的内存区	返回所读的数据项个数,如遇文件结束或出错返回 0

续 表

函数名	函数原型	功能	返回值
freopen	FILE * freopen (char * fname, char * mode, FILE * fp);	用 fname 所指定的文件替换 fp 所指定的文件。fname 文件的打开方式由 mode 定义	成功返回文件指针 fp;否则返回 NULL
fscanf	int fscanf(FILE * fp, char * format);	从 fp 指定的文件中按 format 给定的格式将输入数据送到 args 所指向的内存变元(args 是指针)	已输入的数据个数
fseek	int fseek(FILE * fp,long offset,int base);	将 fp 所指向的文件的位置指针移到以 base 所指出的位置为基准,以 offest 为偏移量的位置	返回当前位置,否则返回 −1
ftell	long ftell(FILE * fp);	返回 fp 所指向的文件中的读/写位置	返回 fp 所指向的文件中的读/写位置
fwrite	int fwrite (char * ptr, unsigned size, unsigned n, FILE * fp);	把 ptr 所指向的 n * size 个字节输出到 fp 所指向的文件中	写到文件中的数据项个数
getc	int getc(FILE * fp);	从 fp 所指向的文件中读入一个字符	返回所读的字符,若文件结束或出错,返回 EOF
getchar	int getchar(void);	从标准输入设备读取下一个字符	返回所读字符。若文件结束,或出错,则返回 −1
gets	char * gets(char * str);	从标准输入设备读取字符串并把它们放入由 str 指向的字符数组中	成功,返回 str,否则返回 NULL
getw	int getw(FILE * fp);	从 fp 所指向的文件读取下一个整数	输入的整数。如文件结束或出错,返回 −1
kbhit	int kbhit(void);	判断是否有键被按下	若键被按下,返回一个非零值,否则返回 0
lseek	long lseek(int fd,long offset, int base);	根据 base 所确定的位置,按 offest 的偏移量调整 fd 所指定的文件中的读写位置	成功,返回该文件中的当前位置,否则返回 −1
open	int open (char * fname, int mode);	以 mode 指出的方式,打开已存在的、名为 fname 的文件	成功返回文件号(正数),否则返回负数
printf	int printf (char * format, args,...);	在用 format 指定的字符串的控制下,把输出表列 args 的值输出到标准输出设备	输出字符串的个数。若出错,返回负数
putc	int putc(int ch, FILE * fp);	把一个字符 ch 输出到 fp 所指的文件中	输出的字符 ch. 若出错,返回 EOF
puts	int puts(char * str);	把 str 指向的字符串输出到标准输出设备,将'\0'转换为回车换行	成功,返回换行符,失败,返回 EOF

续表

函数名	函数原型	功能	返回值
putchar	int putchar(int ch);	把字符 ch 输出到标准输出设备	输出的字符 ch. 若出错,返回 EOF
putw	int putw(int i, FILE * fp);	将一个整数(即一个字)写到 fp 指向的文件中	返回输出的整数,失败,返回 EOF
rcad	int read(int fd, char * buf, unsigned count);	从文件号 fd 所指示的文件中读 count 个字节到由 buf 指示的缓冲区	返回真正读入的字节个数。如遇文件结束返回 0,出错返回—1
remove	int remove(char * fname);	删除以 fname 为文件名的文件	成功返回 0,失败返回—1
rename	int rename(char * oldname, char * newname);	把由 oldname 所指的文件名改成由 newname 所指的文件名	成功返回 0,失败返回—1
rewind	void rewind(FILE * fp);	将 fp 指示的文件中的位置指针置于文件开头位置,并清除文件结束标志和错误标志	无
scanf	int scanf(char * format, args,...);	从标准输入设备按 format 指向的格式字符串规定的格式,输入数据给 args 所指向的单元(args 为指针)	读入并赋给 args 的数据个数。遇文件结束,返回 EOF;出错,返回 0
setbuf	void setbuf(FILE * fp, char * buf);	说明 fp 将要使用的缓冲区(长度为 BUFSIZE). 若 buf 置为 NULL,则关闭缓冲区	无
setvbuf	int setvbuf(FILE * fp, char * buf, int mode,int size);	为 fp 所指向的文件提供输入输出操作的缓冲区 buf,缓冲区的大小是 size,使用方式为 mode	成功返回 0,失败返回非零
sprintf	int sprintf(char * buf, char * format,args,...);	把按 format 规定的格式的 args 数据,送到 buf 所指向的数组中	返回实际放进数组中的字符数
sscanf	int sscanf(char * buf, char * format,args,...);	按 format 规定的格式,从 buf 指向的数组中读入数据给 args 所指向的单元(args 为指针)	返回值为实际赋值的个数;若返回 0,则无任何字段被赋值;若返回 EOF,则要从字符串尾读
tell	long int tell(int fd);	确定文件描述号 fd 所对应的文件位置指示器的当前值	返回文件位置指示器的当前值,出错返回—1
tmpnam	char * tmpnam(char * name);	生成一个与目录中其他文件名不同的临时文件名,并把它放入由 name 指向的数组中	成功,返回指向 name 的指针;否则返回 NULL 指针
tmpfile	FILE * tmpfile(void)	打开一个临时文件并返回指向这个文件的指针。由该函数产生的临时文件在被关闭或程序结束时自动被删除	成功,返回指向文件的指针;失败,返回 NULL

续表

函数名	函数原型	功能	返回值
write	int write(int fd, char * buf, unsigned int size);	把 buf 指向的缓冲区中 size 个字节写到 fd 文件中	返回实际写出的字节数;出错返回-1
3. 字符与字符串处理函数			
头文件:字符串函数为 string.h　　字符函数为 ctype.h			
函数名	函数原型	功能	返回值
isalnum	int isalnum(int ch);	检查 ch 是否是字母或数字	是字母或数字返回 1,否则返回 0
isalpha	int isalpha(int ch);	检查 ch 是否是字母	是字母返回 1;否则返回 0
iscntrl	int iscntrl(int ch);	检查 ch 是否是控制字符(其 ASCII 码在 0 和 0X1F 之间)	是控制字符返回非零值,否则返回 0
isdigit	int isdigit(int ch);	检查 ch 是否是数字(0-9)	是数字返回 1,否则返回 0
isgraph	int isgraph(int ch);	检查 ch 是否是可打印字符(其 ASCII 码在 0X21 到 0X7E 之间),不包括空格	是可打印字符返回 1,否则返回 0
islower	int islower(int ch);	检查 ch 是否小写字母(a-z)	是小写字母返回 1,否则返回 0
isprint	int isprint(int ch);	检查 ch 是否可打印字符(不包括空格),其 ASCII 码在 0X20 到 0X7E 之间	是返回 1,不是返回 0
ispunct	int ispunct(int ch);	检查 ch 是否标点字符(不包括空格),即除字符数字和空格以外的所有可打印字符	是,返回;否则返回 0
isspace	int isspace(int ch);	检查 ch 是否空格、跳格符(制表符)或换行符	是,返回 1,否则,返回 0
isupper	int isupper(int ch);	检查 ch 是否是大写字母(A-Z)	是,返回 1;否则,返回 0
isxdigit	int isxdigit(int ch);	检查 ch 是否一个十六进制数字(即 0-9,或 A-F,或 a-f)	是,返回 1;否则,返回 0
tolower	int tolower(int ch);	将 ch 字符转换为小写字母	返回 ch 所代表的字符的小写字母
toupper	int toupper(int ch);	将 ch 字符转换为大写字母	返回 ch 所代表的字符的大写字母
memchr	void memchr(void * buf, int ch, unsigned int count);	在 buf 的头 count 个字符里搜索 ch 的第一次出现的位置	返回指向 buf 中 ch 第一次出现的位置的指针;如果没有发现 ch,返回 NULL

续表

函数名	函数原型	功能	返回值
memcmp	int memcmp(void * buf1, void * buf2,unsigned int count);	按字母顺序比较由 buf1 和 buf2 指向的数组的头 count 个字符	buf1 小于 buf2,返回小于 0 整数;buf1 等于 buf2,返回 0;buf1 大于 buf2,返回大于零的整数
memcpy	void * memcpy(void * to,void * from, unsigned int count);	把 from 指向的数组中的 count 个字符拷贝到 to 指向的数组中	返回指向 to 的指针
memmove	void * memmove(void * to, void * from, unsigned int count);	从 from 指向的数组中把 count 个字符拷贝到由 to 指向的数组中	返回一个指向 to 的指针
memset	void * memset(void * buf, int ch, unsigned int count);	把 ch 的低字节复制到 buf 所指向的数组的最先 count 个字符中	返回 buf
strcat	char * strcat(char * str1, char * str2);	把字符串 str2 接到 str1 后面,str1 最后面的'\0'被取消	返回 str1
strchr	char * strchr(char * str,int ch);	找出 str 指向的字符串中第一次出现字符 ch 的位置	返回指向该位置的指针,若找不到,则返回 NULL
strcmp	int strcmp(char * str1, char * str2);	比较两个字符串 str1,str2	str1>str2,返回整数;str1=str2,返回 0;str1<str2 返回负数
strcpy	char * strcpy(char * str1, char * str2);	把 str2 指向的字符串拷贝到 str1 中去	返回 str1
strlen	unsigned int strlen(char * str);	统计字符串 str 中字符的个数(不包括终止符'\0')	返回字符个数
strcspn	int strcspn(char * str1, char * str2);	确定 str1 中出现属于 str2 的第一个字符下标	返回 str1 中出现的属于 str2 的第一个字符的下标
strncat	char * strncat(char * str1, char * str2,unsigned int count);	把 str2 指向的字符串最多 count 个字符连接到 后面,并用 NULL 结尾	返回 str1
strncmp	int strncmp(char * str1, char * str2, unsigned int count);	按字典顺序比较两个以 NULL 结尾的字符串中最多 count 个字符	str1<str2,返回值小于 0;str1 = str2,返回值等于 0;str1>str2,返回值大于 0
strncpy	char * strncpy(char * str1, char * str2,unsigned int count);	把 str2 中最多 count 个字符复制到 str1 中去	返回 str1
strpbrk	char * strpbrk(char * str1, char * str2);	确定 str1 中第一个与 str2 中任何一个字符相匹配的字符的指针位置	返回 str1 中第一个与 str2 中任何一个字符相匹配的字符的指针。如果不存在匹配,返回 NULL

续 表

函数名	函数原型	功能	返回值
strspn	int strspn(char * str1, char * str2);	确定 str1 中出现的属于 str2 的第一个字符的下标	返回 str1 中出现的属于 str2 的第一个字符的下标
strstr	char * strstr(char * str1, char * str2);	寻找 str2 指向的字符串在 str1 指向的字符串 1 首次出现的位置	子串首次出现的地址,如果在 str1 指向的字符串中不存在该子串,则返回空指针 NULL

4. 标准库函数

头文件:stdlib.h

函数名	函数原型	功能	返回值
calloc	viod * calloc(unsigned n, unsigned size);	为数组分配内存空间,内存量为 n * size	返回一个指向已分配的内存单元的起始地址,如不成功,返回 NULL
free	viod free(viod * p);	释放 p 所指向的内存空间	无
malloc	viod * malloc(unsigned int size);	分配 size 字节的存储区	返回所分配内存区的起始地址;若内存不够,返回 NULL
realloc	void * realloc(void * p, unsigned size);	将 p 所指出的已分配内存区的大小改为 size。size 可以比原来分配的空间大或小	返回指向该内存区的指针
abort	void abort(void);	立刻结束程序运行,不清理任何文件缓冲区	无
abs	int abs(num) int num;	计算整数 num 的绝对值	返回 num 的绝对值
atof	double atof(char * str);	把 str 指向的字符串转换成一个 double 值	返回双精度结果
atoi	int atoi(char * str);	将 ASCII 字符串转换为整数	返回转换结果
atol	long atol(char * str);	将 str 指向的 ASCII 字符串转换成长整型值	返回转换结果;若不能转换,返回 0
bsearch	void * bsearch(void * key, void * base, unsigned int num, unsigned int size, int (* compare)());	对一个 base 指向的已排好序的数组进行二分查找。数组的元素个数是 num,每个元素的大小为 size 字节。compare 指向的函数用来把数组元素与关键字进行比较	返回一个指向匹配 key 所指向的关键字的第一个成员的指针。若没有找到,则返回 NULL
exit	void exit(int status);	使程序立刻正常地终止。status 的值传给调用过程	无

续 表

函数名	函数原型	功能	返回值
div	div_t div(int num, int denom);	运算 num/denom	返回运算的商和余数。结构 div_t 在 stdlib. h 中至少有如下两个字段 int quot; int rem;
itoa	char * itoa(int num, char * str, int radix);	把整数 num 转换成与其等价的字符串,并把结果放在 str 指向的字符串中,输出串的进制数由 radix 决定	返回一个指向 str 的指针
labs	long labs(long num);	返回长整数 num 的绝对值	返回长整数 num 的绝对值
ldiv	ldiv_t ldiv(long int num, long int denom);	计算 num/denom	返回商和余数。结构类型 ldiv_t 在 stdlib. h 中定义。至少有下面两个代表商和余数的字段:int quot;int rem;
ltoa	char * ltoa(long num, char * str, int radix);	把长整数 num 转换成与其等价的字符串,并把结果放到 str 指向的字符串中。输出串的进制数由 radix 决定	返回一个指向 str 的指针
qsort	void qsort(void * base, unsigned int num, unsigned int size, int (* comp)());	反复调用 comp 所指向的由用户自己编写的比较函数,对 base 指向的数组进行排序。数组的元素个数是 num,每一元素的字节数由 size 描述	无
rand	int rand()	产生一系列伪随机数	返回 0 到 RAND_MAX 之间的整数。RAND_MAX 是返回的最大可能值,在头文件中定义
strtod	double strtod(char * start, char * * end);	把存储在 start 指向的数字字符串转换成 double,直到出现不能转换成浮点数的字符为止,剩余的字符串赋给指针 end	返回转换结果。若未进行转换,返回 0。若发生转换错误,则返回 HUNGE_val 或 HUGE_VAL,表示上溢出或下溢出
strtol	long int strtol(char * start, char * * end, int radix);	把存储在 start 指向的数字字符串转换成 long int 类型,直到串中出现不能转换成长整数的字符为止,剩余字符串赋给指针 end。数字的进制数由 radix 确定	返回转换结果。若未进行转换,返回 0。若发生转换错误,则返回 LONG_MAX 或 LONG_MIN,表示上溢出或下溢出

续表

函数名	函数原型	功能	返回值
strtoul	unsigned long int strtoul(char * start, char * * end, int radix);	把存储在 start 指向的数字字符串转换成 unsigned long int 类型,直到串中出现不能转换成 unsigned long int 的字符为止,剩余的字符串赋给指针 end。数字进制数由 radix 确定	返回转换结果,若未进行转换,返回 0。若发生转换错误,则返回 ULONG_MAX 或 ULONG_MIN,表示上溢出或下溢出
system	int system(char * str);	把 str 指向的字符串作为一个命令传送到操作系统的命令处理器中	依赖于不同的编译版本。通常,命令被成功的执行,返回 0;否则返回一个非零值

附录4 “我爱C”计算机辅助教学系统简介

“我爱C”教学辅助平台(域名:www.5ic.net.cn)是基于Windows平台的、B/S(浏览器/服务器)、C/S(客户机/服务器)混合模式的教学、考试辅助系统。它集作业、答疑、考试、学生课下练习等为一体,使用方便,功能强大,能够帮助老师完成除上课之外的几乎所有教学工作,同时它也为学生提供了一种方便、快捷、高效的学习方法和交流平台。

1. 平台概述

“我爱C”辅助教学系统的总体结构如下图所示。

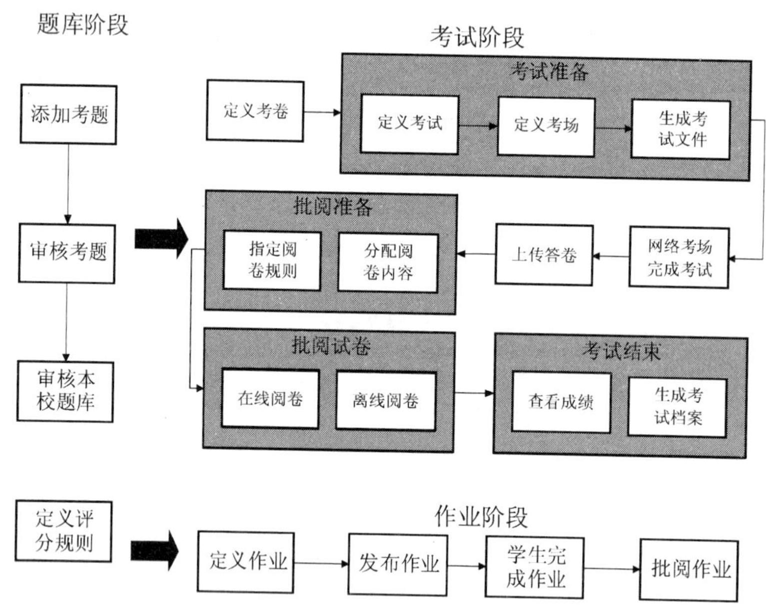

教师在本平台上可以从系统题库里快速筛选出适合本学校使用的题库,然后在该题库基础上完成作业和考试。

2. 教师功能

教师获得用户名和初始密码后,登录系统可以使用系统提供的全部功能。

2.1 题库维护

本平台目前支持的题目类型包括:单项选择题、多项选择题、判断题、填空题和编程(操作、问答)题。在系统题库的基础上,各学校可以按照自己的教学内容和教学深度的不同,建立本校的题库系统。所有使用本系统的教师都可以添加考题。

2.2 定义课程

教师独立建立自己任教的课程。每门课程包括课程名和上课班级。任课教师指定课程名,在班级列表中选择自己任课的班级,完成课程定义。

2.3 作业系统

教师在系统的题库中可以随意抽取考题组成一篇作业。作业中可以包含本系统支持的所有题型。在定义作业时,同时定义各题的分数,这样在批阅完作业后,系统可以自动统计学生的作业分数。已经定义完成的作业可以多次重复使用。

教师发布作业时指定作业题、指定参加本次课程作业的班级,同时还需要定义本次作业的有效截止时间,系统将在规定的时间点上自动关闭该作业。学生只能在作业开放期间完成该课程作业。

2.4 答疑系统

答疑是课程的重要组成部分,本系统提供了对学生答疑的支持。学生在学习过程中遇到的任何问题,都可以给教师发留言。系统中每道考题都设置了一个针对该题目的讨论区,学生在完成本题的过程中有任何疑问都可以在讨论区中提出,所有的学生和老师都可以回答他提出的问题。

2.5 考试定义

根据考试目的不同,本系统支持多种考试类型,包括免修考试、平时测验、期末(中)考试和补考考试。

系统提供考卷定义功能,由教师设定考卷的题目类型后,在题库中选取考题组成考卷。系统提供了考卷复制功能,您可以挑选一份与您的要求接近的试卷,复制后修改其中您认为不合适的题目。

系统提供了批量试卷定义功能。在使用批量定义试卷功能时,您需要指定试卷中考题在各章节的分布情况,系统将按照您所指定的试卷结构要求从题库中随机抽取考题组成试卷。考题抽取算法充分考虑了多种复杂情况,最大限度地保证考题在不同的考卷中也不会重复出现。

考试定义时将传统考试的笔试部分(包括:选择题、判断题等)和编程(操作)题作为考试的两个组成部分。可以选择了“分别计时”模式,就是笔试部分时间到后考试系统将自动收取学生的答卷并切换到编程题答题状态,如果学生的笔试部分提前交卷,剩余时间并不带入编程题部分。还可以选择“整体计时”模式,则由学生自己安排各部分题目的答题,考试时间到后一并收取学生的答卷。

在定义考场时要指定所使用的试卷组成。如果选择了多套试卷,则系统按照学生的学号自动为每个学生抽取一份试卷,教师也可以指定某个学生使用某张试卷。

2.6 无纸化考试系统

教师下载考试服务器软件的安装包并将该软件安装在机房任何一台计算机的非保护硬盘上,将系统生成的考场文件拷贝到考试服务器软件目录下。启动该软件输入教师的用户名和密码后,则可以进入考试状态。学生考试过程中,该软件随时显示学生当前的考试状态。

学生下载考试学生端软件到学生考试用计算机的非保护硬盘上,安装后进入学生考试目录启动考试系统。输入学号、密码和本次考试的服务器 IP 地址后,考试软件自动进入考试状态,学生开始答题。每位考生的考试时间单独计时,考试时间到后自动收取考卷。为了保证考试的顺利进行,系统采取了多种防作弊措施。

考试结束后,在考试服务器目录下生成了本场考试的答卷文档,请将该文档通过 FTP 上传到系统的主服务器上进行解析后开始阅卷工作。

2.7 试卷评阅系统

系统支持对一道题制定多个评分规则,在一次评阅试卷的过程中选择应用一个最适合的评分规则。一次考试完成后,需要对该考试的所有考卷选用统一的阅卷规则并安排阅卷教师。可以安排多位教师共同批阅一道编程题,也可以安排一位教师批阅多道编程题。如果一道编程题由多位教师共同批阅,则在批阅过程中,系统从所有学生答卷中随机抽取,直到达到该教师应该批阅的总量为止。

根据课程不同,系统提供了多种阅卷方法。

- 自动阅卷:卷中出现的单项选择题、多项选择题和判断题,系统将自动评阅,无须教师参与。系统提供对 Word、Excel 和 PowerPoint 文档的自动评阅功能。学生考卷上传到服务器后,系统自动评阅。
- 在线阅卷:系统在阅卷页面上完成对学生考卷的评阅。
- 离线阅卷:下载离线阅卷软件和离线阅卷文件后,启动离线阅卷软件开始阅卷。批阅完成后,上传离线阅卷结果到服务器,服务器解析阅卷结果存入数据库中。

2.8 成绩统计及考试档案生成

在教师完成客观题批阅后,系统将自动统计学生成绩。考试完成后,系统自动生成本次考试的电子档案供教师下载保存。考试档案中包括的内容是:本次考试的所有试卷的 PDF 文档和以班级为单位的学生考卷的 ZIP 文档。PDF 文档中给出了学生笔试部分的答案和评阅结果,还给出了编程题评分的详细内容。ZIP 文档内包括了每个学生的每道编程(操作)题的原始答卷。

3. 学生练习系统

3.1 完成课程作业

在教师发布课程作业后,在有效截至时间之前学生可以完成该作业。在作业开放时间内,学生可以对作业内容随时进行修改。作业关闭后,学生方可查看作业结果。

学生除了完成教师布置的课程作业外，还可以根据自己的情况选择系统中的题目进行练习。

3.2 Office练习自动评阅

在《大学计算机基础》课程中，系统提供Office文档离线练习模式，学生完成练习后将练习结果发送到镜像服务器，系统自动评阅学生练习结果。

3.3 讨论区

学生完成练习后，方可查看已经做过的题目的答案。每道题都单独设定一个讨论区，学生就完成该题过程中所遇到的问题可以提问或回答别人的提问。

4. 镜像服务器

学校建立镜像服务器后，学生在完成作业和练习时都可登录本校的服务器进行，这时实际上是访问局域网内的资源，网络速度得到充分保证。镜像服务器的网页的首页由提供镜像服务器的学校自己建设。

5. 系统特点

和其他同类系统相比，本系统在如下几个方面具有突出特点。

5.1 覆盖教学全过程

本系统的目标是：“以考试为核心，以答疑为重点，以作业和练习为基础，建立各学校使用独立、资源共享的辅助教学平台，为教师提供贯穿教学全过程的帮助。”

教师的教学工作分为五个环节：备课、讲课、作业、答疑和考试。本系统覆盖了除讲课外的其他四个环节，最大程度减轻了教师的工作量，并保证了教学效果。

5.2 开放式结构

系统的开放式结构，最大程度地利用了网络系统的资源共享功能。

教师可以自主添加考题，保证了每位教师的需要，且考题共享，可以使每位教师都获取最多的资源。

本系统的题库维护功能实际上为每个教学组都提供了一套完全独立的辅助教学系统。

本系统还是一个教学方法兼容的平台，一个学校的教学方法一旦在系统中得以实现将为全部学校共享。

5.3 各学校独立的教学平台

本系统支持的学校数量不受限制，课程数量也可以随意添加。虽然所有的学校都在一个平台上工作,但从某一个学校的角度看来,各学校看到的都是一个独立的、只属于自己学校的教学平台。

一旦建立了某课程的教学组后,该教学组的所有工作都将独立进行,包括独立管理课程、独立管理任课班级、独立管理考试、题库独立设定、作业独立设定等。

5.4 "0"投入

系统免费向所有教师开放,不收取任何费用,无任何附加条件。考试系统无须单独的服务器,在机房中的任何一台计算机上安装了考试服务器软件后就可以开始考试。无须提前安装任何软件,考试服务器软件和考试客户端软件都采用绿色软件模式,不向系统目录中添加任何内容。

系统无限升级。在软件发现 BUG 后,更新网站服务器上软件内容,使用时下载新的软件即可。

5.5 简单明了的操作过程

本辅助教学平台提供的考试系统使用过程紧扣教师采用传统方式考试时的流程,每个操作步骤都和传统考试方式中的某个步骤相对应。教师在使用本系统时并不需要改变过去的习惯,只要了解了传统考试模式中的各步骤和本系统提供的考试系统的各步骤之间的对应关系,就可以方便地使用本系统了。

与传统教学/考试模式的对比

与传统教学/考试模式相比,"我爱C"辅助教学平台提供的功能有相当的优势,它们的对比如下表所示。

内容		传统模式	"我爱C"模式
备课		教师自己收集课程资源	系统提供课程资源
作业		教师自己完成	选择作业题,多次重复使用
		教师布置作业	发布作业,规定时间
		教师收取学生作业	系统自动关闭作业
		教师手动批阅	系统自动批阅,教师手动辅助
试验(上机)		学生提交纸质报告	教师定义格式,学生填写
答疑		师生面对面答疑	学生留言,教师回复
			讨论区答疑
准备试卷	选考题	教师自己收集资料	题库中选题
	试卷排版	手动编排和修改	无须排版
	占用时间	数小时到数天	半小时甚至更短
	修改考卷	一旦印刷,不能修改	考前随时可以修改
印刷试卷	印刷试卷	一般3～5页/份考卷	没有
	装订试卷	每分钟装订3～5页/份	没有
	试卷保管	柜子	移动存储设备或网络存储
考试	试卷	教师携带	移动设备存储
	分发试卷	监考教师	计算机自动完成
	笔试考试	在教室单独考试,安排监考	没有
	上机考试	在机房单独考试,安排监考	在机房一次完成笔试和上机
	防止作弊	监考教师掌握	考题随机抽取、动态显示
	考试用时	监考教师掌握	计算机自动计时
	收取试卷	监考教师	计算机自动收取
阅卷	客观题	阅卷教师批阅	计算机自动批阅
	Office题	阅卷教师批阅	计算机自动批阅
成绩评定	卷面成绩	人工统计	系统自动统计
	平时成绩	人工给定	教师给定
	总成绩	人工统计	系统自动统计
	标准分	人工计算	系统自动计算
	成绩单	人工填写	系统给出Excel格式文件
其他	补考	教师完成	设定补考,系统提供支持
	试卷存档	纸质试卷保存	光盘

参 考 文 献

[1] 何钦铭,颜辉.C语言程序设计. 北京:高等教育出版社,2008.

[2] 黄维通,马力妮.C语言程序设计.北京:清华大学出版社,2005.

[3] 谭浩强.C程序设计.北京:清华大学出版社,1999.

[4] Eric S. Robert.C语言的科学与艺术.翁惠玉,等,译.北京:机械工业出版社,2006.

[5] 林锐,韩永泉. 高质量程序设计指南——C++/C语言.北京:电子工艺出版社,2007.